# Collana di Fisica e Astronomia

A cura di:

Michele Cini
Stefano Forte
Massimo Inguscio
Guida Montagna
Oreste Nicrosini
Franco Pacini
Luca Peliti
Alberto Rotondi

Armando Bazzani
Marcello Buiatti
Paolo Freguglia

# Metodi matematici per la teoria dell'evoluzione

Con un'Appendice sul calcolo stocastico
di Vincenzo Capasso e con contributi specifici
di Cristiano Bocci, Lucia Pusillo e Enrico Rogora

 Springer

Armando Bazzani
Dipartimento di Fisica
Università di Bologna

Marcello Buiatti
Dipartimento di Biologia Evoluzionistica
Università di Firenze

Paolo Freguglia
Dipartimento di Matematica Pura e Applicata
Università dell'Aquila

UNITEXT – Collana di Fisica e Astronomia
ISSN print edition: 2038-5730

ISSN electronic edition: 2038-5765

ISBN 978-88-470-0857-1
DOI 10.1007/978-88-470-0858-8

ISBN 978-88-470-0858-8 (eBook)

Springer Milan Dordrecht Heidelberg London New York



*Copertina:* Simona Colombo, Milano

Impaginazione: le-tex publishing services GmbH, Leipzig, Germany
Stampa: Grafiche Porpora, Segrate (MI)

Springer-Verlag Italia S.r.l., Via Decembrio 28, I-20137 Milano
Springer fa parte di Springer Science+Business Media (www.springer.com)

# Prefazione

Come si evince dal titolo, l'obiettivo di questo libro vuol essere proprio quello
di presentare un tentativo di introduzione alla trattazione matematica della teoria dell'evoluzione. Siamo ben consapevoli che il nostro non può essere
l'unico tentativo, in quanto esistono, nella letteratura, altri e diversi approc-
ci mediante modelli dinamici, anche se talora non adeguatamente giustificati
nella loro costruzione. Il nostro intento è quello di prendere il toro per le corna,
cercando di stabilire in forma matematica una teoria alquanto generale, secondo i moderni paradigmi. E, nell'ambito di questa teoria, proporre un modello
dinamico stocastico con essa consistente. Per far ciò risultano necessari preliminari che diano contezza biologica e matematica della teoria. I Capitoli 1 e
2 sono dedicati a questi preliminari. A tal proposito, ci sembra opportuno distinguere nettamente tra filosofia della biologia e biologia teorica. Per la fisica
questa distinzione è ben consolidata. La biologia teorica oggi si è ben istituzio-
nalizzata: basti pensare alle tematiche dibattute nei congressi internazionali
della *European Society for Mathematical and Theoretical Biology* (ESMTB),
della *Society for Mathematical Biology* (SMB), e della *European Biophysical
Societies' Association* (EBSA), alle relative riviste internazionali, nonché alla
copiosa produzione di volumi monografici ed istituzionali. In quest'ordine di
idee, una cosa è la costruzione con metodi fisico-matematici di una teoria del-
l'evoluzione, questione prettamente scientifica, che concerne appunto l'ambito
della Biofisica e della *Mathematical and Theoretical Biology*, altra cosa sono
le discussioni e le considerazioni filosofiche sull'evoluzione, che talora possono
anche avere qualche interesse per i nostri scopi. Il Capitolo 3 è dedicato alla
costruzione di un modello geometrico della teoria dell'evoluzione, seguendo
talune ipotesi delineate nel Capitolo 2. Sempre nel Capitolo 3 ci soffermia-
mo sugli aspetti epigenetici. La teoria da noi proposta è fenotipica, basata
cioè sulla denotazione di un individuo secondo i suoi caratteri fenotipici. Ciò
può essere considerato da un lato un oggettivo limite, ma anche un pregio in
ordine ad una trattazione che in qualche modo risulti sia biologicamente che
matematicamente soddisfacente. I Capitoli 4 e 5 sono dedicati all'illustrazione
del nostro modello dinamico stocastico che risulta anch'esso consistente con

quanto presentato nel Capitolo 2, partendo dal principio che i fenomeni naturali (e quindi biologici) hanno una grossa componente stocastica. Il Capitolo 6 invece concerne la trattazione geometrica della filogenesi, argomento legato all'evoluzione. Sono state inserite anche due importanti Appendici: la prima si riferisce all'approcio *evolutionary games theory*; la seconda è su probabilità e metodi stocastici, impiegati a loro volta per la costruzione del modello dinamico (stocastico) di cui al Capitolo 5.

Il libro, del quale è prevista a breve una versione in lingua inglese, è scritto in modo tale da essere utilizzato sia da quei biologi a cui interessa e piace la matematizzazione di questioni biologiche e ne comprende l'importanza, sia da matematici e fisici consapevoli delle difficoltà che esistono per la trattazione con i metodi della matematica e della fisica di argomenti biologici. Questo volume scaturisce da una sinergia di ricerca di un gruppo formato da matematici, fisici e biologi.

L'Aquila, settembre 2010

*Armando Bazzani*
*Marcello Buiatti*
*Paolo Freguglia*

# Indice

# 1

# Lo Stato Vivente della Materia e Evoluzione

## 1.1 Premessa

Le scienze della vita hanno caratteristiche molto peculiari che le differenziano dalle altre discipline e in particolare da quelle cosiddette «hard» come la fisica e la matematica. Le ragioni di questa diversità sono essenzialmente due. Innanzitutto, in particolare i biologi, sono contemporaneamente osservatori ed osservati in quanto esseri viventi loro stessi. Questo significa, da un lato, che concetti e teorie della Biologia sono influenzati dal contesto sociale in cui vivono i ricercatori (lo «spirito del tempo») e d'altra parte lo influenzano e concorrono a costruirlo. In secondo luogo i sistemi viventi hanno alcune caratteristiche specifiche che non si trovano nello «stato non vivente della materia». Per queste ragioni un capitolo introduttivo ad un volume sulla modellizzazione matematica dei processi vitali e delle loro dinamiche non può non iniziare con un breve excursus sui rapporti fra Biologia, le altre scienze ed il contesto sociale per passare poi ad un esame delle conoscenze attuali sulla struttura/funzione e sulle dinamiche della vita. Questo anche perché, come vedremo, alcuni dei concetti di base che erano accettati dalla vasta maggioranza dei biologi fino alla ultima decade del Novecento stanno radicalmente cambiando e rendendo obsoleti o comunque da modificare teorie e modelli matematici apparentemente consolidati da tempo. È quindi particolarmente importante in questo inizio del terzo millennio adeguare i modelli esistenti ai dati attuali e svilupparne di nuovi che permettano di formalizzare sintesi euristiche dei dati che affluiscono con incredibile rapidità anche grazie allo sviluppo di potentissimi strumenti di indagine. Nella storia delle scienze della vita le interazioni con matematica e fisica, a differenza di quanto è avvenuto ad esempio per chimica e geologia, sono diventate importanti e talvolta decisive solo dopo la seconda metà dell'Ottocento. Fu in quegli anni che, in particolare i fisiologi, che già avevano una qualche familiarità con la chimica, inaugurarono l'applicazione del metodo riduzionista anche alla Biologia, che fino ad allora si era affidata fondamentalmente alla osservazione della natura, alla sua descrizione ed all'elaborazione di teorie non fondate generalmente sulla sperimentazione e ancora meno sulla modellizzazione matematica. Lo stesso Charles Darwin, che pure dalla semplice osservazione aveva tratto teorie non solo valide, ma base di riferimento a cui la «Biologia postmoderna» sta tornando proprio in questi anni, fece pochi esperimenti, molto raramente quantitativi, non elaborando mai i risultati numerici ottenuti. Tanto che, ad esempio non si accorse di aver scoperto il cosiddetto «vigore degli ibridi» quando, misurando l'altezza di due linee di piante e dei prodotti del loro incrocio ottenne valori nettamente maggiori nei secondi che nei primi. Anzi, il suo lavoro fu del tutto dimenticato e non è mai citato nemmeno ora, oltre sessant'anni dopo che il fenomeno è stato «ufficialmente scoperto». Probabilmente il primo ingresso significativo della matematica nella Biologia generale si deve a Gregorio Mendel e al suo indiretto antagonista Sir Francis Galton. L'innovazione, rispetto ad altri tentativi di tradurre in termini matematici dati sperimentali e osservazioni raccolte su sistemi viventi, sta nell'ambizione, più in Mendel che in Galton, di ottenere una legge matematica «universale» che descrivesse e prevedesse, anche se in termini probabilistici, il comportamento degli allora del tutto ignoti fattori ereditari. Mendel in particolare, da bravo fisico quale era (aveva studiato a Vienna con Unger e Doppler), usò con acuta preveggenza, il metodo riduzionista, passando, con un salto metodologico non indifferente, dalla osservazione complessiva delle somiglianze e divergenze ereditarie complessive degli esseri viventi alla scelta di analizzare singoli caratteri che presentassero caratteristiche discrete alternative (fiore rosso o bianco, colore del baccello verde o giallo, ecc.) in modo da poter contare, facilmente e senza errori, in generazioni successive il numero degli individui che presentassero l'una o l'altra delle diverse forme di ogni carattere. Gli esperimenti di Mendel quindi furono accuratamente pianificati in funzione dell'elaborazione dei dati in termini probabilistici e cioè di frequenze che si intendevano rappresentative delle probabilità, rovesciando il metodo allora corrente nelle scienze della vita che consisteva nel compiere prima la osservazione o l'esperimento e poi cercare di dare un'interpretazione matematica ai dati ottenuti. In prima istanza gli esperimenti riuscirono a Mendel, tanto che i concetti che ne emersero sono tuttora considerati universali dalla maggioranza della gente. Non fu così per Mendel stesso, non naturalmente perché lui pensasse di aver compiuto errori nelle sue prove, ma perché per considerare universale il proprio lavoro, effettuato fino ad allora su una sola pianta, Mendel volle allargarlo ad altre specie e commise l'errore di chiedere informazioni su quale utilizzare da un grande botanico dell'epoca, che pensava più competente di lui, fisico. Van Naegeli, così si chiamava il botanico, propose purtroppo una pianta che non faceva veri semi, derivati da una fecondazione fra gameti maschili e femminili, ma falsi semi composti solo da cellule della pianta da cui erano prodotti. Mendel quindi osservò che, mentre le piante di pisello della prima generazione di incrocio mostravano tutte una sola delle due forme alternative del carattere, in seconda generazione si ottenevano circa ¾ di piante con una e ¼ con l'altra versione. Tutte le piante nate da semi della pianta di van Naegeli, erano invece ovviamente costantemente identiche alla madre, di generazione in generazione. Mendel si convinse allora di aver scoperto una legge valida solo per la pianta del pisello, tanto è vero che sulla sua tomba volle scritto «Gregorio Mendel metereologo e apicultore». Il lavoro dell'abate moravo fu «dimenticato» per un quarto di secolo e «riscoperto» nel 1900 contemporaneamente da tre ricercatori, De Vries, Correns, Tschermak von Seysenegg, che ripeterono gli esperimenti su diverse piante con la stessa impostazione di Mendel, ottenendo gli stessi risultati. Fu poi nel 1906, più di quarant'anni dopo i primi esperimenti che per la prima volta Bateson utilizzò i termini «gene» e «genetica», dando per primo il nome alla disciplina iniziata con il lavoro di Mendel. Non c'è dubbio che Mendel sia stato, anche se inconsciamente, la persona che ha aperto la strada alla concezione moderna della vita e in questo senso ha segnato un cambiamento epocale. Nonostante questo, non tanto i suoi esperimenti quanto il metodo seguito, si prestano ad alcune critiche che ci dicono qualcosa sui vantaggi ma anche sui pericoli derivanti dalla modellizzazione matematica dei sistemi viventi e delle loro dinamiche. Come si diceva, il metodo scelto da Mendel non era anodino ma si basava su un'ipotesi data per acquisita. L'ipotesi era che una serie di esperimenti organizzati semplificando l'oggetto di studio potesse dare risultati di significato «universale» e cioè estendibili non solo ad altri organismi ma a tutti i componenti dell'organismo studiato. L'universalità dei risultati sarebbe derivata dalla loro matematizzazione e dalla validità per più di un organismo. Inoltre la scelta dei caratteri da studiare di fatto rendeva parziale la ricerca, perché vennero scartati quelli quantitativi, come l'altezza e peso ecc., giudicati non trattabili facilmente, e anche quelli «ambigui», che possono cioè variare sotto l'effetto dell'eventuale modificazione dell'ambiente. Data questa scelta preliminare dei caratteri, in funzione della matematizzazione era abbastanza logico che le leggi che derivarono dagli esperimenti «dimostrassero» i presupposti e cioè che l'ereditarietà è controllata da fattori indipendenti (che non si influenzano a vicenda) e totalmente deterministici (ogni forma del fattore ha un solo risultato). La scelta di analizzare solo caratteri indipendenti dal punto di vista del fenotipo, nel senso ad esempio che il colore rosso del fiore restava tale sia in presenza di baccelli gialli che verdi e viceversa, facilitò l'individuazione di fattori che si assortivano a caso di generazione in generazione. Ne emerse quindi una concezione deterministico-stocastica dei sistemi viventi che fu poi teorizzata nel 1902 da uno dei tre «riscopritori» delle leggi di Mendel, Hugo de Vries. Questi infatti espose in due corposi volumi la sua «teoria della mutazione» che attribuiva l'evoluzione ad un susseguirsi di eventi casuali (le mutazioni appunto) e non alla «necessità» della Darwiniana selezione naturale. Furono così teorizzate da de Vries la compresenza, negli esseri viventi di totale casualità e totale determinismo e la totale indipendenza dei singoli componenti (i «fattori» di Mendel, i geni della genetica moderna). La teoria di Mendel-de Vries è entrata subito in collisione con quanto affermavano i seguaci di Francis Galton che, occupandosi di caratteri quantitativi a distribuzione continua e correlati fra di loro come aveva previsto Charles Darwin, erano deterministi e «continuisti», contro una visione probabilistica dell'evoluzione e coscienti dei legami fra i diversi caratteri e quindi fra i fattori ereditari che li controllano. Nonostante questo e le feroci polemiche, la concezione che derivò dal lavoro di Mendel ha condizionato la visione complessiva della vita fino alla fine del secondo millennio. È importante sottolineare qui che gli esperimenti di Mendel e dei mendeliani non erano in alcun modo nè sbagliati nè sono stati interpretati in modo scorretto e parziale ma è stata invece la «universalizzazione» dei concetti estrapolati da quei dati, ottenuti analizzando solo una piccolissima parte del sistema genetico della pianta di pisello, che ha portato alla formulazione di un corpus teorico molto rigido che poi ha resistito fino alla fine del secolo scorso e tuttora è dominante nella divulgazione e nell'immaginario scientifico che ne deriva. In questo senso si può dire che esperimenti compiuti 140 anni dopo le scoperte di Mendel, stanno facendo crollare un vero e proprio «paradigma» concettuale non smentendo i dati precedenti ma ampliandoli ed offrendo così una nuova visione complessiva dello stato vivente della materia. Il nodo di questa storia non sta nemmeno nel metodo riduzionista che è stato usato per tanto tempo, peraltro molto utile e potente, ma nell'ideologia riduzionista che ha portato alla reificazione di alcuni concetti di tipo analogico (Gagliasso,1998 [57]). Altra cosa infatti è usare questo metodo per semplificare e matematizzare l'oggetto di studio essendo coscienti della limitatezza della semplificazione attuata e invece affermare che i sistemi viventi sono semplici, sono costituiti da elementi indipendenti che si assortiscono a caso ecc. Non c'è dubbio che su questo processo abbia influito la formazione fisico-matematica di Mendel e dei mendeliani e la sua ignoranza in campo biologico di cui peraltro si rendeva ben conto. Purtroppo il biologo a cui ha chiesto aiuto, probabilmente dopo avergli dato un consiglio sbagliato sulla specie da utilizzare per ampliare gli esperimenti, lo abbandonò e Mendel scoraggiato li interruppe. Se però si analizza un po' più a fondo la storia del lavoro di Mendel e soprattutto della sua riscoperta si può notare un altro fattore importante dell'improvviso ritorno a Mendel e dell'affermazione universale della concezione deterministico-stocastica della vita nel primo Novecento. In realtà nel 1864, come si è detto, la ricerca biologica era ancora essenzialmente descrittiva e la cultura del tempo era dominata dalla visione romantica della vita e dall'impostazione naturalista ed olista di cui è esempio il pensiero di Charles Darwin. L'anno 1900 e quelli che lo seguirono furono invece segnati non solo nel caso delle scienze della vita, dall'antinomia fra caso e necessità e dal concetto di discreto opposto all'impostazione «continuista» precedente. Questo apparentemente improvviso viraggio si può osservare negli stessi anni anche nella fisica con la nascita della meccanica quantistica di Max Planck e perfino in area umanistica con la rottura dell'armonia (continuità), nella pittura con il divisionismo e poi con il futurismo, nella musica con Schoemberg e la nascita della musica moderna ecc. Tutti questi esempi di rottura con la tradizione ottocentesca furono teorizzati dagli autori citati che spesso fondarono specifici movimenti culturali. Furono forse il futurismo e parte del movimento dada quelli che meglio «agganciarono» la loro visione culturale allo spirito del tempo sottolineando una ben definita impostazione meccanicista e di rottura con il passato vista tragicamente da alcuni come gli appartenenti alla corrente tedesca del movimento dada e invece da altri con grande favore ed entusiasmo come nel caso del futurismo italiano e in particolare del suo fondatore Marinetti. Nelle poesie di quest'ultimo e nel manifesto del movimento si inneggia infatti alla macchina come simbolo del rinnovamento mentre per i tedeschi del periodo fra le due guerre mondiali la guerra, la violenza, la frammentazione sociale, la rottura dei legami venivano visti come inizio di una fine che poi fu quella del nazismo. Le macchine, con il loro determinismo (un solo progetto scritto da un essere umano) e con l'additività dei componenti (una ruota di automobile è identica quando è parte di questa a come è se ne viene staccata) hanno forti somiglianze con l'immaginario scientifico che veniva dalle scoperte di Mendel anche se il caso, nelle macchine non ha alcun ruolo. È un'ipotesi non peregrina quindi che la nascita della visione stocastico-deterministica della vita, nata nel primo Novecento sia stata favorita dallo spirito del tempo che di fatto «invitava» a trovare conferma dei concetti prevalenti ed ha influito sulla scelta di Mendel e dei suoi seguaci di indirizzare lo studio sulla parte discreta e «meno complessa» dei sistemi che stavano studiando, che avrebbe permesso di ottenere leggi facilmente matematizzabili e coerenti con l'immagine della realtà che lo spirito del tempo comunicava. Il culmine di questa visione è stato poi raggiunto con l'elaborazione della «Metafora informatica» (Gagliasso, 1998; Buiatti, 1998 [57, 23]) enunciata per la prima volta con chiarezza nel bellissimo volume di E. Schroedinger (*Cos'è la vita?*, 1942 [100]). Questa metafora è stata poi tradotta in termini molecolari nel 1958 da Francis Crick, uno dei due «scopritori» della struttura a doppia elica del DNA cristallizzato, ed ha acquistato la forma del «Dogma centrale della Genetica molecolare». L'enunciazione del dogma centrale porta a compimento il processo di «macchinizzazione» degli esseri viventi, equiparati di fatto ad un computer dotato di un solo programma, non a caso «scritto sul DNA». Si chiude così in certo modo il cerchio di feedback positivo fra Biologia e sentire comune ed a questo punto è la scienza che introduce nella discussione più generale e afferma con forza la reale equivalenza fra vivente e non vivente con una serie di conseguenze sui comportamenti umani che qui non è il caso di discutere, come un osservatore attento può facilmente capire leggendo la divulgazione scientifica nella stampa sempre alla ricerca di ulteriori prove del paradigma dominante (per un'analisi più compiuta di questo processo vedi Buiatti, 2004 [26]). Tuttavia, come accennavamo prima, la scienza continua ad essere tale e ad allargare quindi incessantemente il campo delle conoscenze fornendo sempre nuovi elementi che alla lunga non possono che influire sulle concezioni dominanti. Così è successo molto recentemente quando si è dimostrato che il determinismo del dogma centrale e lo stesso ruolo del DNA non sono davvero l'unico aspetto rilevante della vita che invece, come si dice è «multiversa» nel senso che presenta molte facce solo apparentemente contraddittorie ma in realtà complementari. Sono state così sciolte le antinomie del dibattito novecentesco (discreto/continuo, genotipo/ambiente, caso/ necessità ecc,) e si profila una nuova visione più completa dello stato vivente della materia che ha tuttavia bisogno urgente di sintesi e di formalizzazione matematica. Qualcosa di simile sta accadendo anche in altre discipline scientifiche come la fisica stessa che, a detta dei Fisici, si è recentemente accorta che conosce solo in parte il 5% della materia ma del resto sa solamente che esiste. Qualcosa di simile a quello che sta avvenendo in Biologia dove siamo costretti ad ammettere che dei genomi conosciamo bene negli organismi cosiddetti superiori solo lo 1–5% (questa è la quantità, nel genoma umano, di geni veri e propri) mentre stiamo appena cominciando a capire le funzioni del resto. È utile a questo punto ridefinire brevemente alcune delle caratteristiche che differenziano i sistemi viventi dal resto della materia in base alle conoscenze attuali puntualizzando alcuni concetti di grande rilevanza per lo studio dei sistemi e dei processi viventi, per passare poi ad un'analisi più approfondita delle ripercussioni che hanno avuto ed hanno ancora i dati ed i concetti della Biologia sulle teorie del processo che in qualche modo riassume questo corpus disciplinare, l'evoluzione.

## 1.2 Alcuni concetti base della vita

### 1.2.1 Il tempo, la vita, la morte, la funzione

Il tempo, la vita, la morte, sono categorie che in fisica non sono generalmente rilevanti mentre sono fondamentali nelle scienze biologiche. Gli esseri viventi infatti cambiano nel tempo in modo del tutto irreversibile e oscillano fra due condizioni, quelle, appunto, della vita e della morte. Gran parte degli studi compiuti dalle scienze della vita si occupano proprio di questa alternanza e in particolare degli strumenti e dei processi che servono a mantenere lo stato vivente della materia durante i singoli cicli vitali e, di generazione in generazione, attraverso la riproduzione e l'evoluzione. Da questo punto di vista in Biologia è di grande importanza il concetto di funzione o «intenzione» come la definiscono F. Bailly e G. Longo (2006) che introduce il finalismo, categoria del tutto senza senso nelle discipline non biologiche. Funzione ed intenzione infatti si intendono riferite al «fine» fondamentale di ogni essere vivente che è, appunto, quello di restare tale. Collegati a questo sono infatti i concetti di «adattamento», inteso come capacità di mantenersi vivi in diversi contesti durante un ciclo vitale e, di nuovo, nell'evoluzione quando si voglia parlare di processi vitali a lungo raggio temporale. L'adattamento e l'evoluzione richiamano ovviamente di nuovo il concetto fondamentale di cambiamento irreversibile chiarendo che non è solo del singolo sistema vivente e nemmeno della vita in quanto tale, ma va riferito sempre ad un contesto anch'esso mutevole nel quale si sopravvive solo adeguandosi con interazioni positive.

### 1.2.2 Flusso, auto-organizzazione, individuo, soggetto

I sistemi viventi sono attraversati da un continuo flusso di energia e materia. La fonte di energia principale come è noto è il sole, l'energia viene fissata e trasformata in materia dalle piante, immessa nell'ambiente alla loro morte o utilizzata dagli animali ed altri organismi e poi decomposta da altri ancora ecc. Questo provoca, come ha indicato per primo E. Schroedinger nel volume già citato, processi di riduzione locale di entropia (creazione di «neghentropia» all'interno e aumento all'esterno dei sistemi viventi) attraverso quella che viene chiamata generalmente auto-organizzazione. Fenomeni di auto-organizzazione sono noti in moltissimi sistemi non viventi (vedi ad esempio la formazione di celle convettive in liquidi vicini all'ebollizione o la reazione di Belouzov Zhabotinskji) e sono stati ampiamente modellizzati a partire da quelli studiati da A. Turing nel lontano 1952. La differenza fra i processi di auto-organizzazione negli esseri viventi e nella materia non vivente sta innanzitutto nella durata nel tempo delle fasi organizzate, nella loro complessità collegata alla durata stessa, nella trasmissione degli strumenti necessari al suo mantenimento di generazione in generazione. L'auto-organizzazione comporta di per sè stessa che i sistemi viventi siano entità discrete nel senso che si può sempre distinguere un «dentro» ed un «fuori», e si possano quindi definire individui e soggetti. Per individui intendo qui proprio sistemi autonomi caratterizzati da un dentro e da un fuori i cui limiti possono essere definiti materialmente da una membrana semipermeabile o anche semplicemente, come vedremo, da un insieme di connessioni. In quest'ultimo caso è parte dell'individuo ogni elemento che vi è connesso mentre ne è fuori quello che non ha questa proprietà. Per soggetto invece intendo un individuo, definito come sopra, che è in grado di reagire «attivamente» in modo da restare tale anche in presenza di una certa quota di «rumore» proveniente dall'esterno o anche dall'interno del sistema.

## 1.3 Organizzazione gerarchica in reti

La capacità dei soggetti viventi di cambiare in modo da adattarsi ai cambiamenti interni ed esterni al sistema, deriva dal possesso di strumenti che permettono insieme la percezione del cambiamento e la risposta ad esso e l'avere sviluppato meccanismi efficientissimi di comunicazione fra i diversi elementi di ogni sistema. La vita sulla Terra è infatti organizzata secondo una gerarchia di reti di elementi collegati fra di loro. Così una cellula è una rete di molecole, una colonia batterica e un tessuto sono reti di cellule, un organismo è una rete di tessuti, un insieme di organismi della stessa specie forma una popolazione, popolazioni diverse costituiscono quella che noi chiamiamo specie, diverse specie, microbiche, vegetali, animali, connesse fra di loro, formano un ecosistema, tutti gli ecosistemi, inevitabilmente connessi fra di loro in quanto presenti sullo stesso Pianeta, costituiscono la Biosfera. In pratica a tutti i livelli di organizzazione i componenti sono sempre connessi fra di loro all'interno del livello cui appartengono ma anche fra livelli di modo che si può dire che tutta la vita sulla terra sia una gigantesca rete connessa di «individui» che comunicano continuamente e dalle comunicazioni sono continuamente modificati. Questo significa che nessun componente di nessun livello è completamente indipendente, per cui qualsiasi cambiamento in qualsivoglia componente non può che ripercuotersi su una zona più o meno vasta della rete. La struttura delle reti ha caratteristiche comuni in tutti i livelli ed è generalmente costituita da moduli collegati fra di loro da relativamente pochi legami fra i componenti principali (nodi) ognuno dei quali è invece intensamente collegato con un gruppo di componenti del sistema. Questa struttura ha una serie di vantaggi primo fra i quali probabilmente quello di permettere una comunicazione rapida fra i componenti principali e attraverso di essi anche fra gli altri che avrebbero invece difficoltà comunicare se fossero disposti in modo casuale nel sistema. Se, infatti, un nodo secondario di un particolare modulo deve collegarsi con un suo analogo di un modulo diverso, il collegamento potrà essere limitato a tre passaggi (dal primo al suo «principale», al principale del secondo e da questo al secondo stesso). Ben più lento sarebbe il processo se i legami fra i nodi fossero casuali perché in questo caso i passaggi sarebbero inevitabilmente molto numerosi. Questo tipo di struttura si è probabilmente affermata durante l'evoluzione a partire dalla formazione del primo «iperciclo di Eigen» o di un sistema simile a livello molecolare perché permette a qualsiasi livello della rete la trasmissione rapida di segnali percepiti, inducendo la rete stessa a reagire prontamente ai cambiamenti del contesto esterno o interno modificando in modo opportuno la propria organizzazione. Altre caratteristiche fondamentali e necessarie delle reti viventi sono la *resilienza* e la *robustezza*, fondate ambedue su alti livelli di ridondanza e vicarianza. Per resilienza si intende la capacità di un sistema di tornare ad uno stato vicino all'iniziale reagendo al rumore, per robustezza la capacità di resistere grazie alla ridondanza (più copie di alcuni componenti che permettono di mantenere in vita la rete anche se uno di essi viene reso inutilizzabile) ed alla *vicarianza* (più strade per raggiungere lo stesso stato per cui si può ricorrere ad un percorso «di riserva» qualora il percorso abituale del sistema sia stato colpito).

### 1.3.1 Il cambiamento: sviluppo ed evoluzione

Come si è detto, gli esseri viventi sono auto-organizzati e si tramandano di generazione in generazione gli strumenti fondamentali per la vita, ma nulla si ripete mai nel tempo nel senso che ogni cambiamento è irreversibile. E infatti anche il cambiamento è un concetto fondamentale per chi si occupa dei sistemi viventi, cambiamento che significa però anche continua diversificazione e perenne adattamento. Si può dire da questo punto di vista che ogni sistema vivente cambia durante la vita, in quello che viene chiamato «sviluppo», e di generazione in generazione durante l'evoluzione. In questo continuo movimento niente mai si ripete e non si torna mai indietro in nessuno percorso, nè individuale nè collettivo. Questo, come aveva ben compreso Vernadskji nella prima metà del Novecento [112], avviene per tutta la Biosfera ma anche per la materia non vivente del nostro pianeta. Ambedue mutano continuamente con interazioni strettissime e dialettiche al loro interno e fra la componente viva e quella non viva, con periodi di modificazione lenta ed altri molto veloci come quello che sta ad esempio avvenendo in questo momento con il cosiddetto cambiamento climatico globale. Enunciati questi concetti fondamentali vediamone brevemente la storia, utilizzando come percorso di conoscenza da analizzare quello delle teorie evolutive.

## 1.4 Evoluzione dei concetti e delle teorie evolutive fra caso e necessità

### 1.4.1 Il dibattito del Novecento

«Caso e necessità» è il titolo di un famoso libro di Jacques Monod pubblicato nel 1971 che riassumeva in termini chiari la concezione dominante dell'epoca basata sul determinismo stocastico di mendeliana memoria già a quel tempo tradotto in termini molecolari ed alla base della teoria neo-darwiniana dell'evoluzione, la «Sintesi moderna» dal titolo del volume di J. Huxley del 1942. Per Monod «non si può concepire alcun meccanismo in grado di trasmettere al DNA una qualsiasi istruzione ed informazione. Tutto il sistema è, quindi, interamente e profondamente conservatore, chiuso su sè stesso, e assolutamente incapace di ricevere un'istruzione qualsiasi dal mondo esterno. È fondamentalmente cartesiano e non hegeliano: la cellula è proprio una macchina». La sorgente dell'informazione che dirige totalmente la vita è, per Monod, lo «invariante fondamentale» e cioè il DNA, che è capace di «captare» la variazione casuale delle mutazioni e riprodurla indefinitamente. Infatti «il caso è captato, conservato e riprodotto dal meccanismo dell'invarianza e trasformato in ordine, regola, necessità. Da un gioco completamente cieco, tutto per definizione può derivare, ivi compresa la vista». Caso e necessità quindi sono opposti (tutto caso o tutta necessità) anche se il primo può essere «ghiacciato» e diventare la seconda di fatto. Sull'antinomia caso/necessità poggia proprio l'innovazione portata nella teoria dell'evoluzione dal neo-darwinismo della «Sintesi moderna». Dato che, come dice Monod, la vita degli organismi non è assolutamente influenzata dal contesto, appare ovvio che, a determinare la sopravvivenza e la capacità riproduttiva siano solo le caratteristiche genetiche degli individui per cui la selezione agisce, anche se attraverso gli organismi, sui geni, scegliendo quegli individui che posseggono quelli «migliori». Questo ci permetterebbe quindi di studiare l'evoluzione semplicemente lavorando sui fattori genetici e sulle frequenze degli alleli di ogni gene in generazioni successive ed ottenendo così equazioni con alto potere predittivo estrapolate dal lavoro di Mendel. I modelli ricavati semplificherebbero di molto lo studio dell'evoluzione perché non sarebbe necessario tenere conto degli effetti dei contesti. In sintesi, nel neo-darwinismo, i soggetti dell'evoluzione non sono più le specie e nemmeno le popolazioni o gli organismi ma solo ed unicamente i geni, considerati come fattori del tutto indipendenti che, mendelianamente, si assortiscono a caso di generazione in generazione. Questa è la premessa su cui hanno di fatto lavorato Godfrey Hardy e Wilhelm Weinberg all'inizio del Novecento ponendo le basi per tutta la Genetica di popolazione e quindi per la Sintesi Moderna i cui fondatori riconosciuti sono poi stati R. A. Fisher, J. B. S. Haldane, S. Wright. Anche Hardy e Weinberg usarono il metodo della semplificazione per ricavare leggi matematiche predittive dei processi evolutivi come aveva fatto Mendel e per questo si rifecero proprio ai dati dell'abate di Brno, semplicemente estrapolandoli alle popolazioni di individui appartenenti alla stessa specie. È bene sottolineare qui che l'appartenenza ad una sola specie, condizione essenziale per la validità dell'ipotesi di partenza, di fatto limitava alla dinamica delle popolazioni l'intera operazione e quindi lasciava da parte tutta la cosiddetta «macroevoluzione», speciazione inclusa, che peraltro era invece stata presa in considerazione da Charles Darwin. La semplificazione di Hardy e Weinberg poggiava sui seguenti presupposti:

1. La modellizzazione veniva eseguita analizzando la dinamica temporale della modificazione delle frequenze relative di due alleli di un solo gene presupponendo quindi la completa indipendenza dei fattori genetici.
2. Gli incrementi $w_{t+\Delta t} - w_t$ hanno una distribuzione stazionaria, ovvero indipendente da $t$.
3. L'ambiente veniva dato per costante nel tempo.
4. La popolazione osservata era considerata «panmittica» e cioè costituita da individui che si univano in modo completamente casuale.
5. Nella condizione considerata «in equilibrio» da cui si partiva nell'elaborazione del modello non vi erano effetti di alcuno dei processi casuali o non casuali che, come si vedrà, influiscono sulle frequenze relative degli alleli.
6. Dei due alleli considerati uno era dominante $(A)$ e l'altro recessivo $(a)$.

L'estrapolazione da Mendel alle popolazioni era effettuata introducendo il concetto di «pool genico» definito come l'insieme degli alleli presenti in una popolazione. Nel modello, come si è detto, gli alleli sono solo due per cui le frequenze alleliche che sono date dal loro numero relativo, tenendo naturalmente conto che ogni genotipo presenta due copie del gene e cioè due alleli. Quindi, se gli individui considerati sono cento avremo duecento alleli, in parte $A$, in parte $a$ e tre genotipi possibili, $AA$, $Aa$, $aa$. Se $p$ è la frequenza dell'allele $A$ e $q$ quella di $a$ ovviamente $p^2$ sarà la frequenza di $AA$, $q^2$ quella di $aa$ mentre quella di $Aa$ sarà $2pq$ perché devono essere considerati sia l'unione fra $A$ e $a$ che quella inversa fra $a$ e $A$. La legge di Hardy e Weinberg è quindi semplicissima. In condizioni di equilibrio le frequenze dei genotipi presenti saranno (vedi poi § 3.3, p. 71):

$$p^2 + 2pq + q^2 = 1 \,.$$

La Genetica di popolazioni quindi parte dalla situazione di equilibrio ed analizza le modificazioni delle frequenze che possono avvenire per l'effetto di tre diversi processi, due dei quali vengono considerati completamente casuali mentre il terzo è determinato dal contesto. Si vede qui di nuovo con chiarezza la dicotomia fra caso e necessità e si introduce però un apparente compromesso fra il determinismo Galtoniano e la stocasticità mendeliana. I tre processi infatti sono proprio la darwiniana selezione naturale (necessità), e d'altra parte, le mutazioni, considerate del tutto casuali, la deriva genetica dovuta, come vedremo, ad «errori di campionamento» di generazione in generazione, e quindi anch'essi totalmente casuali. Resta ancora invece completamente il determinismo mendeliano del passaggio da genotipo e fenotipo che del resto non era oggetto di discussione fra Galtoniani e mendeliani. Ma quello fra caso e necessità non è il solo «compromesso» fra i due corni di una alternativa, proposto dalla Sintesi Moderna, ma ve n'è un altro, quella fra continuo (galtoniano) e discreto (mendeliano), che si basa sull'attribuzione di un andamento continuo ai cambiamenti nelle frequenze alleliche mentre gli alleli, di per sè, sono mendelianamente definiti come discreti. Se vogliamo ora analizzare un po' più in dettaglio i tre processi neo-darwiniani, vediamo che le mutazioni sono intese come cambiamenti casuali di un allele in un altro, ad esempio di $A$ con $a$ e viceversa. È ovvio quindi che avranno un effetto sulle frequenze alleliche relative solo se le probabilità dei due cambiamenti inversi possibili saranno diverse. Date le basse frequenze di mutazioni questo processo giustamente non è mai stato considerato come molto rilevante per l'evoluzione. Diverso, naturalmente è il caso della selezione. Qui il concetto chiave è quello di «fitness», parametro inteso come numero di figli prodotto da individui di un dato genotipo, normalizzato rispetto a quelli dei possessori di corredi genetici diversi presenti nella popolazione. Gli individui con genotipi ad alta fitness tramanderanno un numero maggiore dei loro alleli alla generazione successiva per cui il pool genico avrà frequenze relative spostate. Mano a mano che la selezione procede (siamo naturalmente sempre in ambiente costante) gli alleli che conferiscono bassa fitness verranno soppiantati. Nell'impostazione classica non sono previste interazioni fra alleli ma è prevista invece la *dominanza*. Quindi, dato che ad essere selezionati sono i genotipi, quello $Aa$ avrà necessariamente la stessa fitness di $AA$ dato che a non viene espresso in presenza dell'allele dominante. In un caso estremo, ad esempio, se l'allele $a$, quando è presente in tutte due le copie ($aa$) è letale o comunque conferisce sterilità, la fitness degli altri due genotipi sarà uguale ad 1 e quella di $aa$ a 0. Possiamo prevedere quindi che nella generazione successiva gli alleli $a$ saranno comunque meno e quelli in $aa$ («omozigoti») di nuovo non verranno riprodotti. Se le cose non cambiano, come è previsto nella genetica di popolazione classica che è poi quella difesa fino all'ultimo da Fisher, la selezione determinerà un processo continuo di spostamento delle frequenze verso gli alleli che conferiscono maggiore fitness e di scomparsa degli altri. Inoltre la selezione, comunque dovrebbe sempre portare ad una progressiva riduzione della variabilità del pool genico ed all'aumento della omozigosi per tutti gli alleli «buoni». La deriva genetica infine non ha, per definizione niente a che fare con l'ambiente ma è dovuta semplicemente, come si accennava prima, ad «errori di campionamento» dovuti all'improvvisa riduzione del numero degli individui di una popolazione. È ovvio infatti che se, ad esempio, improvvisamente da un milione di individui si passa a poche decine è praticamente impossibile che le frequenze alleliche nella piccola popolazione siano identiche a quelle di quella più grande e questo senza che intervenga alcun fattore selettivo. Gli esempi più classici di cause di questo fenomeno sono la migrazione o il cosiddetto «collo di bottiglia». La prima si verifica quando un piccolo nucleo di individui migra e cioè si sposta in un luogo in cui non vi sono altri componenti della stessa specie con cui incrociarsi. Il secondo, quando ad esempio avviene una catastrofe di un qualche tipo che elimina in modo casuale grande parte della popolazione che si riformerà dal campione non rappresentativo che è rimasto. In ambedue i casi la riduzione o anche la perdita di alleli ci sarà ma avverrà statisticamente e non per effetto di alcuna causa esterna che «scelga» i sopravissuti o i migratori. Da quanto si è detto appare evidente che il neo-darwinismo, nella versione che abbiamo appena tracciata, alla Fisher per intendersi, va contro alcune delle caratteristiche della vita che abbiamo discusso in precedenza. Innanzitutto, a differenza di quanto troviamo in Darwin, non si prevede alcuna interazione con l'ambiente e la vita appare totalmente programmata dal corredo genetico il cui cambiamento viene presentato come l'unico modo possibile per adattarci al variare del contesto. In secondo luogo i componenti stessi del sistema genetico non sono collegati fra di loro ma completamente indipendenti. Il genotipo, in altri termini, agisce in modo additivo senza interazioni positive o negative fra i suoi componenti. Nulla di più lontano dal concetto di rete di cui abbiamo parlato precedentemente e anche dalla «legge della variazione correlata» che aveva esposto Darwin. Anche qui, la scelta di imitare Mendel «universalizzando» un modello basato su un solo gene con due alleli considerati come indipendente al comportamento di un intero genoma porta a trascurare fatti che già Darwin aveva descritto osservando la natura da buon naturalista. Un altro concetto che emerge dal neo-darwinismo alla Fisher è che la variabilità in quanto tale è negativa se è vero che l'adattamento maggiore si ottiene «ottimizzando» il sistema e quindi necessariamente omogeneizzandolo fino ad ottenere genotipi costituiti interamente da alleli ottimali, anche qui in contrasto con Darwin che invece riteneva la variazione, e certo anche ma non solo quella genetica, come essenziale per la vita. Infine, come abbiamo già sottolineato, i macrofenomeni dell'evoluzione sono completamente trascurati dalla Sintesi Moderna e non si tiene quindi conto della struttura gerarchica della vita su questo pianeta. La Genetica di popolazioni quindi, che pure ancora nell'immaginario scientifico viene erroneamente chiamata «darwinismo», ha poco a che fare con Charles Darwin e molto invece con l'ipotesi scaturita dai lavori di Mendel. Non che le considerazioni che andiamo proponendo non siano state fatte. Anzi quasi tutti i temi ora menzionati sono presenti in accese discussioni fra i portatori di una serie di «sub-teorie del neo darwinismo» che hanno aperto la strada all'attuale rivoluzione determinata soprattutto dai nuovi dati della Biologia molecolare. Per quanto riguarda il problema dell'influenza dell'ambiente sull'espressione dei caratteri, probabilmente i primi a dare versioni diverse dal neo-darwinismo classico sono stati i genetisti che si occupavano, per ragioni teoriche ma soprattutto applicative, di caratteri quantitativi, in questo seguendo in parte le orme di Galton. E infatti la prima scoperta importante in questo campo costituiva proprio un compromesso fra la continuità galtoniana e gli elementi discreti di Mendel. Il compromesso fu trovato da Nilsson-Ehle che, lavorando su un carattere quantitativo dell'orzo (il colore del seme), dimostrò che una distribuzione continua di intensità di colore in ua popolazione si può spiegare assumendo la segregazione di un certo numero di geni mendeliani, ognuno dei quali dà un suo contributo quantitativo positivo o negativo al carattere analizzato e ammettendo che l'ambiente possa influenzare l'espressione dei geni relativi. Quest'ultima parte del ragionamento è stata poi completamente confermata dai selezionatori di piante ed animali che hanno constatato l'impossibilità di prevedere esattamente i valori di caratteri relativi alla produzione (quantità di latte, peso dei bovini, numero di semi nelle piante, altezza ecc.) proprio perché individui con lo stesso genotipo possono assumere valori diversi a seconda del contesto in cui si trovano. Questo è particolarmente evidente in piante a propagazione vegetativa che hanno spesso lo stesso genotipo in quanto derivano da clonazione, ma danno rese molto diverse a seconda dell'ambiente, del livello di concimazione ecc. Tanto che sono stati elaborati una serie di metodi statistici che permettono di ottenere stime plausibili dell'impatto relativo della variabilità genetica e di quella ambientale, anche se il risultato dell'analisi è generalmente applicabile solo all'ambiente e alla popolazione su cui è stata fatta, per ragioni che non è il caso di discutere in questa sede. Il parametro più utilizzato in questo campo è quello della «ereditabilità» ($h2$) che è il rapporto fra varianza genetica e varianza totale (genetica + ambientale) per quel carattere e si calcola sulla base di un'analisi gerarchica della varianza. Concettualmente questo significa che singoli genotipi possono produrre diversi fenotipi che si muovono tutti entro uno spazio di fasi i cui limiti sono dati dal corredo genetico e dalla sua capacità di plasticità. È ancora, inoltre, dalla Genetica dei caratteri quantitativi che è venuta la riscoperta della «legge della variazione correlata» di Darwin quando i selezionatori hanno osservato che l'aumento del valore di un parametro era spesso correlato con una variazione di altri caratteri. Ad esempio, nel caso dei bovini la produzione di latte è correlata negativamente con quella di carne, nelle piante l'accrescimento ha lo stesso rapporto negativo con la produzione di semi ecc. Anche per risolvere il problema della predittività degli effetti correlati della selezione i genetisti di caratteri quantitativi hanno elaborato metodi statistici basati sull'analisi della covarianza che hanno dato buoni risultati sul piano applicativo. Sorprende un po' che queste prove del legame fra diversi complessi genici (tutti i caratteri quantitativi sono controllati come si è detto da gruppi di geni detti sistemi poligenici e non da geni singoli) non siano neanche state prese in considerazione dalla Genetica non quantitativa e in particolare da quella di popolazioni. Tanto più che molti popolazionisti di buona formazione statistica erano esperti anche di applicazione ai caratteri della produzione. Del resto qualcosa di simile è avvenuto per il concetto di interazione non additiva fra alleli che derivava dalla scoperta della «eterosi» o «vigore degli ibridi», avvenuta nel corso di esperimenti di selezione del mais ma poi estesa agli animali. Fu Michael I. Lerner che analizzò per primo a fondo questo fenomeno in particolare con dei lavori sui polli e ne dette anche un'interessante spiegazione. Lerner infatti osservò che gli organismi derivanti da incrocio erano più vigorosi di quelli «puri» perché erano in grado di «tamponare» meglio gli effetti dei cambiamenti ambientali. Questo risultato è stato interpretato da Lerner nel suo famoso libro del 1954 *Genetic homeostasis* [76] suggerendo che la maggiore capacità omeostatica degli ibridi sia dovuta al possesso di due alleli diversi (due diverse strade per la stessa funzione) per una serie di geni. Questa ipotesi introduce due concetti molto rilevanti ed in contrasto con la corrente classica della Genetica di popolazioni. Innanzitutto evidentemente la presenza contemporanea di due alleli di uno stesso gene (*eterozigoti*) produce effetti diversi da quelli determinati dalla semplice somma di quelli dei due alleli presi singolarmente nelle linee «pure» (*omozigoti*). Questo significa che lo studio delle linee pure non è sufficiente per prevedere il risultato dell'interazione come sarebbe invece logico se si seguisse un approccio solamente riduzionista. In secondo luogo, dato che in una popolazione l'eterozigosi è più alta se è alta la variabilità genetica complessiva, l'estensione di questo concetto all'evoluzione suggerisce che la variabilità in sè stessa, come aveva affermato Darwin, ma non avevano confermato i neo-darwinisti, abbia un valore positivo per l'adattamento. Furono questi concetti che indussero una serie di ricercatori come Richard Lewontin [75] ad introdurre l'ipotesi della «selezione bilanciata» nella Genetica di popolazioni. Questo sviluppo si ebbe una ventina di anni dopo le scoperte di Lerner ed è stato poi confermato da una serie di lavori successivi anche su base molecolare che indica come l'attività di alcuni enzimi è complessivamente più stabile in presenza di cambiamenti ambientali se uno stesso organismo, essendo allo stato eterozigote, è in grado di produrne due versioni diverse. Il lavoro di Lewontin in realtà prese le mosse da una serie di dati molto convincenti che derivarono dall'uso di nuovi strumenti sperimentali per la valutazione della quantità di variabilità di una popolazione e soprattutto del numero di alleli presenti. Il nuovo strumento messo a punto alla fine degli anni Cinquanta del Novecento era l'elettroforesi, che permette la separazione e quindi lo studio di forme diverse di una stessa proteina. I risultati che emersero dai primi studi sul numero di «isozimi» (le forme diverse di un enzima) presenti in una popolazione, rivelarono inaspettatamente che la variabilità genetica è generalmente molto alta. Questo dato non è compatibile con l'ipotesi di Fisher che, come si è detto, prevede invece una continua riduzione della variabilità ad opera della selezione che tende a fissare solo la forma ottimale di ogni gene. La risposta di Lewontin dà una prima spiegazione di questo dato in quanto se è l'eterozigote l'organismo a maggiore fitness è ovvio che le diverse forme di ogni gene tenderanno ad essere conservate a prescindere dall'effetto dei singoli alleli allo stato omozigote. Come spesso succede tuttavia, anche in questo caso, alla spiegazione della selezione bilanciata ne fu opposto un'altra che di fatto si rifaceva, anche se non esplicitamente alla Teoria delle Mutazioni di DeVries. Fu un giapponese (Motoo Kimura) che nel 1961 propose la «Teoria neutralista» che, soprattutto nella sua prima versione attribuisce alla selezione solo il ruolo di filtro contro le mutazioni che hanno effetto letale sull'organismo in cui si verificano, e spiega invece tutta l'evoluzione con la sola deriva genetica e con la mutazione, attribuendola quindi totalmente al caso.

Nella realtà delle cose, come chiariremo meglio in seguito, Fisher, Lewontin e Kimura hanno tutti avuto ragione e contemporaneamente torto perché sia la selezione nella sua versione classica alla Fisher, sia la deriva genetica, sia il vantaggio degli eterozigoti influenzano i processi evolutivi a livello delle popolazioni anche se nessuno di essi è da solo l'unico motore. Se Lewontin, con la teoria della selezione bilanciata ha posto l'accento sull'esistenza di interazioni non additive a livello di alleli, è stato invece Sewall Wright [119], che pur essendo uno dei padri fondatori della Genetica delle popolazioni, ha proposto un modello radicalmente diverso da quello di Fisher in cui ha introdotto il concetto dell'interazione non additiva fra i geni. Questo perché, a differenza dello scienziato britannico, Wright ha fondato il suo lavoro di modellizzazione dei processi evolutivi su un'ipotesi di ambiente variabile e non costante. La nuova impostazione deriva anche dagli stretti contatti che Wright aveva con Th. Dobzhansky, un genetista sperimentale che lavorava sul campo sull'evoluzione della *Drosophila*, il moscerino dell'aceto dei genetisti classici ed aveva scoperto un meccanismo raffinato basato su specifici cambiamenti a livello della struttura dei cromosomi, che permetteva di fissare specifiche combinazioni geniche in ambienti diversi. È proprio sull'importanza delle combinazioni degli alleli, e non dei singoli varianti, che si basa l'innovazione fondamentale di S. Wright. Secondo la nuova concezione la fitness di ogni allele non è uguale nè in ambienti diversi nè in genotipi diversi, ma dipende invece fortemente dal contesto e dal genotipo complessivo in cui si trova (la combinazione appunto di geni ed alleli). Questo essenzialmente perché le interazioni fra i geni come quelle fra gli alleli di Lewontin e Lerner, non sono solo additive. Come casi tipici di interazione non additiva, Wright cita l'*epistasi* (controllo esercitato da un gene sull'espressione di un altro) e la *pleiotropia* (sono pleiotropici i geni che influenzano più di un carattere). Sulla base delle osservazioni di Dobzhansky e delle sue elaborazioni matematiche Wright propone il concetto di «paesaggio adattativo» (vedi Figura 1.1) che è descritto come un «paesaggio» in cui le colline sono i massimi di fitness. In questo paesaggio (Figura 1.1a) si osservano diversi ottimi ognuno dei quali corrisponde ad una combinazione genica il che significa che diverse combinazioni possono essere teoricamente all'ottimo nel paesaggio. Nel lavoro del 1932 di Wright, da cui è tratta la figura, sono raffigurate una serie di possibili situazioni (Figura 1.1b) come ad esempio assenza di selezione e presenza di mutazioni che determina un allargamento delle possibilità di fitness (1.1bA), aumento della selezione, che invece restringe la variabilità e quindi le vie possibili (1.1bB), cambiamento qualitativo dell'ambiente che rende via via più adatte combinazioni diverse (1.1bC), l'aumento della consanguineità che provoca cambiamento di posizione nel paesaggio e restringimento delle possibilità data la più o meno alta omozigosi (1.1bD, 1.1bE) e, infine la suddivisione per ragioni ambientali o di migrazione della popolazione in piccole popolazioni per effetto della deriva genetica. In sintesi quindi, Wright ritiene che l'evoluzione delle popolazioni sia regolata insieme dalla selezione, dalle mutazioni, dalla deriva genetica, che avvenga in ambienti necessariamente variabili nel tempo e nello spazio, che il

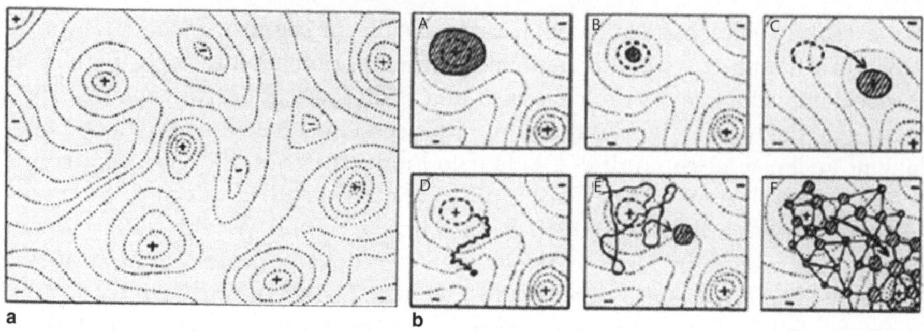

**Figura 1.1.** I disegni dei paesaggi adattativi di Wright. A sinistra il paesaggio intero, a destra gli effetti di diverse condizioni sullo stesso (le figure sono prese da Wright [119], pp. 163–166)

livello di consanguineità e quindi di omozigosi abbia un effetto rilevante sulla fitness delle diverse combinazioni geniche. Il quadro della Genetica di popolazioni, rispetto all'impostazione iniziale appare nettamente diverso ma resta ancora non chiarita la questione del passaggio da genotipo a fenotipo e cioè dei gradi di libertà di cui può avvalersi un organismo dotato di un genotipo specifico durante il suo ciclo vitale per adattarsi alle modificazioni del contesto. La persona singola che ha dato, storicamente, il maggior contributo concettuale alla soluzione di questo problema è senza dubbio Conrad Hal Waddington, un embriologo di formazione con una forte tendenza alla teorizzazione ed un forte interesse per la matematica, considerata una fonte rilevante di strumenti per la descrizione e l'interpretazione dei sistemi viventi. Proprio nel periodo 1940–1975, in piena rivoluzione molecolare e all'apogeo della popolarotà del potente metodo riduzionista di analisi, Waddington propone di lavorare alla fondazione di una «Biologia sintetica» che possa portare allo sviluppo di un «quadro intellettuale coerente dell'intero regno della vita» [115]. A questo scopo promuove una serie di programmi di lavoro e di convegni interdisciplinari da cui escono quattro preziosi volumi dal titolo *Verso una Biologia teorica* dal 1969 al 1972. Molti dei concetti e delle idee sulla Biologia proposti a quel tempo, risultati dell'intensa e fruttuosa collaborazione interdisciplinare fra genetisti, fisici, embriologi, matematici, hanno anticipato una serie di scoperte avvenute in epoca molto posteriore. Lo stesso Waddington ha collaborato lungamente e in modo molto fruttuoso con il matematico Renè Thom, un topologo di grande valore che ha sviluppato la cosiddetta «Teoria delle catastrofi». A detta dello stesso Thom il suo contributo è stato essenzialmente di descrizione topologica di processi che Waddington stava studiando sperimentalmente e dal punto di vista più generale per i loro riflessi sulle teorie dello sviluppo e dell'evoluzione. È con questo intenso lavoro e anche grazie alla collaborazione interdisciplinare che Waddington ha poi sviluppato il cosiddetto «Paradigma fenotipico» che nelle sue intenzioni avrebbe dovuto servire non per distruggere ma per complementare quanto scoperto da Darwin prima e dai genetisti di popolazione dopo, caratterizzando così meglio lo «stato vivente della materia». Waddington è partito affermando che «una delle fondamentali caratteristiche dei sistemi viventi, considerati come macchine attive, è il fatto che producono un aumento locale di ordine assumendo molecole semplici e organizzandole in composti complessi, ordinatamente strutturati. A prima vista uno potrebbe credere che questi sistemi agiscano in contrasto con il secondo principio della termodinamica». Nonostante che stranamente Waddington abbia citato Schrodinger molto raramente, egli ha tuttavia implementato i concetti del grande fisico con una discussione approfondita dell'applicazione del concetto di informazione alla vita. Questo anche se era fortemente critico sull'applicazione diretta della teoria dell'informazione in particolare per quanto riguarda il trasferimento di questa dal DNA alle proteine e poi ai caratteri durante lo sviluppo. Scriveva in proposito Waddington:

In questo caso vediamo che la Biologia ha sviluppato meccanismi più flessibili di quelli usati dai tecnici dei telefoni. Gli esseri viventi hanno un sistema per cui l'informazione può essere cambiata nel senso che un gene può mutare in modo che la progenie non riceva esattamente quello che era presente nei genitori. È nelle fasi successive della formazione del fenotipo in cui la teoria dell'informazione fallisce nel tentativo di trattare la situazione. È ovvio che il fenotipo di un organismo non risulta semplicemente dalla raccolta di tutte le proteine corrispondenti a tutti i geni contenuti nel genotipo. È vero che il fenotipo è il risultato dell'assemblaggio di parti fortemente eterogenee, in ognuna delle quali sono presenti alcune ma non tutte le proteine che possono derivare dai geni, ma anche molte strutture e substrati diversi dalle proteine primarie che corrispondono a geni specifici. Appare completamente ovvio anche per il «buon senso comune», che un coniglio che corre in un campo contiene una quantità di variazione più alta di quella contenuta in un uovo di coniglio immediatamente dopo la sua fertilizzazione. Ora, come possiamo spiegarci questa situazione restando dentro la cornice della teoria dell'informazione il cui principio fondamentale è che l'informazione non può essere aumentata? In realtà il problema fondamentale sta nel fatto che durante il passaggio da uno zigote ad un organismo adulto la «informazione» non è semplicemente trascritta e tradotta ma funziona in termini di «istruzione» o, per dirla in un modo più elegante, di «algoritmi». Il DNA produce RNA che a sua volta costruisce una proteina. La proteina poi influenza i componenti che la circondano in diversi modi, ed il risultato di questa interazione è la produzione di una maggiore varietà di molecole di quella presente all'inizio.

L'aumento di informazione avviene quindi attraverso il continuo cambiamento del fenotipo che, come abbiamo accennato all'inizio, «viaggia» lungo un percorso contenuto in un attrattore mantenendosi in uno stato, come lo chiama Waddington «omeorretico» e cioè stabile nel movimento. Il controllo del percorso non è solo da parte dei geni ma deriva anche da una serie di processi di auto-modificazione degli organismi che Waddington ha chiamato «epigenetici» in quanto avvengono su stimoli esterni ed interni non già «scritti» nella molecola depositaria dell'informazione genetica. Sia per quanto riguarda gli sviluppi dei singoli organismi che nell'evoluzione, nè in Waddington nè prima di lui in Wright, si afferma in alcun modo che l'evoluzione proceda verso la ottimizzazione in assoluto, ma ambedue pensano piuttosto al mantenimento nei percorsi «permessi» come scopo dell'adattamento. Anche il problema dell'antinomia fra caso e necessità è di fatto del tutto superato perché appare evidente che i sistemi viventi sono sempre e continuamente in situazioni intermedie con diversi livelli di vincoli alla casualità e utilizzano continuamente sia la variabilità genetica che la plasticità fenotipica per mantenersi appunto nei limiti dei percorsi permessi dai «mezzi» in dotazione. Sul concetto di auto-organizzazione e sul rapporto dinamico fra casualità e vincoli, dopo Waddington si è sviluppato un ampio dibattito che però è stato più intenso fra matematici, fisici ed anche epistemologi che lavoravano sulla vita, che non fra i biologi stessi, allora e persino oggi spesso legati alla vecchia visione meccanica della Genetica di popolazioni classica. Per quanto riguarda l'auto-organizzazione, oltre ai lavori di molto precedenti di Alan Turing (1952) [111] su un importante modello matematico e il libro di Joseph Needham *Ordine e vita*, sono esemplari da questo punto di vista le modellizzazioni di Prigogine e del suo gruppo (vedi Prigogine e Nicolis [95]) della formazione delle «strutture dissipative» in condizioni fuori dall'equilibrio, mentre è da attribuire a Henry Atlan [8] un notevole passo in avanti rispetto all'enunciazione da parte di Schroedinger del concetto di neghentropia del resto analizzata a fondo anche da J. S. Wicken [116] e Brooks and Wiley [22], con l'introduzione del concetto di entropia potenziale ed entropia osservata o realizzata. L'entropia potenziale è qui la normale entropia di Shannon, la seconda è data dalla riduzione dei valori della prima che è dovuta ai vincoli derivanti dalle interazioni fra i componenti dei sistemi viventi analizzati. Un contributo di grande interesse anche dal punto di vista filosofico è poi quello di Gregory Bateson con il suo volume del 1979, *Mind and Nature* [9], che ha dominato il dibattito particolarmente in Italia. Purtroppo questo interessantissimo dibattito ha visto, già negli anni Ottanta del secolo scorso, coinvolti più fisici e matematici, oltre ai filosofi ed epistemologi, che biologi sperimentali. Una delle ragioni di questo ritardo delle scienze della vita rispetto alla Fisica si può trovare nel fatto che in questa una svolta molto importante c'era stata molto prima, all'inizio degli studi di dinamica non lineare, a partire dai primi lavori di Edward Lorenz negli anni Sessanta del Novecento. La dinamica non lineare è stata ed è ancora un modo rivoluzionario di vedere la natura in cui è rilevante il concetto di «imprevedibilità intrinseca» di molti processi naturali. Senza dubbio questo principio è alla base dell'interesse dimostrato dai fisici del secolo scorso per il dibattito su caso e necessità nella Biologia ed è lo studio dei sistemi complessi in Fisica che ha favorito l'affermarsi di concetti quali quelli che abbiamo discusso precedentemente di interazione non additiva, di reti interattive, percorsi imprevedibili ecc. Del resto alcuni fisici e matematici hanno avuto ruoli decisivi nello sviluppo di alcuni concetti di base delle scienze della vita. Basta citare ad esempio Mendel, Schrodinger, Crick fra i fisici, e Fisher fra i matematici per rendersene conto. Anche adesso, come vedremo nel paragrafo seguente, l'interazione fra scienze della vita, fisica e matematica è molto forte e necessaria per raggiungere una sintesi razionale dei dati, spesso inaspettati, che la Biologia contemporanea sta producendo con straordinaria rapidità.

### 1.4.2 La rivoluzione del terzo millennio

Nella ultima parte del secolo scorso, le scienze della vita hanno iniziato un cambiamento drastico determinato dall'improvvisa accelerazione nel flusso dei dati sperimentali derivata dallo sviluppo, come era avvenuto ad esempio, alla nascita della Fisica delle alte energie, di metodi e macchinari straordinariamente potenti per l'analisi molecolare dei componenti dei sistemi viventi. Questi dati, fin dall'inizio del terzo millennio, con la «lettura» completa di moltissimi genomi di procarioti e di alcuni di eucarioti tra cui quello umano, hanno modificato in modo inaspettato una serie di concetti dominanti permettendo di scoprire improvvisamente processi di cambiamento dei sistemi viventi del tutto nuovi. In primo luogo appare ormai chiaro che non esiste, nella Biosfera, una sola strategia di adattamento anche se alcuni principi che lo governano sono comuni a tutti gli organismi. La vita mostra al contrario la sua multiversità confermata dall'affermazione di strategie di adattamento nettamente diverse fra procarioti (batteri e virus), piante, animali e anche *Homo sapiens* che appare sempre di più come una specie che ha «inventato» un nuovo strumento e, grazie a questo, nuovi modi di fare fronte a contesti spazialmente e temporalmente diversi. Appare quindi ormai sbagliato cercare di modellizzare i processi evolutivi puntando all'elaborazione di «leggi universali» ma lo si può invece fare se si tiene conto della variabilità delle strategie ma contemporaneamente di alcuni principi comuni ormai chiariti. In secondo luogo, è veramente crollata la «analogia informatica» reificata [57] che si basava sull'equiparazione dei sistemi viventi a computer dotati di un solo programma «scritto» sul DNA e trascritto e tradotto in proteine in modo totalmente fedele. Questo fatto ha rimesso immediatamente in risalto l'importanza del fenotipo come soggetto dell'evoluzione non più basata solo sulla modificazione delle frequenze e delle combinazioni di geni ed alleli, confermando le intuizioni in particolare di Waddington. È nata quindi ed improvvisamente esplosa, un'intera disciplina, l'*epigenetica*, che si occupa di tutte le fonti di plasticità la cui informazione non è contenuta solo nel DNA ma deriva dalle interazioni con il contesto. Non a caso il termine epi-genetica è stato introdotto per la prima volta proprio da Waddington e discusso a fondo nel suo volume *New patterns in genetics and development* del 1962. Ancora, hanno riacquistato importanza due concetti darwiniani che erano stati in qualche modo trascurati nel dibattito precedente, come quello del valore positivo della variabilità («il benevolo disordine», M. Buiatti, 2004 [26]) e la già più volte nominata «legge delle variazioni correlate». Infine, appare sempre più evidente che le antinomie su cui diverse correnti di pensiero si sono scontrate anche ferocemente nel passato, sono ora sciolte nel senso che, come già accennavo, i due corni dei dilemmi sono invece caratteristiche complementari anche se il loro impatto relativo può essere molto diverso. Si potrebbe anche dire che è proprio la soluzione della falsa antinomia fra caso e necessità che apre la strada ad un nuovo modo di considerare i processi evolutivi. Se c'è un principio comune a tutte le strategie di adattamento degli esseri viventi è il fatto che gli organismi si adattano ai contesti usufruendo delle necessarie fonti di variabilità, parti della quale vengono utilizzate momento per momento, contesto per contesto per contrastare il rumore esterno ed interno al sistema. Nessun sistema vivente è ovviamente totalmente casuale nè totalmente ordinato ma tutti si situano a livelli intermedi di entropia informazionale. Lo si può vedere con chiarezza anche da un'analisi dei livelli di vincoli alla stocasticità nelle sequenze del DNA, la molecola che conserva la memoria dell'evoluzione da cui possiamo cercare di trarre eventuali regole. Ebbene, in una serie di studi iniziati negli anni Novanta del secolo scorso sono stati analizzati a fondo da questo punto di vista una serie rapidamente crescente di genomi, grazie alle potenti tecnologie a nostra disposizione. Come già si sapeva, le dimensioni dei genomi di procarioti ed eucarioti sono molto diverse e vanno dalle poche migliaia di nucleotidi dei virus, a centinaia di migliaia fino ad alcuni milioni nei batteri, a qualche miliardo negli eucarioti multicellulari e cioè in piante o animali. In ognuno dei genomi vi sono i «geni» veri e propri (DNA codificante) che codificano per catene polipeptidiche (porzione codificante) ed una parte delle sequenze che invece non codifica per proteine ma ha altre funzioni che poi vedremo (DNA non codificante). La proporzione fra i due tipi di DNA è molto diversa fra procarioti ed eucarioti. Nei primi le sequenze non codificanti coprono generalmente un 10% circa dell'intero genoma, mentre negli eucarioti la situazione è esattamente opposta tanto che nel genoma umano le sequenze non codificanti sono più del 95%. Analogamente, i geni dei procarioti sono dell'ordine di poche migliaia e negli eucarioti poche diecine di migliaia. Ve ne sono 23000 nel genoma umano ma anche 40000 in paramecio che è un organismo unicellulare e cifre paragonabili in *Drosophila* e in *Arabidopsis*, la pianta modello della genetica molecolare vegetale. Non c'è quindi alcuna correlazione fra numero di geni e complessità degli organismi. Anche la struttura dei cromosomi è nettamente diversa fra procarioti ed eucarioti in quanto i primi hanno un solo cromosoma e sono aploidi (una copia del genoma per ogni organismo) mentre gli eucarioti hanno un numero variabile di cromosomi che sono molto più grandi e complessi. Negli eucarioti inoltre i genomi sono diploidi e cioè possiedono due copie del genoma. Va notato che, negli eucarioti ma non nei procarioti, i geni sono «interrotti» nel senso che all'interno di ognuno di essi vi sono zone codificanti («esoni») e zone non codificanti («introni»). Ciò comporta che mentre nei procarioti lo RNA appena copiato sullo stampo di DNA («trascritto») viene tradotto, negli eucarioti lo RNA trascritto copre tutto il gene e quindi anche gli introni che però vengono poi eliminati prima della traduzione in proteine con un meccanismo che viene chiamato, dall'inglese, «splicing». Una volta tolti gli introni, gli esoni vengono collegati fra di loro e, come vedremo, possono esserlo in modo diverso. Ad esempio una serie di esoni 1-2-3-4 può dare origine ad RNA traducibili 1-3-4-2, 1-4-2-3 ecc. che daranno quindi proteine diverse («splicing alternativo»). Su ambedue le grandi classi di organismi sono stati condotti una serie di studi sui livelli di stocasticità della distribuzione dei nucleotidi A,T,G,C lungo le sequenze. Si è così trovato che anche da questo punto di vista i procarioti differiscono dagli eucarioti non tanto per il livello di vincoli che presentano le loro sequenze complessivamente, quanto per la loro distribuzione. Complessivamente, i genomi degli eucarioti presentano correlazioni a corto e lungo raggio, una serie di periodicità di comparsa lungo la sequenza di «motivi» specifici, sequenze corte e lunghe ripetute anche moltissime volte, e anche sequenze cosiddette a «bassa complessità» a distribuzione non casuale. C'è anche una differenza fra le due classi funzionali principali di sequenze nel senso che i vincoli sono in generale nettamente più forti nelle sequenze non codificanti che in quelle codificanti. Nei procarioti invece, la distribuzione dei nucleotidi è generalmente più casuale, anche perché le sequenze codificanti come si è visto incidono molto di più sulla situazione complessiva del genoma (vedi su questo, Trifonov [110], Buiatti et al. [25], M. Buiatti e M. Buatti [27]). Come vedremo, le differenze nel livello di complessità delle sequenze di DNA fra procarioti ed eucarioti sono collegate con le diverse strategie di adattamento che presentano le due classi di organismi. Diciamo subito tuttavia che tutte le strategie si basano sulla presenza di strumenti e processi capaci di generare variabilità sia genetica che epigenetica e sulla capacità di ricezione e comunicazione di segnali, tali da permettere di scegliere, a seconda del contesto spaziale e temporale in cui si trova il sistema, la quota utile della variabilità generata. Detto questo veniamo alle differenze nelle strategie che si riferiscono soprattutto ai diversi rapporti, in batteri e virus, animali e piante, fra generatori di variabilità genetica ed epigenetica. Fra i procarioti, i batteri sono organismi relativamente semplici come si è detto, dotati essenzialmente di un solo cromosoma, ed hanno vite individuali molto corte, dell'ordine dei minuti. Questo fa sì che da un lato debbano fare fronte, durante un ciclo vitale, a relativamente pochi cambiamenti nel contesto e dall'altro che invece si possano moltiplicare molto rapidamente semplicemente per divisione cellulare. Sono probabilmente queste caratteristiche che hanno favorito, come mezzo di cambiamento adattativo, la variabilità genetica rispetto a quella epigenetica. E infatti, i batteri sono capaci di scambiarsi porzioni consistenti di genoma anche fra specie diverse tanto che il concetto stesso di specie in microbiologia è diventato molto vago e la classificazione dei diversi ceppi viene fatta più sulla base della morfologia e fisiologia che utilizzando metodi genetici e molecolari. Oltre a questo, recentemente si è scoperto che i batteri hanno sviluppato, durante l'evoluzione, strumenti sofisticati e potenti che permettono di rispondere a condizioni difficili di ogni tipo aumentando la frequenza di mutazione, in parte mirata, ai geni che potenzialmente potrebbero favorire l'adattamento. Un sistema di questo genere ormai ben studiato è quello che si fonda sull'attività del gene RPOs. Questo è in grado di riconoscere la situazione di stress e di attivarsi di conseguenza inducendo l'espressione di una serie di altri geni. Fra questi vi sono, con un ruolo molto importante geni «mutatori» che, appunto, aumentano la frequenza complessiva di mutazione. Un esempio di mutatore è la DNA polimerasi IV che replica il DNA ma producendo una serie di «errori» (le mutazioni). Non solo, ma contemporaneamente RPOs attiva geni potenzialmente utili, in cui la frequenza di mutazione aumenta indipendentemente dalla replicazione per il semplice fatto che i geni attivi mutano in genere più frequentemente di quelli silenti. Infine, anche nei procarioti come negli eucarioti sono presenti i cosiddetti «trasposoni» o elementi mobili, capaci di saltare da un sito all'altro del cromosoma inducendo mutazione là dove si inseriscono. La condizione di stress aumenta nettamente la frequenza di «salti» e quindi anche delle mutazioni. Non va dimenticato, per meglio comprendere i vantaggi dell'induzione di mutazione nei procarioti, che in questi, e non negli eucarioti, una qualsiasi mutazione ad effetto adattativo si manifesta immediatamente appena indotta in quanto, come si diceva, ogni gene è presente in una sola copia. Questo non avviene negli eucarioti in cui la seconda copia molto frequentemente copre e annulla l'azione della prima per cui mutazioni positive potranno avere effetto solo in seconda generazione quando saranno allo stato omozigote. Naturalmente anche nei batteri esistono generatori di variabilità di tipo epigenetico e cioè metodi di riconoscimento di segnale e di risposta immediata, che non sono molto diversi da una parte da quelli utilizzati dagli eucarioti. Si tratta soprattutto di processi per cui i geni vengono attivati differenzialmente a seconda del contesto cellulare interno o esterno. L'attivazione o inibizione in questo caso avviene generalmente a livello di trascrizione e vede coinvolte soprattutto le sequenze non codificanti a monte dell'inizio del gene vero e proprio. Sono queste le sequenze che devono recepire i segnali che vengono dall'esterno e dall'interno della cellula che sono poi gli ultimi di una catena di «trasduzione di segnale» che, nel caso della comunicazione con il contesto, parte dalla membrana. Questa infatti è attraversata da proteine che fungono da recettori che «pescano» all'esterno ed all'interno della cellula. La ricezione e il riconoscimento di segnale avvengono attraverso l'interazione fisica fra il recettore stesso e segnali esterni che possono essere molecole o anche di natura energetica (calore, luce ecc.). Sia nel primo che nel secondo caso il segnale modifica la forma del recettore o direttamente, come nel caso ad esempio dei segnali energetici, o tramite la formazione di complessi in cui si uniscono in modo molto specifico recettore e molecola esterna che devono quindi avere forme e caratteristiche chimico fisiche complementari. La modificazione della forma del recettore ne cambia la funzione nel senso che diventa capace di trasferire un segnale molecolare generalmente costituito da un radicale fosforico ad un'altra proteina che sta all'interno della cellula. Questa a sua volta cambia e inizia una lunga catena di passaggio di segnali che al suo termine coinvolge proteine capaci invece di interagire direttamente con il DNA formando, ancora, complessi sempre per complementarietà come si vede dalla

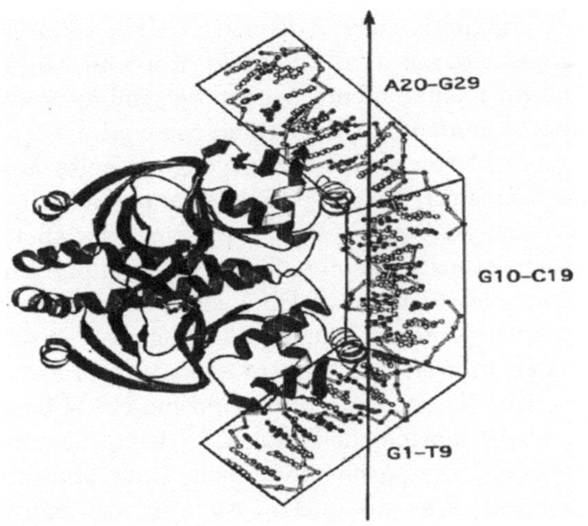


**Figura 1.2.** Schema di formazione di un complesso fra un fattore di trascrizione proteico e una sequenza di DNA non codificante a monte di un gene

Figura 1.2. Questo è possibile in quanto la forma classica del DNA, quella scoperta da Watson e Crick, è propria dello stato cristallizzato, ma in realtà il DNA può assumere forme diverse a seconda della composizione della sequenza di basi e del contesto fisico chimico in cui si trova. La necessità di complementarietà fra le due forme introduce anche qui un concetto base della struttura degli esseri viventi, già più volte ricordato: quello della connessione fra i componenti dei sistemi. È ovvio infatti che la sequenza di DNA che codifica per la proteina segnale (fattore di trascrizione) non è casuale, ma deve necessariamente essere correlata a quella del DNA che la riceve e riconosce. Visto che la formazione del complesso è condizione essenziale per l'induzione o repressione del gene a valle, una quasiasi mutazione in uno dei due DNA potrà modificare in positivo o in negativo l'interazione e così la funzione. In questo modo i batteri riescono ad utilizzare molte diverse combinazioni dei loro geni ed anche a modularne la quantità di espressione guadagnando così una certa capacità di variazione fenotipica anche durante i loro brevi cicli vitali. Tuttavia i geni dei batteri come si è visto, sono pochi e sono solo raramente «ambigui» nel senso che ogni gene in genere codifica per una sola proteina. Negli eucarioti la situazione è molto diversa. Anche piante ed animali usano come generatore di plasticità l'induzione di mutazioni ma questo avviene generalmente soprattutto a livello somatico mentre durante la formazione dei gameti si innescano una serie di processi che riducono il numero di mutazioni che passa alla progenie rendendolo molto basso. Tuttavia anche negli eucarioti esistono i trasposoni che anzi in alcuni casi costituiscono una parte rilevante dell'intero genoma, e gli stress li attivano aumentando la frequenza di mutazione. Non sappiamo esattamente quanto incidano sulla variabilità genetica e fenotipica di piante ed animali i riarrangiamenti causati da trasposoni, ma alcuni risultati recenti fanno pensare che la loro frequenza sia più alta in certe specie che in altre. Nel caso del mais ad esempio (vedi ad esempio Morgante et al. [85]) analisi degli stessi segmenti specifici del genoma in varietà diverse e quindi all'interno della stessa specie, hanno dimostrato sorprendenti livelli di modificazione di cui non conosciamo la frequenza, mentre niente del genere sembra essere presente nel genoma umano. Inoltre in alcuni geni specifici, come ad esempio quelli per le immunoglobuline e le caderine nell'uomo, avvengono mutazioni in linea somatica con altissima frequenza. Nel caso delle immunoglobuline, che sono il nostro strumento fondamentale di difesa dai patogeni ma anche dalle sostanze chimiche a cui siamo esposti, si sono affinati processi per cui, durante la maturazione dei linfociti le sequenze di DNA che corrispondono alla cosiddetta porzione variabile delle proteine, vengono riarrangiate. Il risultato è che i diversi linfociti possono produrre un numero enorme di proteine diverse e quindi riconoscere «nemici» diversi, con un meccanismo che si basa anche qui sulla complementarietà della «forma» dell'antigene e dell'anticorpo. Qualcosa di molto simile avviene nelle caderine che invece sono fra le proteine preposte al collegamento fra i neuroni. Anche in questo caso è importante di per sè la variabilità delle seuquenze aminoacidiche delle proteine perché ciò permette di formare molti diversi collegamenti fra neuroni, cosa che aumenta ovviamente la plasticità del cervello. In genere poi, la frequenza di mutazione non è costante lungo il DNA ma ci sono zone e in particolare quelle a bassa complessità, che mutano con frequenze di molto superiori alle altre. In questo caso ci sembra che l'effetto della selezione sia particolarmente evidente perché le zone a bassa complessità sono per l'appunto quelle in cui la distribuzione dei nucleotidi lungo la sequenza di DNA è più lontana dalla stocasticità ed è per questo che sono più fragili e mutano più facilmente. Come dicevamo, tuttavia, qualunque sia il tipo di mutazione considerato, ben poche mutazioni entrano in linea germinale e passano quindi alle generazioni successive. L'effetto del contesto (ad esempio quello dello stress) che nei batteri vene trasmesso rapidamente, negli eucarioti almeno in gran parte non lo è, per cui in questi le mutazioni somatiche possono essere considerate un processo epigenetico anche se questa affermazione se presa letteralmente è una contraddizione in termini. Le vere fonti di plasticità ontogenetica in animali e piante invece sono moltissime e molto potenti. Anche negli eucarioti in primo luogo funzionano sistemi di attivazione e modulazione di combinazioni diverse di geni, ma in questo caso la regolazione è più versatile e finemente modulata dal punto di vista quantitativo, come dimostra il fatto che i complessi fra DNA e fattori di trascrizione comprendono un numero di proteine molto maggiore e variabile e sono complementati da una serie di meccanismi che si basano invece su RNA, in genere a basso peso molecolare. Tuttavia l'innovazione forse più importante che distingue la regolazione degli eucarioti da quella dei batteri è che i geni dei primi hanno un altissimo livello di «ambiguità». Con questo termine intendo indicare processi con i quali un determinato genotipo può produrre un numero di proteine molto superiore a quello dei geni che ne contengono l'informazione. Questo succede negli esseri umani ma avviene in tutti gli animali e le piante fino ad ora studiati da questo punto di vista. Il nostro genoma infatti contiene più di tre miliardi di nucleotidi ma solo 23000 geni, che hanno l'informazione per più di un milione di proteine diverse per cui il numero medio di proteine per gene è molto elevato. I geni veri e propri fra l'altro costituiscono probabilmente circa il 2% di tutto il genoma ma oltre il 60% di questo viene trascritto e non tradotto per cui, anche se non codifica per proteine, è attivo. Sono trascritti su questa parte del DNA ad esempio gli RNA «regolatori» di cui accennavo prima. Il livello di ambiguità dei geni veri e propri può variare moltissimo tanto che un gene particolare (DSCAM) presente in diversi insetti, può codificare per ben 38000 proteine diverse. Nell'uomo, ad esempio, i geni per le neurexine, proteine che fanno parte con le caderine menzionate precedentemente, di quelle che collegano i neuroni, sono solo tre ma le proteine prodotte più di 2000. I due processi principali che generano tanta ambiguità hanno a che fare uno con la trascrizione e l'altro con lo «splicing». In molti casi infatti la trascrizione può iniziare in punti diversi della sequenza e dare quindi origine a RNA diversi che poi si tradurranno in proteine a sequenza e funzione variabili. Si parla in questi casi di «broad promoters» (promotori a «largo raggio») o, come quando si scoprì il primo caso di questo fenomeno, di «geni sovrapposti». Il secondo processo, che è alla base dei due casi citati di DSCAM e delle neurexine è invece quello dello «splicing alternativo», in cui gli esoni componenti un gene vengono processati in modi diversi dando, di nuovo, catene aminoacidiche diverse. Ma le possibili cause di ambiguità funzionale non si fermano a queste perché molto spesso le proteine sono formate da più di una sola catena polipeptidica e quindi vengono codificate da più di un gene, assemblandosi poi in combinazioni anche diverse. Non solo, ma molte proteine si complessano con altre sostanze (zuccheri e lipidi ad esempio) acquistando funzioni diverse. Infine, una ulteriore fonte di ambiguità di notevole rilevanza è data dal fatto che ogni proteina non ha una sola conformazione corrispondente ad un minimo in cui «cade» sempre, ma è caratterizzata da un «paesaggio conformazionale» con più minimi che dipendono dalla sua sequenza, dalle sostanze con cui si è complessata, ma anche dal contesto variabile in cui si trova. L'esempio classico di questo fenomeno è quello dei cosiddetti «prioni». Questi sono delle proteine capaci di trasmettersi informazione a tre dimensioni fra di loro determinando la diffusione di conformazioni specifiche che vengono trasmesse poi da proteina a proteina senza nessun intervento del materiale genetico. Per meglio spiegarsi prenderemo come esempio il caso più conosciuto, quello dell'agente della malattia della encefalopatia spongiforme bovina (BSE). La proteina in questione ha la stessa sequenza di aminoacidi nella sua forma non patologica che in caso di malattia, ma questa conformazione ha due minimi, uno a frequenza molto alta e il secondo molto raro. Se però una molecola cade in questo ultimo, se «incontra» la versione normale, con un meccanismo complicato che qui non è il caso di discutere si complessa e a sua volta ne provoca la caduta nel minimo anormale. La trasmissione della malattia così può avvenire negli animali e quindi nell'uomo per la via del sistema nervoso periferico e raggiungere poi quello centrale provocando la morte. Vi sono ormai diversi altri casi di prioni, in particolare nel lievito, che non sono letali e si trasmettono con le divisioni cellulari. In questo caso si può parlare quindi di ereditarietà per via epigenetica, un termine fino ad ora considerato errato per principio perché di sapore lamarckiano in un periodo, il ventesimo secolo, in cui per eredità si intendeva neo-darwinianamente solo quella legata al DNA. Ora la situazione è molto diversa anche perché vi sono ormai molti esempi di trasmissione ereditaria di modificazioni non legate a cambiamenti nella sequenza del DNA, ma a processi che intervengono in fasi diverse, dalla trascrizione fino alla determinazione del carattere. Vi sono infatti almeno tre processi, la metilazione, l'amplificazione, l'acetilazione del DNA che influenzano, appunto, l'espressione determinandone la modulazione in modo ereditabile (vedi, per una profonda ed esauriente discussione dei processi epigenetici Jablonka e Lamb [69]). In particolare, la metilazione reprime l'espressione del DNA anche in modo permanente, l'amplificazione determina un aumento nel numero di copie di specifiche sequenze aumentando i livellli di trascrizione, l'acetilazione ha anch'essa un'azione positiva sui geni in quanto permette lo «svolgimento» dei cromosomi e la loro liberazione dalle proteine che li mantengono compattati, rendendo possibile la sintesi di RNA. Va sottolineato qui che tutti i processi epigenetici di cui ho parlato, da quelli che determinano la sintesi di proteine diverse agli altri che invece modulano l'espressione della stessa proteina, con l'eccezione del fenomeno prioni che si può considerare essenzialmente casuale, sono fortemente influenzati dal contesto e quindi dal riconoscimento e trasmissione del segnale. È recente la scoperta che anche lo splicing alternativo di proteine neuronali è diretto dalla trasmissione di cambiamenti di potenziale fra neuroni attraverso le sinapsi; il che indica un primo processo di «ambiguità» positiva del nostro cervello, capace di formare un milione di miliardi di connessioni diverse, strumento formidabile di invenzioni e di variabilità del pensiero. È per questo che il fattore principale di adattamento degli esseri umani, che pure utilizzano anche quelli degli altri animali, è costituito proprio dal cervello, archivio di informazioni utilizzabili infinitamente più potente del DNA. Nel nostro caso, come discutono a fondo Jablonka e Lamb nel volume precedentemente citato, si può parlare di «ereditarietà simbolica» in quanto le informazioni si trasmettono fra individui e passano di generazione in generazione attraverso il linguaggio ed i sistemi moderni di trasmissione di simboli e qundi di culture. Mentre gli altri eucarioti, compresi i nostri «cugini» primati si adattano per selezione naturale, usufruendo dei processi epigenetici e cercando l'ambiente adatto, noi, dalla nostra espansione, avvenuta circa 50000 anni fa, in poi, abbiamo adottato la strategia di cambiare l'ambiente differenziandoci per culture e ben poco utilizzando la variabilità genetica. Tanto è vero che la nostra variabilità genetica è nettamente più bassa di quella dei primati che pure sono molto meno numerosi di noi (poche migliaia a fronte dei nostri quasi sette miliardi).

### 1.4.3 Nostro punto di vista

La sintesi delle nuove conoscenze nel campo delle Scienze della vita e in particolare la visione contemporanea dei processi evolutivi che abbiamo cercato di dare, rende a nostro parere evidente la necessità di uno sforzo teorico che permetta di collegare i dati che ogni giorno affluiscono numerosissimi dando gambe e solidità alle nuove concezioni. In questo, come sempre del resto, è di fondamentale importanza la cooperazione dei biologi sperimentali, degli evoluzionisti e di matematici e fisici che, con l'uso degli strumenti matematici esistenti e di nuovi ove necessario, porti ad una modellizzazione innovativa dei processi vitali e in particolare di quelli evolutivi che ne sono la sintesi. Si tratta a nostro parere, di tornare ad alcuni concetti di Darwin (non del neo-darwinismo) e poi di Waddington e di altri «eretici», tutti però rivisitati ed unificati in modo da renderli aderenti alla realtà come la conosciamo oggi. Tenendo naturalmente presente che, come ormai pare chiaro dalla recente storia delle scienze della vita, le verità proposte sono sempre verità locali, passibili di essere cambiate in base a nuovi dati. Non che tentativi di modellizzazione anche molto interessanti non siano stati fatti dopo il neo-darwinismo. Ad esempio pensiamo ai modelli, però essenzialmente descrittivi, di Renè Thom sviluppati in cooperazione con lo stesso Waddington, ma anche allo sforzo importante di modellizzazione del Centro di Santa Fè e in particolare di S. Kauffmann [70, 71] per non parlare del lavoro di Prigogine e del suo gruppo sui processi di autoorganizzazione e sulle strutture dissipative e di quello, ancora più recente, in particolare del gruppo di Barabasi e di molti altri sulla dinamica dei networks che ha addirittura dato vita ad una nuova disciplina, la Biologia dei Sistemi (System Biology). In tutti questi casi, in parte con l'eccezione dell'opera di Waddington, l'approccio è sempre stato legato di volta in volta ad uno solo degli aspetti innovativi della Biologia sperimentale. Mentre Waddington aveva chiesto a gran voce di cambiare l'intero paradigma su cui si basavano le scienze della vita ridando risalto al ruolo del fenotipo nell'evoluzione, Kauffmann ha sviluppato modelli di networks essenzialmente di tipo booleano su base binaria senza introdurre funzioni continue, il gruppo belga si è occupato del chiarimento del concetto di ordine dal disordine in sistemi fuori dall'equilibrio e Barabasi della struttura topologica dei networks, poi approfondita nei suoi lati dinamici dagli studiosi della Biologia dei sistemi. Manca ancora quasi completamente uno sforzo di sintesi di tutti questi concetti su base evolutiva che si basi su una unificazione della maggior parte possibile dei nuovi concetti. In particolare va rivalutato il fenotipo come soggetto dell'evoluzione e quindi il ruolo «attivo» dell'organismo nel rapporto dialettico con il contesto che permette l'adattamento. Nel fare questo bisogna naturalmente tenere conto delle diverse strategie di cui abbiamo parlato in procarioti ed eucarioti, tenendo presente che l'apporto relativo dei processi epigenetici aumenta via via che si passa dai virus e batteri a piante ed animali e poi agli esseri umani il cui processo di adattamento è poco basato sui geni e molto sul «fenotipo esteso» delle culture e della loro variabilità. Un modello generale comunque non necessariamente deve entrare in queste differenziazioni se non inserendo funzioni adatte a tenerne conto potenzialmente. Vanno qui introdotti due nuovi concetti di grande importanza che rendono conto a pieno dell'importanza della rivoluzione concettuale in corso. Si tratta di due parametri che permettono di misurare la capacità degli organismi di adattarsi utilizzando la variabilità genetica e quella fenotipica intesa in senso esteso come accennavo prima. Innanzitutto si parla di «evolvabilità» di una popolazione o di una specie intendendo con questo termine la quantità di variabilità trasmissibile per via ereditaria presente nel sistema studiato. Nella versione oggi accettata, per variabilità ereditabile si intende essenzialmente quella genetica; ma secondo la nostra opinione andrebbero comunque valutate anche le altre forme di ereditarietà e cioè l'epigenetica, la comportamentale, la simbolica, come indicato precedentemente in riferimento alla proposta di Jablonka e Lamb (2007). Il secondo parametro è la plasticità, che invece è la quantità di variazione fenotipica possibile e cioè di fatto l'ampiezza dell'attrattore in cui l'organismo farà il suo percorso. Recentemente si è dimostrato che sia l'evolvabilità che la plasticità hanno componenti genetiche importanti e sono oggetto di selezione. Processi come quello che abbiamo visto nei batteri infatti si sono fissati durante l'evoluzione e continuano ad offrire un vantaggio selettivo così come quelli a livello fenotipico che invece sono più importanti negli eucarioti. Ambedue i parametri dovranno essere inseriti nei modelli evolutivi con opportune funzioni che ne descrivano l'intensità e la sua variazione passando da procarioti ed eucarioti. Inoltre, il concetto di sistema a rete non può non essere inserito, naturalmente implementandolo rispetto alle versioni ancora relativamente poco euristiche che emergono dai primi modelli del tipo di quelli di Kauffmann, mettendo componenti dinamiche non lineari nelle interazioni fra gli elementi del «network» stesso. Infine, e questo è un consiglio che ci viene dalla storia, la modellizzazione matematica deve essere compiuta con una collaborazione alla pari fra discipline fisico-matematiche e delle scienze della vita. Non a caso questo è quanto è avvenuto per i modelli che nella storia della Biologia hanno anticipato concetti poi dimostrati. Così è stato nella diatriba S. Wright-R. A. Fisher in cui solo il primo, poi risultato vincente, collaborava intensamente con gli sperimentali. Così nel caso di Waddington e della sua collaborazione con R. Thom e in quelli, meno numerosi, in cui singole persone avevano contemporaneamente competenze in campo sperimentale e matematico. Oggi la collaborazione è ancora più rilevante per l'accelerare improvviso dei dati disponibili che deriva molto dai potenti strumenti di indagine sperimentali a disposizione. Questo fatto determina da un lato una sempre maggiore incapacità da parte degli sperimentali di ottenere una visione completa di quanto si sta conoscendo e d'altra parte, nelle altre discipline, la tendenza a fare modelli arretrati e quindi non solo non euristici, ma a volte fuorvianti. Di seguito presenteremo un approccio, un tentativo di superamento di questa *impasse*.

# Sulle teorie evoluzioniste

Questo capitolo vuol avere la funzione di ponte tra quanto illustrato nel Capitolo 1 (prettamente di contenuti biologici) e la modellizzazione matematica di cui cominceremo a parlare, con qualche esempio concreto, nel Capitolo 3 (e poi nei capitoli sucessivi, in particolare nel Capitolo 5). Riteniamo infatti opportuno che prima di presentare modelli matematici di qualunque teoria si debba prima chiarire cosa si vuol intendere con la parola «teoria». Non sempre viene sentita questa esigenza, ma pensiamo invece utile il contrario, cioè stabilire un paradigma che ci permetta di avere un'idea in merito. Sia ben chiaro che non diciamo niente di nuovo. In ambito logico-epistemologico, e di riflesso matematico, ciò è scontato. Ci vorremo dunque soffermare su nozioni paradigmatiche basilari, e poi passare in rassegna, enucleando le relative leggi fondamentali, alcune formulazioni della teoria dell'evoluzione, così come sono state elaborate classicamente soprattutto sulla scia di Lamark e di Darwin e che abbiamo ritenute funzionali alle linee del nostro saggio. Il nostro approccio sarà di tipo sintetico, nel senso che non entreremo negli aspetti tecnico teorici che coinvolgano direttamente il DNA. Ciò sia nella presentazione di una teoria di tipo essenziale (come quella che indicheremo con **ES**) sia nel caso di teorie biologicamente più evolute (come quella che denoteremo con **ET**). Piuttosto ci soffermeremo, ad es. sugli effetti delle mutazioni, più che sulle mutazioni in sè. E così per tutti gli altri fattori che la genetica, l'*environment influence* e la biologia molecolare contribuiscono a comprendere più dal profondo l'evoluzione. Le teorie da noi proposte si perfezionano sul piano biologico una dopo l'altra, e, almeno in linea di principio, non si contraddicono. Così, appunto, **ET** è più «profonda» di **ES**, ma non la contraddice. Questo nostro punto di vista è comunque funzionale alla modellizzazione matematica ed è conforme a molta parte di analoghi lavori che troviamo in letteratura scientifica.

## 2.1 Introduzione

Storicamente possiamo asserire che il processo di matematizzazione della biologia si articola secondo varie fasi. In generale, parlando di applicazioni della matematica alla biologia, intendiamo non tanto l'uso di tecniche numerico-statistiche o comunque di strumenti statistici elementari variamente connessi, bensì ci riferiamo alla costruzione di modelli (sistemi dinamici, sistemi dinamici discreti, ecc.) ed all'applicazione di tecniche statistico probabilistiche (processi stocastici, sistemi dinamici stocastici). Ciò non significa che i metodi statistico- descrittivi non abbiano una loro validità e soprattutto utilità. Gran parte dei biologi utilizzano proficuamente (anche se quasi esclusivamente) queste tecniche che spesso non vanno oltre la determinazione di curve di regressione e il metodo del chi-quadrato. Nonostante le cose vadano cambiando, ancora la modellistica matematica viene (soprattutto in Italia) usata dai biologi alquanto prudentemente. C'è invece un grande interesse da parte dei matematici e dei fisici ad applicare le loro tecniche alla biologia. Invero, va osservato che gran parte dei lavori di biologia hanno carattere sperimentale. Questo fatto giustifica la preferenza all'utilizzo di metodi statistici. La biologia teorica, non sempre apprezzata dai biologi, è invece la sede idonea a proporre modelli. Infatti l'approccio teorico dà luogo alla formulazione di leggi generali (scaturite dall'osservazione sperimentale) che permettono la costruzione del modello (matematico) medesimo. Il problema è che non è facile avere una «stabilità teorica» in biologia. Per esempio, in matematica la geometria euclidea può essere sottoposta a differenti assiomatizzazioni, ma alla fine esse sono tutte tra loro più o meno equivalenti al fine di porre le basi della geometria elementare. Così in fisica, la stessa teoria della relatività può avere formulazioni alternative, ma le idee einsteniane non sembrano vacillare (come d'altronde quelle newtoniane). La matematica e la fisica subiscono grandi sviluppi, ma tendono (soprattutto la matematica) a conservare il loro passato. In biologia le cose stanno diversamente. Molti biologi ritengono che nonostante si sia oggi in presenza di risultati e sintesi teoriche cruciali, fra qualche tempo ci troveremo ad un superamento di esse. È lecito domandarsi allora se davvero in biologia le teorie passate sono o possono essere del tutto abbandonate. Se è vero cioè che, al di là della dimensione storica, le teorie biologiche più recenti rinneghino totalmente le precedenti. La nostra opinione è che, a parte il perfezionamento dei risultati sperimentali e le novità che gli esperimenti biologici producono, non tutto ciò che precede debba essere abbandonato. Ed è proprio il caso della teoria dell'evoluzione, che è la teoria più onmicomprensiva della biologia. Come si diceva nel precedente capitolo, ci sembra tutt'altro che peregrino ritornare con prudenza ad alcuni concetti basilari dello stesso Darwin. Con l'avviso però di tener presente che tutta la biologia costituisce un campo di studio privilegiato per la scienza della complessità. Ma lo studio di sistemi complessi nel senso olistico presenta ancora notevoli difficoltà, in particolare sulla relativa applicazione dello strumento matematico. Pertanto non risulta facile superare *tout court* il paradigma riduzionista. Per poter portare avanti alcune analisi è necessario chiarire aspetti cruciali. Conseguentemente a come si chiariranno, potremmo riflettere sul paradigma in cui operiamo (per una disamina critica della modellizzazione matematica vedi [67]). Richiameremo pertanto alcuni concetti fondamentali (di natura logico-epistemologica) che permetteranno di analizzare la nozione di *teoria*, visto che questo capitolo è dedicato proprio alla formulazione di alcune «teorie» evoluzionistiche. Il tentativo è quello di determinare appunto la meta-nozione di teoria, cercando di emanciparla dalla genericità. Diamo la seguente:

**Definizione 2.1.** Una *teoria scientifica* $\mathcal{T}$ è costituita da una *struttura formale* $\mathcal{F}$ e dalle relative *interpretazioni* $\mathcal{M}_i$ (in breve $\mathcal{T} \equiv \langle \mathcal{F}, \mathcal{M}_i \rangle$). $\mathcal{F}$ a sua volta consiste di:

- un *linguaggio* $\mathcal{L}$, con il quale si esprimono le relative proposizioni. Se $\mathcal{L}$ è completamente formalizzato, allora esso sarà costituito da un insieme finito di simboli e da un certo numero finito di regole di buona formazione delle espressioni. Questo è comunemente chiamato *linguaggio tecnico*;
- un insieme $\mathcal{A}$ di *leggi fondamentali* (o assiomi specifici, o postulati a seconda del contesto);
- un *apparato logico* $\mathcal{R}$, costituito da regole di inferenza e assiomi logici, che permette di dimostrare proposizioni (che in matematica corrispondono a teoremi e per altri versi alla procedura di soluzione di problemi).

Una *interpretazione* $\mathcal{M}$ di $\mathcal{F}$ è una corrispondenza coerente che collega espressioni di $\mathcal{F}$ con espressioni semantiche (legate talora a «fatti reali») di significato matematico, fisico, biologico, ecc.). In linea di principio può sussistere più di un'interpretazione di $\mathcal{F}$.

Se $\mathcal{T}_1$ è la matematica o una parte di essa, e $\mathcal{T}_2$ ad esempio la biologia, si può stabilire una relazione tra le due mediante la nozione di modello matematico. Diamone la definizione.

**Definizione 2.2.** Un *modello* (fisico, biologico, economico, ecc.) espresso in termini matematici (cioè un *modello matematico*) è un sistema di relazioni matematiche con le seguenti propietà:

- le relazioni matematiche sono tra loro non contraddittorie e non banali;
- le variabili del sistema sono direttamente interpretabili in termini legati al sistema reale studiato (ad esempio le variabili possono essere «numerosità» di popolazioni, «densità», ecc.);
- da assegnate informazioni (input) mediante elaborazione matematica se ne ottengono altre (output) (poi interpretabili)[1].

Proporremo ed esamineremo nel successivo capitolo 3, qualche modello sia geometrico sia dinamico (cioè mediante equazioni differenziali) ispirato appunto alla Teoria Evoluzionistica. Precisiamo che le caratteristiche di un modello matematico sono:

---

[1] Vedi Y. Cherruault (1998), pp. 11–15 [32].

- la *descrizione* essenziale in termini matematici della struttura e di leggi fondamentali relativi alla teoria considerata;
- la *simulazione* del fenomeno o della teoria modellati, avere cioè la possibilità di riprodurre la dinamica o l'andamento del fenomeno o della teoria studiati;
- la *predittività*, cioè la possibilità di «predire» *cum granu salis* il comportamento qualitativo o quantitativo della fenomenologia considerata (ovviamente, dipendente dagli input assegnati).

Ripetiamo che non ci sono dubbi sul fatto che la modellizzazione matematica utilizzi – diremo quasi per la sua (attuale) natura – paradigmi riduzionistici, in funzione anche dei tentativi fatti di trovare tecniche utili per affrontare fenomenologie «complesse». Ma certamente ci sono un'infinità di ragioni per cui il riduzionismo non debba essere demonizzato.

## 2.2 Alcuni sistemi di leggi evoluzioniste

Le idee basilari della teoria darwiniana furono sottoposte a varie elaborazioni e modifiche. Darwin riassume queste in un passo dell'*Origine delle specie* (1859), così:

> Queste leggi, prese in senso generale, sono lo *sviluppo con riproduzione*, l'*eredità* praticamente insita nella riproduzione, la *variabilità* legata all'azione indiretta e diretta delle condizioni esterne di vita e all'uso e non uso, un ritmo di incremento numerico talmente alto da portare alla *lotta per la vita* e conseguentemente alla *selezione naturale*, che a sua volta comporta la divergenza dei caratteri e l'estinzione delle forme meno perfezionate[2].

Distingueremo di seguito teorie di primo livello biologico da teorie di livello superiore, a seconda delle nozioni biologiche coinvolte.

### 2.2.1 Esempi di teorie di livello biologico basilare

Cominceremo ad esaminare concetti di livello teorico basilare o – se vogliamo – «rudimentale», cioè non approfondiremo i meccanismi biologici che governano intrinsecamente i meccanismi dell'evoluzione. Piuttosto esamineremo il comportamento degli individui e dell'ambiente soggetti ad evolversi. In altre parole non specificheremo il ruolo delle mutazioni, delle ricombinazioni, del potenziale di fitness, ecc., ma piuttosto della loro «risultante». È un modo di procedere che può sembrare semplicistico. Invece è il risultato di uno schema essenzialista che individua i caratteri fenomenologici cruciali della teoria evoluzionistica. Ci porremo dunque ora ad un primo livello teorico-biologico, che comunque non contrasterà con impostazioni successive biologicamente più profonde.

---

[2] Ch. Darwin (1859) [34], pp. 489–490.

Nell'approccio classico alla teoria dell'evoluzione diventa necessario dare in qualche modo una definizione di *specie* (quanto meno per dar senso alla nozione di *speciazione*). È ben noto che non è pacifico dare una definizione soddisfacente, in quanto ci sono individui (animali o vegetali) non riconducibili a qualunque sorta di definizione di specie. Molti biologi si sono cimentati su quest'argomento. Ricordiamo Dobzhansky (1935), Simpson (1961), Ghiselin (1974), Wiley (1978), Eldredge, Cracraft (1980), Paterson (1985), Ghiselin (1986). Riportiamo quelle definizioni che maggiormente sono state considerate, che però sono non estendibili – ovviamente – a tutti gli individui biologici:

- Mayr, Lisley, Usinger (1953): Le specie sono gruppi di popolazioni naturali che, in realtà o in potenza, si riproducono nel loro interno, e che sono isolate riproduttivamente da altri gruppi analoghi.
- Nelson, Platnik (1981): Una specie è l'insieme minimo discreto di organismi capaci di autoriprodursi, che possiedono un complesso esclusivo di caratteri
- Boncinelli (2000): La specie è definita come un insieme di individui molto simili che possono accoppiarsi fra di loro dando vita ad una prole fertile, cioè capace a sua volta di di dar vita ad altri individui.

Si tratta nel complesso di definizioni alquanto analoghe. L'ultima che abbiamo riportato risulta essere operativa e molto efficace. Essa permette di classificare agevolmente la maggior parte dei viventi.

In un contesto diverso, relativo a modelli dinamico evolutivi basati sulla replicazione di molecole di RNA, viene introdotta la nozione di *quasispecie* (M. Eigen, P. Schuster, 1979). Fu messo in luce che per una popolazione di replicanti si determina un insieme di molecole avente valore selettivo ottimale (insieme che chiameremo *quasispecie*). D'altro canto, altre molecole che crescono più lentamente o che subiscono errori di replicazione vengono eliminate. La popolazione della quasispecie è soggetta ad una crescita veloce, presenta uno spiccato carattere di adattabilità alle variazioni ambientali provocate sperimentalmente. È possibile così descrivere l'evoluzione di macromolecole autoreplicantesi come l'RNA o il DNA o semplici organismi *asessuali* come i batteri o i virus.

Passiamo ora ad esaminare alcune elaborazioni delle concezioni darwiniane. Sommariamente va rammentato che secondo Darwin la variazione dei caratteri avviene in modo alquanto indipendente dall'ambiente e una volta comparsi vengono selezionati dall'ambiente. Inoltre il processo evolutivo si sviluppa *anche* in modo random. Mentre per Lamark è l'ambiente medesimo a creare nuovi caratteri[3]. Ci soffermeremo su un'interessante sintesi delle idee darwiniane, vicina culturalmente alle nostre convinzioni, anche se datata e superata, ma parzialmente al primo livello sostenibile, che Giovanni Virginio Schiaparelli (1835–1910) propose in uno scritto dal titolo «Studio comparativo tra le forme organiche naturali e le forme geometriche pure», pubblicato nel

---

[3] Si rimanda alle pp. 15–16 di E. Jablonka e M. J. Lamb (2007) [69].

1898[4], e che appunto – a nostro avviso – non ha soltanto valore storico. Questo saggio comparve in un volume edito da Ulrico Hoepli, dove sono inseriti nella prima parte una serie di articoli di Tito Vignoli, direttore a quel tempo del Museo civico di Storia naturale di Milano, con il quale lo Schiaparelli aveva rapporti di stima ed amicizia. Peraltro Schiaparelli era a Milano direttore della Specola di Brera, e non dovevano mancare certo occasioni di incontri scientifici tra i due studiosi. Proprio in uno di questi incontri, avvenuto il 22 aprile del 1897, Vignoli (che non condivideva taluni aspetti dei darwinisti, come quello che voleva che tutte le specie animali derivassero per evoluzione da un unico tipo) invitò l'amico a leggere attentamente l'opera di Darwin. Questo invito gli era stato rivolto anche pubblicamente, durante una conferenza tenuta dallo stesso Vignoli al Museo. In sostanza però Vignoli esortava Schiaparelli a sviluppare in un saggio, basandosi sulle concezioni darwiniane, l'idea, in più occasioni manifestata, seconda la quale si potevano congetturare relazioni tra strutture organiche e curve geometriche; in altre parole Schiaparelli era convinto che si potesse stabilire un qualche rapporto teorico tra le forme organiche ed un sistema di forme pure geometriche. Si trattava quindi della realizzazione di un primo modello matematico, più propriamente geometrico, della teoria dell'evoluzione. In questo paragrafo a noi interessa soprattutto la schematizzazione delle leggi darwiniane fondamentali fatta da Schiaparelli. Le convinzioni genetico evolutive che Schiaparelli aveva maturato derivavano dalla diretta lettura di *On the origin of species by means of natural selection*, tradotta in italiano per la prima volta nel 1864 da Giovanni Canestrini e Leonardo Salimbeni[5]. Ebbe anche sicuramente sottomano vari lavori sull'argomento del Canestrini, che è da considerarsi tra i più significativi scienziati italiani che si cimentarono sull'opera darwiniana[6]. Schiaparelli propone complessivamente alcune intuizioni originali, la prima delle quali, a parte la costruzione di un elementare modello geometrico-biologico, è la concezione dell'esistenza di «formule fondamentali», che gestiscano unitariamente tutto il sistema organico e che permettano la determinazione di un qualunque individuo – così abbiamo interpretato – mediante una $n$-pla di parametri variabili nel tempo; queste formule dovrebbero corrispondere a «quello che Darwin – come scrive Schiaparelli – chiama, o meglio dipendono (nel cap. XXIV di *The variation of animals and plants*) da, 'il potere coordinatore dell'organizzazione', ed al quale assegna la funzione di mantenere l'armonia tra le parti». Ma in che cosa effettivamente ed esplicitamente consista questa formula, Schiaparelli non lo dice. Possiamo ragionevolmente in parte ricondurci ad una certa concezione della nozione di fenotipo. Egli afferma:

> Noi proponiamo l'ipotesi [...] che un sistema di organismi naturali dipenda da una formula fondamentale unica, rappresentante i loro

---

<sup></sup>[4] Vedi G. V. Schiaparelli (1898) [99]. Esiste una recente edizione (ed. Ars et Labor, Lampi di stampa, Milano, 2010) con prefazione di E. Canadelli.
[5] Vedi C. R. Darwin (1864) [34].
[6] Vedi G. Pancaldi (1983), cap. III [92].

caratteri comuni; nella quale i parametri, ossia elementi discriminatori, colla diversità dei loro valori determinino le differenze di vario ordine e la classificazione gerarchica in varietà, specie, generi, ecc.[7]

Ecco le leggi fondamentali proposte da Schiaparelli:

**S.1** *Legge di discontinuità*:
In natura il continuo geometrico non esiste.[...] la materia forma dunque un sistema discontinuo (sia nel caso organico sia in quello inorganico)[8]. In realtà in molte applicazioni matematiche, come vedremo, sarà utile stare nel continuo.

**S.2** *Legge della distinzione tra specie diverse*:
Tra due specie distinte e confinanti, cioè che si 'assomigliano', gli individui dell'una specie che hanno caratteristiche vicine a quelle degli individui dell'altra specie sono rari, e quanto più si assomigliano [questi elementi di confine] tanto più sono rari.

**S.3** *Legge della determinazione dei tipi normali:*
Sono determinabili, al di là della loro esistenza in natura, individui ciascuno dei quali è rappresentativo di un tipo. Tale individuo si chiamerà «tipo normale». Una digressione (che si ha passando da un individuo ad un altro per generazione) alquanto sensibile da un tipo normale $M$ non potrà aver luogo che a causa di improbabili (cioè alquanto difficili da accadere) combinazioni[9].

**S.4** *Legge della densità determinata dai tipi normali*:
Sono via via sempre più numerosi gli individui, generati nella varietà determinata da un tipo normale, che assomigliano al tipo normale. E ciò per una ben nota legge statistica[10].

**S.5** *Legge di immanenza dei tipi normali*:
Quando un tipo individuale, cioè quando un individuo $X$ si è allontanato (generazione dopo generazione) dal suo tipo normale $M$ per effetto di una qualunque causa perturbatrice, ad ogni ulteriore allontanamento da $X$ si opporrà una forza tanto più grande quanto più grande è l'allontanamento precedente $MX$. E di quanto l'allontanamento di $X$ da $M$ è impedito, altrettanto sarà favorito l'avvicinamento[11].

Questa legge può dare giustificazione, come osserva Schiaparelli, anche al fatto che gli ibridi (che di per se sono molto lontani dal tipo normale che li riguarda) quando sono fecondi hanno una fortissima tendenza generativa a regredire

---

[7] Vedi G. V. Schiaparelli (1898), p. 335. Come si diceva, abbiamo interpretato questo passo con l'associare a ciascun individuo una $n$-pla di valori biologici (ad es. fenotipici) misurabili che variano nel tempo di vita dell'individuo medesimo (vedi poi successivo paragrafo 3.1) [99].

[8] Vedi §.24 di G. V. Schiaparelli (1898) [99].

[9] Vedi §§.28 e 29 di G. V. Schiaparelli (1898).

[10] Vedi cap. IV di G. V. Schiaparelli (1898).

[11] Vedi p. 328 di G. V. Schiaparelli (1898).

verso i progenitori. Ma in questo contesto, se non diversamente specificato, considereremo gli ibridi non fecondi.

**S.6** *Legge della speciazione*:

> Quando per una causa qualsiasi, naturale o artificiale, l'influsso anche lievissimo di un'*azione perturbatrice* persiste (*persistent perturbation action*) in un determinato senso per una lunga serie di generazioni, gli effetti da questi prodotti si sommano come conseguenza del principio di ereditarietà, in modo da produrre in fine radicali modificazioni rispetto al tipo primitivo. Le altre perturbazioni di carattere accidentale possono bensì ritardare un tale processo, ma non possono impedirlo[12].

Dalla visione cosmologica dello Schiaparelli sembra chiaramente trasparire, con differenziazioni rispetto a Darwin, la convinzione che l'evoluzione avviene per tipi fissati ovvero predeterminati. Egli dice che:

> [...] ciascuno dei tipi verso cui la trasformazione (cioè la generazione) può esser diretta è assolutamente determinato a priori in tutti i suoi caratteri; così che l'ufficio dei fattori evolutivi non è quello di produrre un tipo nuovo, ad arbitrio delle circostanze, ma di scegliere tra tipi possibili, quello che è più confacente al caso, e che nelle date circostanze il più utile e il più conveniente al dato organismo.

Per i darwiniani più radicali invece l'evoluzione veniva concepita come del tutto libera, casuale senza condizionamenti individuabili a priori. In realtà il determinismo di Schiaparelli è funzionale per dare al modello non solo potenza descrittiva, ma anche una forma debole di predittività. Ci sembra opportuno soffermarci, seppur di sfuggita, sull'altro aspetto prospettato da Schiaparelli: la comparazione tra individui biologici (organismi) e forme geometriche pure. Quest'ultime vengono definite da Schiaparelli come quelle forme in cui «tutti i loro punti derivano [sono descritti] da una medesima legge, cioè da un medesimo metodo di costruzione». Di fatto egli sembra riferirsi alle curve algebriche. La classificazione delle curve è tale che permette, ad esempio, per quelle del terzo ordine di individuarne morfologicamente ben 72. Tanto per capirci, se pensiamo alle coniche, esse sono rappresentate in uno spazio (piano) $\mathbb{R}^2$. I polinomi che le definiscono dipendono da sei parametri, che sono i loro coefficienti. Ogni punto di questo $\mathbb{R}^6$ può rappresentare dunque un individuo relativamente a sei parametri, ad es. fenotipici (che sono misure al più eguali a zero) che lo determinano biologicamente. In generale allora Schiaparelli può stabilire una sorta di «corrispondenza morfologica» che associa ad organismi biologici, la cui «formula fondamentale» è espressa da $n$ parametri, curve (forme) geometriche, descritte in $\mathbb{R}^2$ da questi parametri. La morfologia di cui parliamo non si riferisce, da un punto di vista concettuale, alla forma fisico-geometrica degli individui. Come Schiaparelli tiene a sottolineare, per le curve non vale la legge

---

[12] Vedi G. V. Schiaparelli (1898) p. 323.

di discontinuità dal momento che i relativi parametri variano con continuità[13].
Per il seguito denoteremo la teoria individuata da Schiaparelli con **ES**.

Come facilmente si può osservare, le prime quattro leggi proposte da Schiaparelli riguardano la descrizione della nozione di *specie* (ed anche di *varietà*, intese come *sottospecie*). Le leggi che caratterizzano la dinamica evolutiva sono la quinta, che stabilisce una sorta di forza conservativa per le generazioni, cioè di tendenza a rimanere nella specie considerata, nonché la sesta legge, che invece riguarda le condizioni di speciazione. Nel paragrafo successivo questo aspetto, a nostro avviso cruciale, verrà esplicitato con la presentazione di una teoria ago-antagonista (relativamente alla speciazione). In Schiaparelli non si parla però di lotta per l'esistenza. Anche se questo è un tema che può essere considerato di livello superiore rispetto a **ES**, cioè approfondendo le cause della dinamica evolutiva. Va notato che i lavori di Volterra e di Lotka studiano sotto forma matematica questi aspetti (modello preda-predatore e modello sulla disputa tra più specie di una stessa fonte di nutrimento).

Nel 1942 J. Huxley[14] propone una sua sintesi delle leggi darwiniane, partendo dal fatto che la dinamica evolutiva secondo Darwin si basa su tre osservazioni di «fatti di natura» e alcune deduzioni a partire da queste. Esse sono:

**H.1**    Tutti gli organismi tendono a crescere in progressione geometrica.

**H.2**    Il numero di individui di una data specie rimane in realtà più o meno costante.

**H.3**    Tutti gli organismi (individui) variano considerevolmente.

**HT.4** Gli organismi (individui) competono tra loro per la propria esistenza.

**HT.5** Gli organismi (individui) sono soggetti a selezione naturale.

**HT.6** Il meccanismo di speciazione si attua nelle varie specie.

Si tratta di leggi che compendiano le concezioni darwiniane. Denoteremo **EH** la teoria di Huxley. Nelle leggi di **EH** non compare, ad esempio, in modo esplicito la nozione di *ereditarietà* (che in qualche modo compariva, seppur implicitamente, nella presentazione di Schiaparelli). Più tardi J. Maynard Smith nel 1986[15][16], specifica le proprietà che «entità (individui)» biologiche e ambiente devono soddisfare affinché si abbia evoluzione per selezione naturale.

Così egli afferma che di norma le entità possono generare altre entità, che le entità non sono tra loro identiche (*variazione*), che secondo il principio di ereditarietà il generato assomiglia al generante e che nella lotta per l'esistenza (*competizione*) la variazione che viene ereditata gioca un ruolo importante a favore dell'entità considerata. Come mettono in luce Jablonka e Lamb[17], in

---

[13] Sono concezioni queste che hanno sicuramente un grande interesse epistemologico e che sembrano anticipare in nuce le idee di Thom (vedi R. Thom (1991)) in fatto appunto di morfogenesi.

[14] Vedi J. Huxley (1942) p. 14 [66].

[15] Vedi J. Maynard Smith (1986) Cap. 1 [81].

[16] Vedi E. Jablonka e M. J. Lamb (2007) pp. 13–14. [69].

[17] ibid.

base a quanto precede l'entità con maggiore attitudine a imporsi, alla fine aumenterebbe la propria frequenza per cui il processo evolutivo tenderebbe a terminare. Il fatto è che Maynard Smith non approfondisce l'analisi del processo di ereditarietà. È chiaro che la sua posizione, ortodossamente darwiniana, non coinvolge esplicitamente le leggi di Mendel, i geni mutanti, il DNA e altro relativo ai risultati più recenti in fatto di evoluzione, di livello superiore. La Sintesi Moderna affronta la questione dell'ereditarietà partendo dalla concezione del gene come sequenza di DNA e spostando in avanti il livello di analisi. Quindi il meccanismo ereditale avviene con replicazioni del DNA, con una procedura complessa di copiatura e duplicazione. I cromosomi contengono geni e quindi DNA. Le mutazioni sono le variazioni di sequenze di DNA allorquando avvengono eccezionalmente errori di copiatura. Ed è qui, come per altre situazioni dovute ad agenti esterni, che si deve parlare di *casualità* dell'azione degli agenti mutageni.

### 2.2.2 Una teoria di livello biologico superiore

Tentiamo ora di formulare una teoria evoluzionistica di livello biologico superiore, introducendo nuovi concetti in relazione anche con quanto esposto nel Capitolo 1. Un interessante approccio diverso dal nostro, ma epistemologicamente consonante, è stato proposto in [12]. Assumendo la misurabilità del fenotipo, possiamo definire la distribuzione fenotipica per rappresentare una popolazione e il processo evolutivo potrebbe essere visto come una successione di transizioni fra stati metastabili long-time corrispondenti a minimi locali relativi ad un *fitness landscape*, nozione che ci conduce a considerare decisamente l'epigenetica. Il fitness landscape rappresenta le complesse interazioni fra i caratteri fenotipici e tutto l'ambiente esterno; esso dipende da molteplici aspetti del potenziale evoluzionistico della popolazione considerata e varia in modo correlato ai cambiamenti ambientali. I punti critici insieme con le loro connessioni topologiche, sono il perno del processo evolutivo basato sulla dialettica tra caso e necessità. A causa del grande numero delle variabili da considerare, il *fitness landscape fenotipico* vuol evidenziare una struttura davvero complessa, e la dinamica evolutiva può essere alquanto veloce rispetto all'adattamento della popolazione a nuove condizioni ambientali. Ispirandoci alla problematica del *protein folding*, assumeremo l'esistenza di una gerarchia tra i punti critici, così che ci siano punti critici correlati a equilibri fortemente stabili, connessi con punti critici di stabilità di grado via via inferiore (*funnel like landscape*) In questo modo è possibile definire dei *fast relaxation paths* risolvendo il paradosso di Levinthal. Secondo questo punto di vista, questi imbuti locali sono in corrispondenza della distribuzione fenotipica stazionaria osservata in una specie. Popolazioni collocate in differenti imbuti come minimi, sono da aspettarsi essere non interfeconde e quindi iterpretabili come specie diverse. Secondo questa descrizione, il meccanismo di speciazione consiste proprio nella transizione da un minimo ad un altro. In base alla teoria **ES**, che dinamicamente è di tipo ago-antagonista relativamente alla speciazione, si potrebbero avere due comportamenti: o i minimi fenotipici sono molto marcati e la popolazione è fortemente stabile, e la probabilità di transizione è debolissima, oppure i minimi risultano poco accentuati e il processo di speciazione diventa instabile a causa di una rapida dispersione della popolazione nello spazio fenotipico. *A nostro avviso per descrivere i processi evolutivi e di speciazione osservati in natura, è necessario introdurre il concetto di* evolvability *inteso come meccanismo di catalizzazione per la transizione tra minimi diversi, in modo da smussare la dicotomia ago-antagonista.*

D'accordo con Edelman, specifichiamo quattro caratteristiche che riteniamo cruciali per la costruzione di un modello e al fine di un perfezionamento di **ES**: *irreversibilità, robustezza, fragilità* ed *evolvabilità.*

*Irreversibilità* è una quasi ovvia conseguenza del carattere aperto dei sistemi biologici dovuto sia all'enorme numero di gradi di libertà sia alla presenza di inevitabili perturbazioni esterne random.

*Robustezza* come conseguenza del fatto che gli equilibri biologici sono caratterizzati dall'essere fortemente stabili rispetto a piccole perturbazioni.

*Fragilità* come perdita repentina di stabilità in seguito ad un'azione perturbatrice continuativa che induca cambiamenti macrosocpici nel *fitness landscape.*

*Evolvabilità* che descrive la capacità di una popolazione di catalizzare il processo transizione tra minimi fenotipici (adattamento ai cambiamenti ambientali) in modo da stabilizzare il meccanismo di speciazione[18].

La teoria **ES** è consistente con le prime tre caratteristiche e la nostra proposta di perfezionamento include anche l'evolvabilità. A tale scopo occorrono alcune precisazioni sulle nozioni di *genotipo, fenotipo* e *fitness landscape* secondo il nostro punto di vista. Contrariamente alle concezioni della Sintesi Moderna proposta da R. A. Fisher (1958) [49], dove viene stabilito che la fitness è completamente determinata dalla struttura genetica[19], noi proponiamo che il potenziale di fitness (cioè la misura media del numero dei figli) sia in funzione dei fenotipi individuali in interazione tra loro secondo la correlazione genetica fra i differenti caratteri (*mappa genotipo-fenotipo*). S. Wright (1931) [118] introdusse il concetto di *gene interaction* per spiegare le combinazioni evolutive di geni e alleli al fine della differenziazione delle specie. C. H. Waddington ha dimostrato che singoli genotipi possono dare un ampio range di fenotipi dovuto alle *genotype-environment interactions*. Secondo la posizione epigenetica di Waddington, il Dogma centrale (della Genetica molecolare, F. Crick) è in contraddizione con i processi epigenetici. Infatti il modello proposto trascura la complessa struttura di una mappa genotipo-fenotipo, inoltre il processo innovativo fenotipico è essenzialmente correlato alla struttura del *fitness landscape potential* e alla possibilità di una dinamica random nello spazio fenotipico dovuta alle mutazioni. È necessario anche

---

[18] Vedi S. A. Kauffman (1995), pp. 185–189, [70].

[19] Cfr. fitness landscape, vedi S. A. Kauffman, ibid, pp. 173–183.

notare che la classica Sintesi Moderna è basata sui concetti mendeliani di indipendenza e di ricombinazione random in ogni generazione di geni e alleli in base alla legge di Hardy-Weinberg. Attualmente si ritiene che i sistemi biologici possano essere considerati come strutture-reti ed è cruciale studiarne la relativa dinamica. Queste reti giacciono su differenti livelli dell'organizzazione gerarchica della vita sulla Terra.

Al fine di stabilire un possibile modello matematico adatto a descrivere la dinamica delle distribuzioni fenotipiche, seguendo l'approccio assiomatico, formuliamo alcune leggi basilari che determinano la nostra proposta di modellizzazione dell'evoluzione fenotipica

**ET.1** *Misurabilità di un fenotipo*:

il fenotipo di un individuo può essere rappresentato da una $n$-pla di numeri reali $\mathbf{x} = (x_1, \ldots, x_n) \in \mathbb{R}^n$, dove $x_i$ sono le misure di singoli caratteri fenotipici.

Come già detto e come vedremo nelle modellizzazioni, i caratteri fenotipici sono soggetti a variazioni, per cui ha senso parlare di range o campo di variazione di un determinato carattere sia relativamente ad un individuo sia relativamente ad una popolazione o ad una specie. Denoteremo come *plasticità* del fenotipo il range della sua variazione.

**ET.2** *Relazione genotipo-fenotipo*:

il genotipo di un individuo si può descrivere attraverso un *fenotipo potenziale* (vedi successivo paragrafo 3.3) $\mathbf{X}_i$, che rappresenta l'insieme di tutti i fenotipi realizzabili compatibilmente con il genotipo.

La legge ET.2 permette di «sostituire» la nozione di genotipo con quella di fenotipo potenziale, che è più funzionale al nostro obiettivo modellistico. In un primo approccio, l'esistenza dell'evoluzione correlata, ovvero l'interazione tra i diversi caratteri genetici attraverso le reti geniche, può essere simulata come una dipendenza lineare (ma non riconducibile a semplice diretta proporzionalità) tra fenotipo potenziale e fenotipo reale di un individuo (si rimanda al paragrafo 3.3). Questa è un'ipotesi sicuramente approssimata, ma a nostro avviso consente di trarre dal modello delle rilevanti considerazioni.

**ET.3** *Riproduzione*:

esiste un meccanismo di riproduzione che permette di trasmettere alla prole la potenzialità fenotipica (*genetic transfer*).

**ET.4** *Fitness landscape*:

le possibili evoluzioni genotipiche e l'ambiente esterno definiscono un fitness landscape.

Una dinamica evolutiva associata al fitness landscape introduce il processo di selezione che in media favorisce gli individui più adatti (*fitness selection*). Il fitness landscape rappresenta tutte le possibili evoluzioni di una popolazione attraverso la speciazione e dipende dal tempo ed è in funzione dei cambiamenti ambientali per la maggiore o minore accentuazione della stabilità dei minimi.

**ET.5** *Mutazioni*:

> le mutazioni sono random e dipendono sia dall'effetto dell'ambiente esterno che dalle interazioni fra l'individuo e popolazione (*genetic transfer*).

Con l'attributo di random si intende che le mutazioni avvengono in modo indipendente dall'azione selettiva e quindi anche in assenza di quest'ultima. In questo caso si ha l'*evoluzione neutrale* che si puó ricondurre alla deriva genetica, cioè ad errori di campionamento.

**ET.6** *Evolvabilità*:

> gli individui hanno un'intrinseca capacità di modificare l'impatto delle mutazioni nella dinamica evolutiva.

La teoria individuata dalle precedenti leggi verrà denotata con **ET** ed è appunto di livello biologico superiore rispetto a **ES**. In **ET** si possono dedurre le seguenti proprietà:

- I valori medi della fitness in una data popolazione non diminuiscono mai durante il processo evolutivo (*irreversibilità*) (da ET.4 e ET.3).
- Un'azione perturbatrice persistente può destabilizzare, attraverso le mutazioni, la distribuzione fenotipica di una popolazione (*fragilità*) (da ET.4 e ET.5).
- In una popolazione il *genetic transfer* accresce la variabilità del potenziale fenotipico (da ET.3 e ET.6).

Ma tra **ES** ed **ET** si possono considerare altre teorie. Una delle quali la otteniamo aggiungendo a **ES** l'assioma ET.4 (e relative nozioni coinvolte). Denoteremo questa teoria con **CES** (*Completed Evolution Schiaparelli's Theory*).

Legata all'evoluzione è la *filogenesi*. Potremmo dire che mentre le leggi dell'evoluzione vogliono rappresentare il *come si evolve* il sistema biologico, la filogenesi studia piuttosto il *come si è evoluto* il sistema. Comunemente la filogenesi si definisce come lo studio o la rappresentazione delle ramificazioni delle linee di discendenza nell'evoluzione della vita, cioè, origine ed evoluzione di sistemi di organismi. Ne proporremo una modellizzazione geometrica nel successivo Capitolo 6.

## 2.3 Formalizzazione di ES

Teorie matematiche e non solo, o comunque matematizzabili, in fase di rigorizzazione sono soggette, in relazione a quanto detto nel precedente paragrafo 2.1, ad essere formalizzate, cioè ad essere espresse mediante un linguaggio simbolico formale (*sintassi*), ad avere interpretazioni concettuali adeguate (*semantica*) e quindi ad essere giustificate con dati della realtà (*pragmatica*)[20].

---

[20] Si tratta del classico paradigma di Carnap.

Frederick Suppe in un lavoro del 1979[21], illustrando gli sviluppi della posizione epistemologica della Received View, le cui principali caratteristiche si ritrovano nella tematiche portate avanti a suo tempo dal Circolo di Vienna, stabilisce le condizioni in base alle quali si può costruire una teoria scientifica formalizzata legata fortemente agli aspetti sperimentali, dove cioè si devono tenere presenti dati provenienti dall'osservazione sperimentale e dall'elaborazione di essi, come avviene per la biologia e per molti versi per le teorie evoluzionistiche. Le riassumeremo seguendo puntualmente lo schema presentato da Suppe[22].

1. Si utilizza un linguaggio del primo ordine $L$, con opportune costanti individuali e dotato eventualmente anche di operatori modali, con il quale si esprime sia un calcolo logico (del primo ordine) $K$, sia le espressioni della teoria in questione.

2. Le costanti non logiche e primitive descrittive (cioè i termini di $L$) si suddividono nelle seguenti due classi disgiunte:
   $V_0$ che contiene i termini scaturiti dai dati sperimentali e deve contenere almeno una costante individuale;
   $V_T$ che contiene termini di carattere puramente teorici, non osservativi.

3. Il linguaggio $L$ e il calcolo $K$ si dividono rispettivamente nei seguenti sottolinguaggi e sottocalcoli:
   A) *linguaggio osservativo* $L_0$, che è un sottolinguaggio di $L$ che non contiene né quantificatori né operatori modali, contiene i termini di $V_0$ ma non di $V_T$. Il relativo calcolo associato $K_0$ è la restrizione di $K$ a $L_0$ e deve essere tale che ogni termine non primitivo, cioè che non appartiene a $V_0$, in $L_0$ sia esplicitamente definito in $K_0$ (inoltre $K_0$ deve ammettere almeno un modello finito);
   B) *linguaggio osservativo logicamente esteso*, $L_0'$, che non contiene termini di $V_T$ e può essere visto come costituito a partire da $L_0$ aggiungendo i quantificatori, gli operatori modali, ed altro di $L$. Il relativo calcolo logico associato $K_0'$ è la restrizione di $K$ a $L_0'$;
   C) *linguaggio teorico* $L_T$, che è un sottolinguaggio di $L$ che non contiene i termini di $V_0$, il relativo calcolo associato $K_T$ è la restrizione di $K$ a $L_T$.
   Questi sottolinguaggi presi assieme, ma distintamente, non esauriscono $L$. Infatti $L$ contiene anche espressioni miste in cui almeno un termine di $V_0$ e uno di $V_T$ vi compaiono.

4. $L_0$ ed il suo relativo calcolo logico sono soggetti ad interpretazione semantica secondo le seguenti condizioni:
   a) il dominio di interpretazione sarà costituito da eventi concreti osservabili, da cose semplici e da cose più significative; le relazioni e le proprietà dell'interpretazione devono essere direttamente osservabili;

---

[21] Vedi F. Suppe (1979), pp. 50–56, [108].
[22] ibid pp. 50–51.

b) ogni valore (di verità) di ciascuna variabile in $L_0$ deve essere designato mediante un'espressione in $L_0$;

c) nel caso in cui non consideriamo interpretazioni osservative, basate cioè su dati dell'osservazione, parleremo di *interpretazioni semantiche parziali* di $L$ e $K$.

5. Per quanto riguarda le leggi fondamentali (o assiomi specifici, o postulati) dovremmo anche in questo caso distinguere quelli che scaturiscono dall'osservazione sperimentale (assiomi specifici osservativi), quelli puramente teorici (assiomi specifici teorici) e eventualmente quelli logici.

Come si può facilmente notare, questa impostazione è abbastanza classica. Semmai accentua il riferimento sintattico e semantico ai termini e ai dati dell'osservazione. Questo schema comunque riguarda la sistemazione di una teoria dipendente dai dati dell'osservazione e considerata in un determinato contesto temporale.

L'elaborazione teorica di $L$, individuata a sua volta da un insieme di proposizioni che verranno o meno suffragate dagli esiti degli esperimenti, avverrà in un secondo momento, grazie alla determinazione delle leggi fondamentali. Analogamente d'altronde a quanto avviene per i linguaggi, la cui organizzazione sintattico grammaticale, cioè le regole interne, sono oggetto di studio successivo all'apprendimento della lingua. $L$ è suscettibile di cambiare nel tempo (ciò che d'altronde accade anche ad una lingua) in quanto possono cambiare, pur sempre nel contesto di una medesima classe di fenomeni, il tipo e le modalità degli esperimenti. Dunque anche gli assiomi specifici osservativi sono destinati a mutare sia nella sostanza sia nel numero. Sarebbe quindi interessante vedere le modalità sia di questa «evoluzione assiomatica» (che è di carattere storico) sia di questa «instabilità» per un sistema di leggi fondamentali che quando vengono assegnate riguardano ormai la fase della sintesi per una teoria che concerne una classe di fenomeni osservabili o analizzabili sperimentalmente. Questo è il caso delle concezioni darwiniane, le cui leggi sono state ricavate da osservazioni, soggette a loro volta a modifiche dipendenti da successive analisi osservative. Per quanto riguarda la biologia, l'approccio di J. H. Woogder (1937) è da ritenersi un vero punto di riferimento. Si tratta a tutti gli effetti di un utilizzo dei metodi logico-matematici per formulare assiomatiche per la biologia[23]. La parola «assioma» e «teoria assiomatica» – come già implicitamente detto – hanno sempre destato diffidenza nella la più parte dei biologi. La nascita della biologia teorica, avvenuta con la costituzione nel 1932 del *Theoretical Biology Club*, ha parzialmente modificato alcuni atteggiamenti. Rimane naturalmente scetticismo, ma in fondo basterebbe pensare che una legge fondamentale può essere assimilabile ad un assioma (specifico), al di là dei significati storico- logico-epistemologici di questo termine. D'altra parte l'uso del linguaggio formale per la formulazione degli assiomi o leggi fondamentali (vedi quanto si fa per esempio in geometria) non influisce nei contenuti più di tanto.

---

[23] Vedi J. H. Woodger (1937) [117], vedi anche M. Rizzotti, A. Zanardo (1993), [104].

Riportiamo ora un esempio, che tiene presente proprio **ES**, ma che accentua la dinamica tra fattori favorevoli e contrastanti l'evoluzione. Va ricordato che un approccio alla teoria dell'evoluzione, che molti testi propongono o riportano[24], è quello che utilizza la teoria dei giochi (*game dynamics*) per spiegare la dinamica evoluzionista. Si rimanda per tale argomento alla successiva Appendice A. In breve e tanto per semplificare, si parte considerando una *payoff* matrice dove si contrastano ad esempio falchi e colombe. L' «*hawk-dove*» – *model* viene quindi utilizzato per descrivere appunto con la teoria dei giochi la dinamica evolutiva. L'idea di base che mette in luce una forma di dialettica, può essere – mutatis mutandis – trasferita ad un'impostazione relativa a fattori agonisti-antagonisti della speciazione (che è il processo su cui si incardina, anche se non tutti sono d'accordo, la dinamica evolutiva). Tenteremo allora, utilizzando la logica dei predicati del primo ordine e seguendo in parte l'impostazione prospettata da Suppe, di descrivere una teoria di livello basilare biologico ago-antagonista per l'evoluzione che prende in considerazione implicitamente e parzialmente aspetti random (vedi successivo Ax.4). Per comodità daremo indicazioni di lettura e di interpretazione di predicati e funzionali, che di per se rimangono comunque espressioni sintattiche. Il linguaggio dei predicati del primo ordine in questa occasione viene arricchito da un certo numero di variabili e costanti individuali e di predicati costanti monadici e diadici e da alcuni funzionali che, di volta in volta verranno specificati. Il dominio semantico $D$ su cui attuare le interpretazioni è costituito dai seguenti quattro sottoinsiemi:

| | |
|---|---|
| **U** | insieme degli individui; |
| **T** | insieme dei tempi, dei momenti di esistenza (degli individui); |
| $\{0,1\} \cup \{0,1\}^n$ | insieme dei simboli 0 e 1 e delle relative $n$-ple; |
| $\mathbb{Q}^+$ | insieme dei numeri razionali positivi (invece di $\mathbb{R}^+$). |

Indichi poi $(c_1, c_2, \ldots, c_n)$ l'insieme dei caratteri fenotipici soggetti a misurazione che determinano le dimensioni dello spazio $\mathbb{R}^n$ (con riferimento a quanto detto nel precedente paragrafo). Ecco allora gli assiomi:

**Ax.1**    *Legge della valutazione numerica dei caratteri (fenotipici)*:
Se $x$ è un individuo, cioè $U(x)$, in ogni momento $t$ del periodo della sua esistenza $T_x$ viene associato un grado $i$ (che può valere 0 oppure 1) di verifica dei rispettivi caratteri fenotipici misurabili che in questo caso denoteremo con $(c_1, c_2, \ldots, c_n)$; inoltre i caratteri verificati positivamente (cioè corrispondenti a 1) da un individuo sono soggetti appunto a misura. In simboli:

$$\forall x \forall t \Big( U(x) \wedge T_x(t) \to \forall i \big( J(i) \to$$

$$((\pi_i f(x,t) = 1 \to \mu_i(x,t) = k_i) \wedge (k_i \in A) \wedge (A \subset \mathbb{Q}^+)) \vee$$

$$(\pi_i f(x,t) = 0 \to \mu_i(x,t) = 0)\big)\Big)$$

---

[24] Vedi per es. J. Hofbauer, K. Sigmund (1988), [64] Part 4 e Part 7 e S. H. Rice (2004) Chap. 9, [96].

dove $U$ è il predicato costante monadico che leggeremo «$x$ è un individuo», $T_x$ è il predicato monadico costante che leggeremo «$t$ è un momento dell'esistenza di $x$», $J$ è il predicato monadico costante che leggeremo «$i$ è un indice», $f$ è un opportuno funzionale, $\pi_i$ è il funzionale «proiezione o scelta della componente (carattere) $i$-esima» e $\mu_i$ è un altro opportuno funzionale che leggeremo «la misura del carattere $i$-simo (di $x$ al tempo $t$)»; $k_i$ è una variabile (in $i$) individuale e $A$, $\mathbb{Q}^+$ sono costanti individuali semanticamente interpretabili rispettivamente come un s.i. (dei numeri razionali) e l'insieme dei numeri razionali. Di seguito scriveremo più brevemente l'espressione $(\mu_i(x,t) = k_i) \wedge (k_i \in A) \wedge (A \subset \mathbb{Q}^+)$ così: $\mu_i(x,t) > 0$.

Vediamo come leggere, esemplificando, la precedente espressione simbolica. La $f(x,t)$ associa ad un individuo $x$ in un determinato momento dell'esistenza di questo, una $n$-pla $(\varepsilon_1,\dots, \varepsilon_n)$ composta di 0, 1, corrispondente alla verifica (mettendo 1) o no (mettendo 0) dei rispettivi parametri o caratteri $(c_1, c_2,\dots, c_n)$.

Se l'$i$-esimo valore della $n$-pla $(\varepsilon_1,\dots, \varepsilon_n)$ (che determiniamo tramite il funzionale di proiezione $\pi_i$) vale 1 allora a questo si potrà associare $\mu_i(x,t) > 0$, cioè ad esempio un numero razionale maggiore di zero che esprima la misura del carattere fenotipico $i$-simo. Nel caso in cui $\pi_i f(x,t) = 0$ anche $\mu_i(x,t) = 0$. Così se $n = 4$, considerando sei momenti di esistenza, potremmo (ad esempio) avere per un individuo $x$ la seguente possibile evoluzione dei valori.

|  | $\varepsilon_1$ | $\varepsilon_2$ | $\varepsilon_3$ | $\varepsilon_4$ | $\mu_1$ | $\mu_2$ | $\mu_3$ | $\mu_4$ |
|---|---|---|---|---|---|---|---|---|
| $t_0$ | 1 | 0 | 1 | 1 | 0.4 | 0 | 1.3 | 1.5 |
| $t_1$ | 1 | 0 | 1 | 1 | 0.3 | 0 | 0.9 | 1.6 |
| $t_2$ | 0 | 1 | 0 | 1 | 0 | 0.2 | 0 | 1.4 |
| $t_3$ | 1 | 1 | 1 | 1 | 0.2 | 0.5 | 0.3 | 1.5 |
| $t_4$ | 1 | 1 | 1 | 1 | 0.5 | 0.7 | 1.2 | 1.3 |
| $t_5$ | 1 | 1 | 1 | 0 | 0.6 | 0.7 | 1.1 | 0 |

Aggiungiamo ora alle stringhe ordinate $(c_1, c_2,\dots, c_n)$ due ulteriori parametri fenotipici: $c_{n+1}$ «essere femmina» e $c_{n+2}$ «essere maschio». Tanto per semplificare le cose, i rispettivi valori $\varepsilon_{n+1}$ e $\varepsilon_{n+2}$, che potranno essere 0 o 1, non hanno in corrispondenza valori $\mu$, cioè vengono considerati come valori fenotipici non misurabili[25]. Denoteremo con $x^+$ il generico individuo maschio e con $x^\heartsuit$ il generico individuo femmina. Inoltre per rappresentare l'interfecondità occorre premettere il predicato diadico:

$$G(x,y)\colon \text{«}x \text{ genera } y\text{»}.$$

---

[25] Si protrebbero considerare anche altri caratteri fenotipici non misurabili denotabili convenzionalmente con lettere o numeri naturali da inserire, sempre convenzionalmente, nel segmento terminale (a destra) della stringa dopo i numeri (razionali) relativi ai caratteri fenotipici misurabili. Ovviamente, laddove si stabiliscono distanze o misure tra stringhe, si dovrà considerare la sola parte della stringa relativa ai caratteri fenotipici misurabili.

Questo predicato è tale che $G(x,y) \neq G(y,x)$, nel senso che $G(x,y) \rightarrow \neg\, G(y,x)$. Oppure il predicato triadico:

$$G(x^+, y^\heartsuit, z): \quad \text{«}x^+ \text{ e } y^\heartsuit \text{ generano } z\text{»} \, .$$

Un altro predicato diadico da considerare è:

$$A(x,y): \quad \text{«}x \text{ è alquanto simile (fenotipicamente) a } y\text{»} \, .$$

Questo predicato (relazione) gode delle proprietà riflessiva, simmetrica, ma non necessariamente transitiva. Infatti possono essere interfecondi individui, che pur appartenenti alla stessa specie, siano abbastanza distanti fenotipicamente.

Considereremo in questa formalizzazione la nozione di specie rappresentata da variabili individuali (in senso logico) $S_i$ semanticamente interpretabili come insiemi i cui elementi sono individui (in senso biologico) e le cui caratteristiche «intensionali» siano quelle di rappresentare la proprietà:

«di avere i *range* di variabilità per i vari corrispondenti $\mu_i$ limitati e determinati a priori». (Confronta poi con la Def. 3.3 del successivo Capitolo 3)

Sussiste:

**Ax.2** *Legge dell'appartenenza a specie*:
Se $x$ è un individuo, esso deve appartenere ad una specie. In simboli:

$$\forall x \forall i \forall j (U(x) \wedge J(i) \wedge J(j) \wedge i \neq j) \rightarrow ((x \in S_i) \vee (x \in S_j)) \, .$$

**Ax.3** *Legge della generazione regolare*:
Se $G(x^+, y^\heartsuit, z)$ allora $x^+$, $y^\heartsuit$ e $z$ appartengono alla stessa specie $S_i$. E, *normalmente*, la prole avrà caratteri (fenotipici) alquanto simili a quelli dei genitori. In simboli:

$$\forall x^+ \forall y^\heartsuit \forall z \exists i \big( J(i) \wedge (G(x^+, y^\heartsuit, z) \rightarrow x^+, y^\heartsuit, z \in S_i)$$
$$\wedge\, (A(x^+, z) \wedge A(y^\heartsuit, z))\big) \, .$$

Nel caso della *quasispecie* le cose si esprimeranno in modo analogo e semplificato. Dall'Ax.2.2 otteniamo immediatamente:

$$G(x, z) \rightarrow A(x, y) \, .$$

Sulla nozione di specie ritorneremo nel paragrafo 3.1 a proposito della costruzione del modello geometrico.

Va tuttavia osservato che preso un individuo $x_0$ e stabilita una successione di generazioni a partire da esso, mano mano che ci si allontana generazionalmente tanto più le somiglianze con l'ancestrale $x_0$ diminuiscono.

Considereremo ora dunque la possibilità di vedere, in modo alquanto sintetico, la teoria dell'evoluzione come il frutto di azioni agoniste e antagoniste alle speciazioni. A tal fine introduciamo alcuni particolari predicati monadici, che scriveremo così:

- $\alpha(x)$ (il cui attributo è $\alpha$) che leggeremo così «(l'individuo) $x$ è sottoposto sia ad un'azione conservatrice, sia ad una *perturbing action*».

- $\beta(x)$: «l'azione conservatrice sull'individuo $x$ prevale costantemente sulla *perturbing action*».

- $\gamma(x)$: «la *perturbing action* sull'individuo $x$ prevale costantemente sull'azione conservatrice».

Inoltre, una generazione consecutiva (cioè di generazione in generazione), indipendentemente dalla distinzione «padre-figlio/a» o «madre-figlio/a», la denoteremo così:

$$\bigwedge_{i=1}^{n} G'(x_i, x_{i+1}) \ .$$

Cioè per esteso avremo: $G'(x_1, x_2) \wedge G'(x_2, x_3) \wedge \cdots \wedge G'(x_n, x_{n+1})$, per cui la legge fondamentale viene così enunciata:

**Ax.4** *Legge ago-antagonista per la speciazione*:

Consideriamo in una specie una successione di generazioni i cui individui, di generazione in generazione, siano soggetti sia ad un'azione conservativa, che tende a mantenerli nella specie, sia ad una *perturbing action*. Se sistematicamente, in presenza anche di *influenze random*, l'azione conservativa prevale sulla *perturbing action*, allora le generazioni **non** escono dall'ambito della specie. Se invece la *perturbing action* agisce costantemente (in presenza anche di influenze random) prevalendo sull'azione conservativa, allora prima o poi le generazioni escono dall'ambito della specie e quindi abbiamo il fenomeno della speciazione. In simboli:

$$\forall x_i \forall x_{i+1} \forall i \exists k \, (J(i) \wedge J(k) \wedge x_i, x_{i+1} \in S_k \rightarrow$$

$$\left( \bigwedge_{i=1}^{n} G'(x_i, x_{i+1}) \wedge \alpha(x_i) \wedge \alpha(x_{i+1}) \right) \rightarrow$$

$$((\beta(x_{i+1}) \rightarrow \forall x_{i+1}(x_{i+1} \in S_k) \vee (\gamma(x_{i+1}) \rightarrow \exists x_{i+1}(x_{i+1} \notin S_k))) \ .$$

La teoria poco sopra illustrata (e che talora chiameremo ago-antagonista) la individueremo brevemente con **EA**. *La costruzione di un modello, nel senso dell'interpretazione dei precedenti assiomi, avverrà in termini geometrici nel successivo capitolo. Tuttavia la verità della teoria può basarsi solo su interpretazioni biologiche di essa, ed essa è contingente alla situazione attuale delle ricerche.*

In quest'ordine di idee, un approccio interessante è stato poi proposto secondo le concezioni non riduzioniste alla De Giorgi, che presentano un'impostazione della logica differente da quella da noi adottata poco sopra[26].

---

[26] Vedi in particolare M. Forti, P. Freguglia, L. Galleni (2002) [50].

## 2.4 Emergenza e complessità

Riprendiamo ora alcuni temi di cui si è accennato nel precedente capitolo primo. L'alta numerosità di componenti di un organismo biologico (individui, ecosistemi, ecc.) e i numerosi e complicati legami e interazioni (interni ed esterni) tra le componenti medesime rende sempre più inadeguata, almeno in termini di prospettiva, l'applicazione di schemi riduzionistici allo studio di sistemi biologici (e non solo). Si usa dire che un sistema è complesso quando dalla consapevolezza della complicazione delle sue parti si debba considerare il suo comportamento globale. Le interazioni tra le varie parti del sistema permettono spesso un'organizzazione ottimale spontanea del funzionamento del sistema (*auto-organizzazione, self organization*). Il comportamento globale di esso presenta dunque delle proprietà che vanno al di là del comportamento delle singole parti. Queste proprietà emergono appunto dall'autorganizzazione, cioè dall'organizzazione spontanea, degli elementi del sistema e per questo vengono chiamate *proprietà emergenti*. Il metabolismo di una cellula, la formazione di un ecosistema, l'adattamento di una specie all'ambiente sono tutti esempi di proprietà emergenti, come la nascita del linguaggio o delle società cooperative di individui. In un modo un pò più rigoroso potremo definire emergenti quelle proprietà di un sistema statistico non riconducibili alle interazioni elementari di particelle, ovvero che non possano essere spiegate studiando la dinamica delle singole particelle, ma solo considerando il sistema come un'unica identità. Nonostante il concetto di emergenza sembri intuitivamente chiaro ci si rende facilmente conto come non sia facile formulare una definizione rigorosa che comprenda le diverse forme di emergenza osservate. Inoltre vi sono stati della materia (in special modo della materia organica) che potrebbero essere classificati come proprietà emergenti: ad esempio lo stato fluido o la struttura tridimensionale di una proteina ripiegata. In questa sezione presenteremo vari modi di definire la nozione di proprietà emergente e quindi di complessità in biologia, che risultano rilevanti per una modellizzazione matematica.

### 2.4.1 Caos e complessità nei sistemi biologici

Il concetto di complessità è stato proposto in seguito al tentativo di applicare le metodologie delle scienze esatte ai sistemi viventi in senso lato, comprendendo anche i sistemi sociali ed economici. Il grande sviluppo delle tecniche sperimentali per i sistemi biologici aveva aperto la possibilità di misurare fenomeni fino alla scala delle singole molecole. Di conseguenza si ritenne che le leggi della fisica, alla base di ogni interazione elementare della materia, potessero finalmente spiegare e predire le leggi che regolano il comportamento dei sistemi viventi. Tale approccio, tipicamente riduzionista, è fallito nel suo scopo quando ci si è resi conto dell'intrinseca impossibilità di separare (ovvero analizzare e studiare in modo indipendente) le diverse scale spazio-temporali presenti nei sistemi biologici a causa della rete di interazione tra le molteplicità delle componenti elementari. Anche la definizione stessa di paradigma sperimentale galileiano alla base della Fisica risulta discutibile per la Biologia. Si è dunque introdotto l'idea di *complessità* per caratterizzare quei sistemi che non possono essere descritti mediante un approccio riduzionista. In questo senso risulta più facile definire i sistemi non-complessi che i sistemi complessi. Parafrasando l'incipit di Anna Karerina di L. Tolstoj possiamo affermare «Tutti i sistemi semplici sono simili, ogni sistema complesso è complesso a modo suo». Recentemente la Fisica dei Sistemi Complessi ha considerato il problema di caratterizzare le proprietà dei sistemi biologici che rendono difficile un approccio alla modellizzazione basato sui metodi della fisica statistica. In particolare le seguenti assunzioni alla base della fisica statistica classica risultano false:

a1) l'equivalenza statistica delle particelle elementari che compongono il sistema: ovvero la dinamica di ogni particella è rappresentattiva per tutto il sistema;

a2) la possibilità di poter isolare i sistemi macroscopici;

a3) l'evoluzione attraverso stati di quasi equilibrio.

La varietà delle componenti elementari di un sistema biologico e le loro reti di interazione rendono senz'altro inapplicabile l'ipotesi a1) come già osservato. In secondo luogo l'idea di «isolare» un sistema biologico è equivalente all'idea meccanicistica di analizzare gli organismi scomponendoli nei loro organi, che la storia ha mostrato essere insostenibile. La stessa esistenza di un sistema biologico dipende dall'ambiente circostante. In un certo senso tutta la Biosfera è un unico grande organismo. L'idea di complessità che si attribuisce ai sistemi biologici, vuole appunto sottolineare la loro caratteristica di irriducibilità e l'impossibilità di essere isolati. In queste situazione la dinamica è dominata dalle condizioni al contorno che non sono determinabili nemmeno in linea di principio per quanto precisi possano essere i nostri strumenti di misura, poiché dipendono da innumerevoli fattori esterni al nostro sistema che cambiano in continuazione. Questo fatto è alla base della importante componente casuale in Biologia, che risulta concettualmente diversa dall'idea del *caos* nella meccanica classica. Considerando l'esempio del lancio di un dado. Le equazioni per la dinamica di un corpo rigido in meccanica classica (trascuriamo in questo contesto effetti quantistici) sono in grado di descrivere il lancio del dado date le condizioni iniziali e i vincoli geometrici, quali ad esempio la presenza di una superficie dove il dado si arresta. Tuttavia la dinamica del dado è di tipo caotico: ovvero, un cambiamento molto piccolo delle condizioni iniziali viene amplificato esponenzialmente dalla dinamica fino a determinare una differenza macroscopica nell'orbita del dado, modificando il risultato finale del lancio. Pertanto la nostra incertezza circa l'esito di un lancio è essenzialmente dovuta all'incertezza nella misura delle condizioni iniziali. Assumendo la possibilità teorica di misurare le condizioni iniziali con precisione arbitraria potremo in linea di principio prevedere esattamente l'esito del lancio di un dado. È sottointeso in questo ragionamento che il sistema dado si possa considerare isolato dall'ambiente, ovvero che l'effetto dell'aria e delle vibrazioni della superficie di arresto siano trascurabili. Il *caos deterministico* rispecchia dunque la nostra ignoranza sulle condizioni inziali che potrebbero in principio essere determinate esattamente. In un sistema caotico la forte dipendenza dalle condizioni iniziali (il cosiddetto *effetto farfalla*) è alla base della possibilità di determinare l'evoluzione macroscopica del sistema stesso mediante leggi termodinamiche: ovvero leggi dinamiche medie per grandezze macroscopiche. Al contrario l'impossibilità di isolare i sistemi biologici rende la loro imprevedibilità di naturale diversa e anche i in linea teorica ineliminabile. In effetti i sistemi biologici non possono rilassare ad uno stato di equilibrio termodinamico rimanendo sempre in uno stato metastabile che può essere sensible a variazioni molto piccole dell'ambiente circostante. Dunque anche la terza assunzione è falsa. I fenomeni relativi alla teoria dell'evoluzione risentono ovviamente di queste problematiche. Il carattere di complessità che si attribuisce a tali sistemi biologici sottintende queste idee e attribuisce a tali sistemi caratteristiche peculiari come l'emergenza e l'auto-organizzazione.

### 2.4.2 Ancora su auto-organizzazione

L'auto-organizzazione – come abbiamo detto – è una delle caratteristiche più evidenti nei sistemi biologici dalla scala molecolare a quella degli ecosistemi. Per auto-organizzazione si intende appunto la capacità di un sistema non isolato di sviluppare una coordinazione interna senza un pianificazione proveniente da una sorgente esterna. La vita stessa potrebbe essere vista come una forma di auto-organizzazione della materia organica. Da un punto di vista fisico le proprietà macroscopiche di un sistema statistico sono riconducibili alle interazioni microscopiche delle componenti elementari e, di conseguenza, non hanno quel carattere di emergenza che sembra essere proprio dei sistemi biologici. In tale osservazione sono contenute le ragioni del fallimento di un approccio fisico riduzionista allo studio della biologia basato sull'assunzione che fosse sufficiente considerare le interazioni biochimiche per spiegare l'organizzazione della materia vivente. La difficoltà di inquadrare la complessità nelle teorie fisiche fondamentali ha portato all'idea di un super-organismo che spieghi il comportamento «intelligente» dei sistemi viventi ad ogni scala descrittiva (vedi «Teoria di Gaia» [79, 80]). Il recente sviluppo della Scienza della Complessità ha portato nuove idee per affrontare il problema dell'auto-organizzazione. Come discusso nel precedente paragrafo le ipotesi alla base della fisica statistica classica che le interazioni microscopiche siano binarie e che si possa studiare i sistemi isolati sono evidentemente false in Biologia dove non solo le interazioni sono caratterizzate de uno schema non deterministico uno-molti, ma non sia possibile separare i sistemi biologi dall'ambiente. L'auto-organizzazione biologica si può interpretare allora come la realizzazione di uno stato di meta-equilibrio causato da una rete di interazioni tra le varie componenti elementari la cui complessità cresce proporzionalmente al numero delle componenti stesse (*teoria dei network*). Un esempio paradigmatico è il cervello con la sua rete di connessioni sinaptiche. Se pensiamo il cervello composto da circa $10^{11}$ neuroni, sembrerebbe naturale applicare un approccio statistico per studiare gli stati macroscopici dell'attività neurale supponendo quest'ultima il risultato della «somma» delle attività dei singoli neuroni. Ma ciò non potrebbe mai spiegare la sensibilità del cervello a cambiamenti localizzati dell'attività di singoli neuroni, che è alla base della sua capacità di risposta all'ambiente esterno. Solo pensando il cervello come un complesso *network dinamico* di interazioni tra i vari neuroni, che di conseguenza assumo ruoli di importanza diversa, è possible tentare una spiegazione delle osservazioni sperimentali anche se una modellizzazione soddisfacente è ancora lontana. In altre parole, la possibilità di sviluppare interazioni collettive (mediante la trasmissione di opportuni segnali) introduce una forte correlazione tra l'evoluzione degli stati che descrivono il sistema secondo una gerarchia di scale spaziali e temporali non solo del tipo «bottom-up» (caratteristico dei modelli della fisica statistica), ma anche «top-down»: ovvero quando gli stati macroscopici possono modificare le interazione microscopiche. Sotto questo punto di vista l'auto-organizzazione acquista anche un carattere di imprevedibilità in quanto risulta dipendente fortemente dalla storia pregressa per la possibilità che l'effetto di fluttuazioni aleatorie locali possa essere amplificato dalla rete di interazioni fino ad avere conseguenze macroscopiche. Un esempio estremamente semplificato di tali effetti si può evidenziare nei meccanismi che usano gli storni per formare e stabilizzare uno stormo, che sembra muoversi dinamicamente come un unico macro-organismo.

È un'evidenza sperimentale che i sistemi biologici evolvono lungo quella linea ideale di confine in cui la dinamica deterministica delle forze fisiche è bilanciata dalla dinamica stocastica delle interazioni con l'ambiente circostante (in senso lato). In questo modo possono esprimere contemporaneamente quelle proprietà di adattività e stabilità (auto-organizzata) che li rendono unici tra i fenomeni naturali. La comprensione dell'auto-organizzazione biologica è una delle sfide più affascinanti della teoria della complessità e pur essendo ancora agli inizi, potrebbe portare allo sviluppo di una nuova branca della fisica-matematica che consenta la modellizzazione della biologia mediante il linguaggio rigoroso della matematica. *Relativamente alla teoria dell'evoluzione, come in qualche modo già accennato, l'auto-organizzazione esprime proprietà a livello macroscopico legate a situazioni collettive riscontrabili in fasi transitorie che precedono tendenze di speciazione oppure che controllano la riorganizzazione in funzione di una conservazione della specie.*

### 2.4.3 Incompletezza ed emergenza: considerazioni generali

Considereremo di seguito alcuni aspetti della complessità legati a nozioni logiche[27]. Cominciamo con la seguente:

---

[27] Questo paragrafo riproduce con modifiche l'articolo V. Benci, P. Freguglia (2004) [13]. Per comprendere adeguatamente quanto segue bisognerebbe mettersi nella prospettiva dell'epistemologia di Salomonoff (e relativi risultati di Kolmogorov, teorema di Chaitin, ecc.).

**Definizione 2.3.** Diremo che una proprietà è *emergente* rispetto ad una teoria $\mathcal{T}$, se può essere espressa nel linguaggio $\mathcal{L}$ di $\mathcal{T}$, ma non può essere dimostrata in $\mathcal{T}$.

Se pensiamo ad una teoria formale, allora l'esistenza di proprietà emergenti è garantita dal Teorema di Goedel. In forma semplificata questo teorema asserisce che in una teoria esistono proposizioni vere che non possono essere dimostrate. Ci sono cioè alcune proposizioni che, all'interno di una teoria, non possono nè essere dimostrate nè confutate. Si tratta della ben nota proprietà metateorica dell'*incompletezza*. Naturalmente esistono pure teorie *complete*. Una proprietà emergente per una teoria potrà non esserlo per una teoria più potente della precedente teoria. Vediamo ora come si può stabilire quando una teoria è più potente di un'altra.

**Definizione 2.4.** Una teoria $\mathcal{T}_2$ si dice più *potente* di una teoria $\mathcal{T}_1$, e scriveremo $\mathcal{T}_2 \triangleright \mathcal{T}_1$ se:

i) otteniamo $\mathcal{T}_2$ aggiungendo nuovi assiomi a $\mathcal{T}_1$,

oppure

ij) otteniamo $\mathcal{T}_2$ aggiungendo nuovi simboli (cioè concetti e relazioni) al linguaggio $\mathcal{L}_1$ di $\mathcal{T}_1$ e nuovi assiomi che riguardano questi simboli. Inoltre in questo caso è necessario includere anche le interpretazioni che usano questi nuovi simboli.

Riportiamo qualche esempio. In algebra:

a) (Teoria dei gruppi commutativi) $\triangleright$ (Teoria dei gruppi),
b) (Teoria degli anelli) $\triangleright$ (Teoria dei gruppi).

Infatti la teoria dei gruppi possiede un linguaggio che va bene sia per i gruppi semplici sia per i gruppi commutativi. Tuttavia dobbiamo aggiungere agli assiomi di gruppo un ulteriore assioma che quello della commutatività.

In fisica:

c) (Termodinamica) $\triangleright$ (Meccanica newtoniana).

Infatti la termodinamica introduce nuovi concetti (temperatura, calore, entropia, ecc.) e nuovi principi (assiomi) che stabiliscono una teoria più potente rispetto alla meccanica newtoniana (i cui concetti sono utilizzati anche in termodinamica). Ovviamente di seguito riporteremo esempi biologici. Intanto osserviamo che lo scopo della scienza è studiare (una parte di) realtà. Considereremo quindi una successione (secondo maggiore potenza) di teorie adatte a studiare una parte di realtà presa in esame. E sia:

$$\mathcal{T}_1 \triangleleft \mathcal{T}_2 \triangleleft \cdots \triangleleft \mathcal{T}_n \triangleleft \cdots . \tag{2.1}$$

Lo schema (2.1), che nella sua semplicità non è troppo realistico, può tuttavia essere considerato conforme sia allo sviluppo storico di studi su un'assegnata parte di realtà (successione di teorie di volta in volta migliori e più potenti) sia alle esigenze di indagine a vari livelli di approfondimento. Potremmo considerare però altre situazioni, come la sottostante:

$$\mathcal{T}_1 \lhd \mathcal{T}_2 \; ; \; \mathcal{T}_1 \lhd \mathcal{T}_3 \text{ ma non: } \mathcal{T}_2 \lhd \mathcal{T}_3 \text{ o } \mathcal{T}_3 \lhd \mathcal{T}_2 \qquad (2.2)$$

per esemplificare lo schema (2.2), basta pensare a $\mathcal{T}_1$ come la geometria elementare assoluta (indipendente dal quinto postulato euclideo o sue negazioni) a $\mathcal{T}_2$ come la geometria euclidea (in cui appunto vale il quinto postulato euclideo) e con $\mathcal{T}_3$ alla geometria di Lobacevskij (in cui vale una negazione del quinto postulato euclideo). Possiamo inoltre considerare la seguente:

**Definizione 2.5.** Due teorie $\mathcal{T}$ e $\mathcal{T}^*$ si diranno tra loro *equivalenti* se $\mathcal{T} \lhd \mathcal{T}^*$ e $\mathcal{T} \rhd \mathcal{T}^*$. Ovvero se gli assiomi di $\mathcal{T}$ diventano teoremi in $\mathcal{T}^*$ e viceversa. Ciò verrà indicato con $\mathcal{T} \approx \mathcal{T}^*$.

In base a questa Def. 2.5, avrà senso anche la notazione: $\mathcal{T} \trianglelefteq \mathcal{T}^*$ per indicare che la teoria $\mathcal{T}^*$ è equivalente alla $\mathcal{T}$ pur presentando elementi migliorativi.

Tenendo sempre presente la matematica, possiamo stabilire la seguente (meta)-proposizione:

*Se sussiste la successione (2.1) allora o esiste una «teoria successiva» in cui viene dimostrata qualche proprietà emergente relativa ad una teoria precedente. Oppure una proprietà emergente per una teoria può essere assunta come nuovo assioma e costituire una teoria più potente in base alla Def. 2.4.*

Possiamo quindi dare la seguente ulteriore:

**Definizione 2.6.** Una porzione di realtà è detta essere *complessa* se *per ogni* teoria che la descrive ci sono sempre proprietà emergenti.

Una proprietà emergente per una teoria $\mathcal{T}$ non può appunto essere nè dimostrata nè confutata in $\mathcal{T}$. Riguardo sempre alla matematica sappiamo che l'aritmetica formalizzata è incompleta e quindi la parte di realtà che riguarda i numeri naturali (esistenti di per sè) è complessa.

### 2.4.4 Il caso delle teorie evoluzioniste considerate

Riferendoci ora alle teorie biologiche, in particolare a quelle evoluzionistiche, una successione come la (2.1) può rappresentare una successione di livelli teorici via via superiori. Indichiamo con **ESV** la **ES** con l'aggiunta delle leggi per la lotta per l'esistenza di Volterra. In questo modo potremmo considerare la relazione **ESV** $\approx$ **EH**. Riferendoci al precedente paragrafo, ad esempio, la teoria ago-antago **EA** pur essendo più riduttiva e più essenziale, compendia **ES** e la migliora da un punto di vista formale. Mentre a livello teorico biologico **ET** è superiore. In sintesi può sussistere la successione:

$$\mathbf{ES} \trianglelefteq \mathbf{EA} \lhd (\mathbf{EH} \approx \mathbf{ESV}) \lhd \mathbf{CES} \lhd \mathbf{ET} \lhd \cdots \qquad (2.3)$$

Consideriamo infatti la seguente proposizione:

**P.**: *«Se x e y sono due individui (di una specie) e x genera y allora x e y si assomigliano (cioè hanno alcuni caratteri fenotipici somiglianti)».*

Questa proposizione è esprimibile nei linguaggi di **ES** (e di **EH**). In **EA** è inserita come seconda parte dell'assioma Ax.3. Ma se volessimo giustificarla ossia dimostrarla (facendo ovviamente a meno della seconda parte dell'assioma Ax.2) in **EA** non saremmo in grado di farlo, perché a livello teorico **EA** non considera esplicitamente concetti genetici[28] che ci permetterebbero di «dedurre» la somiglianza fenotipica. Quindi **P** risulta essere una proprietà emergente per **ES**. Mentre in **ET** la dimostrazione (da ET.3 e ET.5) di **P** sarebbe possibile. D'altra parte se prendessimo in considerazione nozioni biochimiche più raffinate, la stessa **ET** salirebbe di livello teorico biologico. Come potremmo ora, in questa impostazione, individuare la complessità in biologia? La risposta non è facile. Facciamo un esempio. Noi sappiamo il DNA di ogni essere vivente è costituito da quattro basi. Questa è una proprietà emergente del mondo biologico o è una necessità imposta da esigenze fisico-chimiche? Probabilmente noi non lo sapremo mai, ma non possiamo escludere la possibilità che in futuro accada quanto segue:

a) La Biochimica progredirà in modo tale da dimostrare che l'esistenza delle quattro basi per il DNA non è l'unica possibile soluzione per la vita.

b) In qualche sito estremo o forse in altri pianeti, saranno scoperti organismi che usano altre basi e/o un numero diverso di basi.

Fino a quando i fatti a) e b) non accadranno, il fatto che il DNA sia universalmente formato da quattro basi può essere considerato una proprietà emergente che può essere usata come un assioma di ogni bio-teoria della moderna genetica. È ragionevole congetturare poi che ci siano via via altre proprietà biologiche non deducibili (o non confutabili) da quelle già conosciute. Per cui la realtà biologica e quindi la realtà dell'evoluzione si presenta (vedi Def. 2.6) come una realtà complessa. Ragionando asintoticamente dovremmo avere dunque teorie con un numero di assiomi (non nel senso di schema di assiomi) sempre più grande. Ma ciò significa porsi in un'ipotesi olistica che la storia della scienza ha mostrato avere poco successo. Nei successivi capitoli analizzeremo le teorie evoluzioniste da un punto di vista sostanzialmente riduzionista (di necessità virtù!) pur con l'obiettivo di tentare di imbrigliare o controllare la complessità.

---

[28] Per la relativa formalizzazione di questi aspetti si rimanda a P. Freguglia (2001), nonché a M. Rizzotti, A. Zanardo, op. cit.

# Un approccio geometrico alle teorie evoluzioniste

In questo capitolo presenteremo alcuni primi modelli matematici per la teoria dell'evoluzione. Cominceremo con un modello geometrico, poi introdurremo preliminari essenziali su *fitness landscape*, e infine esamineremo qualche semplice modello dinamico. Un certo interesse è costituito dal modello geometrico che presenteremo di seguito in quanto riguarda aspetti del tutto geometrici della modellistica, anche se questo – come vedremo – può dare lo spunto per la costruzione di un modello di tipo dinamico.

## 3.1 Costruzione di un modello geometrico di ES

Svilupperemo di seguito una nostra proposta che parte da **ES** con ulteriori arricchimenti concettuali[1]. Vito Volterra (1860–1940) in un noto lavoro del 1901 dal titolo «Sui tentativi di applicazione delle matematiche alle scienze biologiche e sociali», scrive:

> L'esperienza ci insegna che i modelli furono utili e servirono, come servono tuttora, ad orientarci nei campi della scienza più nuovi, più oscuri e nei quali si cerca a tentoni la via.
>
> Si deve dunque accogliere l'ardito tentativo del più illustre astronomo dei nostri giorni, lo Schiaparelli, di costruire un modello geometrico atto allo studio delle forme organiche e della loro evoluzione, con quel medesimo interesse con cui sono accettati e studiati i modelli meccanici di Maxwell e di Boltzmann dell'induzione elettrica e dei cicli termici; tanto più che non gravi difficoltà si opporrebbero a trasformare il modello stesso dello Schiaparelli da geometrico a meccanico, rendendolo così ancor più intuitivo[2].

Come si diceva, alla base dell'approccio di Schiaparelli, c'è l'assunzione che la determinazione di un individuo (o meglio di un istante di vita di esso) sia

---

[1] Vedi P. Freguglia (2002) [54] e C. Bocci, P. Freguglia (2006) [17].
[2] V. Volterra (1901) pp. 3–28.

data mediante una $n$-pla di numeri reali o, se vogliamo (vedi §2.3) numeri razionali, ciascuno dei quali misuri, secondo la nostra lettura, un carattere fenotipico.

Tanto per fissare le idee, ci riferiremo a quegli eucarioti i quali soddisfano la nozione di specie data nel precedente capitolo. Se per fenotipo intendiamo l'insieme dei caratteri relativi, in un determinato momento temporale, ad un individuo, la specie, nel momento temporale considerato, potrà allora essere rappresentata da un individuo $\overline{x}$ che può essere visto come un «rappresentante di classe» di un insieme di fenotipi accomunati dall'avere un certo numero di caratteri molto simili (cioè con misure molto vicine). Poiché, appunto, alcuni caratteri che riguardano un individuo variano in modo naturale il loro valore numerico durante il tempo d'esistenza dell'individuo medesimo, potrà risultare opportuno rappresentare un individuo durante tutta la sua esistenza (laddove si consideri la successione temporale discreta) con un insieme finito di «punti», le coordinate dei quali riguardino proprio i valori numerici dei caratteri (fissi e variabili) che lo determinano. Il rapporto generativo viene rappresentato da Schiaparelli mediante un vettore dal generante al generato. La rappresentazione di un individuo mediante un insieme finito di punti non crea problemi, in quanto predetta generazione avviene in un determinato momento in cui l'individuo generante si troverà rappresentato da una precisa $n$-pla di valori parametrici (cioè da un particolare punto) ed altrettanto accade per l'individuo generato. Non c'è dubbio che la misurabilità dei caratteri fenotipici sia un'ipotesi fondamentale. Ciò può rappresentare un limite del modello. Tuttavia esso può essere relativizzato a quei soli caratteri soggetti a misura (vedi nota 25, p. 45). Come si diceva, leggendo la proposta schiaperelliana sembra che tutti gli individui (e quindi tutti i loro momenti di esistenza) siano concepiti come *potenzialmente preesistenti*. Pertanto una generazione (da uno o) da una coppia di individui ad un altro sembrerebbe in qualche modo prestabilita con conseguenze immediate sul processo di speciazione. Questa visione è fortemente deterministica e si presta ovviamente a grosse critiche, ma anche a non banali interpretazioni «metafisiche». Cominciamo quindi con alcune definizioni.

Ricordiamo che data una funzione $F\colon X \to Y$, dove $X$ e $Y$ sono spazi vettoriali, l'immagine di $F$, $Im(F)$, è l'insieme di tutti i punti $y \in Y$ tale che esiste almeno un $x \in X$ con $y = F(x)$. Il grafico di $F$, $graph(F)$, è l'insieme di punti in $X \times Y$ dati dalla coppia $(x, F(x))$. L'immagine inversa di un insieme $V \subset Y$, $F^{-1}(V)$, è l'insieme di punti di $X$ tali che la loro immagine è in $V$. Come già detto in precedenza, noi vogliamo studiare il modo in cui $n$ caratteri variano nel tempo in alcune specie. Allora le $n$-ple di valori di questi caratteri relativi ad un certo individuo in un fissato momento, determineranno un punto $a = (a_1, \ldots, a_n) \in \mathbb{R}^n$. Noi richiediamo altresì che una $n$-pla di parametri (caratteri) misurabili venga considerata con i propri *range* di possibili valori. Il numero $n$ determina la dimensione di uno specifico contesto biologico, dove appunto una $n$-pla rappresenta uno stato temporaneo di vita di un individuo. L'insieme $a(t) = (a_1(t), \ldots, a_n(t))$ è da considerarsi, ai fini della rappresentazione di un individuo, relativo e non assoluto. Supponiamo poi di valutare gli $n$ caratteri in intervalli fissati $t_0, t_1, \ldots, t_n, \ldots$ di tempo in modo tale da poter considerare $t_i \in \mathbb{Z}$ per ogni $i$.

Ecco ora come definire un *individuo*.

**Definizione 3.1.** Un individuo $x$ è definito come l'insieme $Im(F_x) \subset \mathbb{R}^n$ dove $F_x$ è una funzione $F_x \colon [\alpha_x, \Omega_x] \subset \mathbb{Z} \to \mathbb{R}^n$. Abbiamo denotato con $\alpha_x$ la data di nascita di $x$ e con $\Omega_x$ quella di morte. In genere indicheremo con $U_x$ l'insieme $[\alpha_x, \Omega_x]$; $U_x$ rappresenta la «vita» di $x$.

Possiamo dire che un individuo $x$ soddisfa i caratteri $F_x(t)$ all'età $t \in U_x$.

Daremo anche la seguente:

**Definizione 3.2.** Un individuo $x$ è definito come un insieme $graph(F_x) \subset \mathbb{Z} \times \mathbb{R}^n$, dove $F_x \colon [\alpha_x, \Omega_x] \subset \mathbb{Z} \to \mathbb{R}^n$ è la stessa funzione della Definizione 3.1.

Dalle precedenti definizioni possiamo pensare, come diceva Schiaparelli, ad un individuo $x$ come a una «nuvoletta» di punti in $\mathbb{R}^n$. Questa nuvoletta consiste al più di $\Omega_x - \alpha_x$ punti.

In base a quanto detto poc'anzi, ad un individuo $x$ associeremo una $a_x(t)$. Dati quindi due individui qualunque $x$ e $y$ diremo che le rispettive $a_x(t)$ e $a_y(t)$ sono *somiglianti* (e quindi che $x$ e $y$ sono *somiglianti*) se $\forall t \forall h \, |a_{x_h}(t) - a_{y_h}(t+k)| \leq \varepsilon$, con $\varepsilon$ opportunamente scelto piccolo, $1 \leq h \leq n$, $t \in U_x \cap U_y$, $k \in (\mathbb{Z}^+ \cup \{0\})$.

Soffermiamoci ora sulla nozione di specie. Aggiungiamo all'insieme $(a_1(t), a_2(t), \ldots, a_n(t))$ due ulteriori parametri fenotipici costanti non misurabili: $a_{n+1}$ «essere femmina» e $a_{n+2}$ «essere maschio»; ai quali corrisponderanno i valori o 0 o 1. Denoteremo, come già fatto nel precedente paragrafo 2.3, con $x^+$ il generico individuo maschio e con $y^\heartsuit$ il generico individuo femmina. Daremo allora la seguente:

**Definizione 3.3.** Chiameremo (*insieme*) *sostegno parametrico di specie* un insieme $C_i$ costituito da individui tutti tra loro somiglianti e ripartito in base ai caratteri fenotipici «essere femmina» e «essere maschio». Indicheremo con $\overline{x}_i$ l'*individuo medio* di $C_i$ che viene rappresentato con i caratteri fenotipici medi nel tempo (per ogni individuo) e medi tra quelli di tutti gli individui di $C_i$. Naturalmente $\overline{x}_i$ può non coincidere con un individuo realmente esistente.

Proporremo ora la definizione di *prole* (*offspring*) generata da due individui $x^+$ e $y^\heartsuit$.

**Definizione 3.4.** Consideriamo due individui $x^+$ e $y^\heartsuit$, possiamo determinare un terzo individuo $z$, *prole* di $x^+$ e $y^\heartsuit$, in questo modo:

i) fissiamo un valore $\alpha_z \in U_{x^+} \cap U_{y^\heartsuit}$ con $\alpha_z > \alpha_{x^+}$ e $\alpha_z > \alpha_{y^\heartsuit}$;

ij) fissiamo una *funzione random* $\theta(t) \colon \mathbb{Z} \to [0,1]$;

iij) definiamo quindi $z$ come l'mmagine in $\mathbb{R}^n$ della funzione:

$$F_z(t) = \theta(t) \cdot F_{x^+}(t + \alpha_{x^+} - \alpha_z) + (1 - \theta(t)) \cdot F_{y^\heartsuit}(t + \alpha_{y^\heartsuit} - \alpha_z).$$

Va osservato che l'età relativa dei genitori è rispettivamente determinata da $t + \alpha_{x+}$ e da $t + \alpha_{y\heartsuit}$. Quanto descritto dalla Definizione 3.4 potrà essere espresso con $z = g(x^+, y^\heartsuit)$. Alcune volte per motivi pratici potremmo considerare un solo genitore, cioè o $z_1 = g(x_0^+)$ o $z_1 = g(y_0^\heartsuit)$, ovvero ancora più genericamente $z = g(x)$.

Dovremmo ora stabilire alcune leggi fondamentali (*assiomi*) che caratterizzano *matematicamente* il modello.

**A.1** È sempre possibile stabilire se un individuo $x$ appartiene o meno ad un sostegno parametrico $C_i$ (che è un insieme, come definito nella precedente Definizione 3.3).

In altre parole se stabiliamo dei *range* di valori per ciascuno dei parametri fenotipici $(a_1, a_2, \ldots, a_n)$, questi range saranno specifici di un $C_i$. Per cui un individuo che appartiene ad un $C_i$ dovrà, nel corso della sua esitenza, non superare i valori di questi range. Ad esempio, se $a_k$ rappresenta l'«altezza» e stabiliamo che il range di $a_k$ (misurato in centimetri) sia $35 \leq a_k \leq 230$ e prendiamo vari individui, ci accorgiamo, sempre ad esempio, che un cane di grande taglia, l'uomo, un primate, un ippopotano, ecc. rientrano in questo range (anche se con valori minimi o massimi rispettivamente e statisticamente maggiori o minori). Consideriamo quindi un altro parametro (ad es. il peso) ci accorgiamo che gli individui che verificheranno il range anche di questo secondo carattere (oltre il primo) saranno un po' di meno. E via di seguito. Arriveremo così, relativamente all'insieme $(a_1, a_2, \ldots, a_n)$ assegnato, a determinare ragionevolmente un solo sostegno parametrico $C_i$. Quindi per ogni carattere fenotipico $c$ è possibile stabilire un intervallo di valori $c \in [a_c, b_c]$. Possiamo considerare il prodotto cartesiano di questi intervalli su tutti i possibili caratteri

$$\prod_c [a_c, b_c]$$

che viene determinato per ogni $C_i$ e definisce il range di $C_i$. Certamente per descrivere una specie non basta avere un $C_i$. Dovremmo aggiungere anche l'*interfecondità*. Ecco allora il successivo assioma:

**A.2** Dato un individuo $x$ e un numero intero $\alpha_z \in U_x$, allora se $z = g(x)$ segue che $z, x \in C_i$, ovvero, se $z = g(x^+, y^\heartsuit)$, allora $z, x^+, y^\heartsuit \in C_i$. E *normalmente*, la prole avrà caratteri (fenotipici) alquanto simili a quelli dei genitori.

Dunque la definizione di specie, valida per la maggioranza degli eucarioti, è data dalla seguente.

**Definizione 3.5.** Una specie $S_i$ è definita dalla coppia $S_i \equiv \langle C_i, \text{A.2} \rangle$.

In genere per *fitness* di un individuo $x$ si intende o «la bontà del suo adattamento alle condizioni ambientali in cui vive»[3] oppure «il contributo riprodutti-

---

[3] Vedi ad es. E. Boncinelli (2000) p. 61 di [21].

vo di $x$ alla successiva generazione»[4] Noi ci ricondurremo a questa seconda accezione (che abbiamo chiamato anche *fertility factor*[5]) indicando con $f_x$ il numero intero positivo esprimente il numero dei figli di $x$. $f_x \in \{0, 1, 2, \ldots, \sigma\}$ essendo $\sigma$ il numero massimo che in una specie un individuo ad essa appartenente può avere (dato statistico variabile nel tempo). Quando $f_x = 0$ allora $x$ non ha avuto figli. Una coppia sterile è tale che $f_{x^+} \cdot f_{y^\heartsuit} = 0$, se invece $f_{x^+} \cdot f_{y^\heartsuit} \neq 0$ possiamo stabiliremo che esista un $z = g(x^+, y^\heartsuit)$. Allora è ragionevole porre:

$$f_z = \min \left\{ \max \left\{ f_{x^+}, f_{y^\heartsuit} \right\} + 1, \sigma \right\} \ . \tag{3.1}$$

In $\mathbb{R}^n$ una specie (o meglio, il relativo $C_i$) può essere descritta come una «nuvola di nuvolette (individui)», che per semplificare potremmo rappresentare come contenuta in una palla $n$-dimensionale $B_i(M, m)$ di centro l'*individuo medio*, cioè il *tipo normale* $M$ (cioè l'individuo i cui parametri sono ciascuno medi rispetto al tempo e rispetto agli altri individui, vedi S.3). In breve – come abbiamo poc'anzi detto – la $(a_{M_1}, a_{M_2}, \ldots, a_{M_n})$ relativa a $M$ si costruisce prendendo per ogni individuo $x_j$ i valori medi nel tempo di esistenza della relativa $(a_{j_1}, a_{j_2}, \ldots, a_{j_n})$ e poi si fa la media fra tutti questi valori medi dei vari individui di $C_i$. Ovviamente $M$ può non esistere nella realtà, mentre devono esistere i vari $x_j$. Il raggio sarà $m = \sqrt[2]{\sum_{i=1}^{n}(a_{M_i} - a_{w_i})^2}$, essendo le $a_{M_i}$ come sopra definite e $a_{w_i}$ quelle medie nel tempo dell'individuo $w$ appartenente alla specie considerata, ma il meno somigliante a $M$. I valori estremi di un range, come nell'esemplificazione precedente, sono determinati statisticamente e quindi assegnati convenzionalmente. Un'altra nozione da considerare è la *distanza fenotipica* tra due individui $x$ e $y$, che stabiliremo in modo euclideo (anche se ne potremmo proporre altre) e con parametri medi rispetto al tempo per ogni individuo $x$ e $y$, così: $\delta(x, y) = \sqrt[2]{\sum_{i=1}^{n}(a_{x_i} - a_{y_i})^2}$. Nel caso in cui $y = G(x)$ parleremo di *distanza generazionale* e la indicheremo con $\gamma(x, y)$. Stabiliamo quindi che:

**A.3** Ogni $C_i$ è un insieme limitato $B(M_i, m_i)$. Inoltre per ogni scelta di $i$ e $j$: $B(M_i, m_i) \cap B(M_j, m_j) = \emptyset$.

Nel caso della *quasispecie* le cose si esprimeranno in modo analogo e semplificato. Inoltre possono essere interfecondi individui, che pur appartenenti alla stessa specie, siano abbastanza distanti fenotipicamente. Inoltre va ricordato che (per S.4) presa una coppia $x_0^+$, $y_0^\heartsuit$ e stabilita una successione di generazioni a partire da essa, mano mano che ci si allontana generazionalmente tanto più le somiglianze con l'ancestrale $x_0^+, y_0^\heartsuit$ diminuiscono. Cioè:

**A.4** *Legge della generazione regolare:*
  In generale se, ad es., $z_1^+ = g(x_0^+, y_0^\heartsuit)$ e $z_2^+ = g(z_1^+, y_1^\heartsuit)$ allora $z_2^+$
  assomiglia a $x_0^+, y_0^\heartsuit$ meno di $z_1^+$.

---

[4] Vedi S. H. Rice (2004) pp. 6 e segg. di [96].
[5] Vedi C. Bocci, P. Freguglia (2006) p. 318 di [17].

L'insieme dei *discendenti*, cioè prole dopo prole, a partire da una coppia $x_0^+, y_0^\heartsuit$, verrà denotato con $Des(x_0^+, y_0^\heartsuit)$.

Un'*azione perturbatrice* è, in questo schema teorico e come già detto, omnicompresiva dell'azione congiunta almeno di mutazioni, ricombinazioni, selezione naturale, co-evoluzione, ecosistema sugli individui della specie considerata. Un'azione perturbatrice $P(t)$ potrà essere rappresentata da una funzione $P \colon \mathbb{Z} \to \mathbb{R}^n$. Allora un individuo $x'$ (sottoposto ad un'azione perturbatrice) generato da un individuo $x$ (a priori non soggetto all'azione perturbatrice) sarà rappresentato da: $F'_{x'} := F_{x'} + P(t)$, essendo $F_{x'}$ come in Definizione 3.1. Potremmo anche considerare intorni (circolari) di un punto-individuo $x$ che denoteremo al solito con $I(x, b)$, essendo $b$ il raggio. Rappresentiamo ora in $\mathbb{R}^n$ l'azione perturbatrice $P(t)$ con un vettore $\mathbf{p}_t$ e, se l'azione perturbatrice è costante nel tempo, con $\mathbf{p}$. Per cui scriveremo: $x' = x + \mathbf{p}_t$ oppure $x' = x + \mathbf{p}$. Ecco altri due importanti assiomi:

**A.5** *Legge antagonista della speciazione:*
Siano $x$, $x^\circ$ e $y$ individui, e inoltre $x^\circ = g(x)$ e $y = g(x^\circ)$. Se $x^\circ \in B(M_i, m_i)$ allora $y \in B(M_i, \overline{m}_i)$, essendo $\overline{m}_i \leq m_i$.

Consideriamo ora due successioni , in cui $x_i = g(x_{i-1})$. La prima sia:

$$(*) \qquad x \to x_1 \to \cdots \to x_i \to \cdots$$

E, nel caso in cui intervenga l'azione perturbatrice persistente, sia invece:

$$(**) \quad x \to x'_1 \to \cdots \to x'_i \to \cdots$$

dove il segno $\to$ è del tutto euristico.

**A.6** *Legge agonista della speciazione:*
Date due successioni $(*)$ e $(**)$ dove $\forall j \geq 1$ sia $x_j \neq x'_j$, i cui elementi appartengano a una $B(M_i, m_i)$, allora *potrà* esistere un $x'_k \notin B(M_i, m_i)$.

Normalmente non sarà mai possibile che un individuo generico $x$, appartenente ad una specie, non sia soggetto ad alcuna azione perturbatrice. Tuttavia quando l'azione perturbatrice non è persistente, la generazione che parte da $x$ porta gli individui successivi ad allontanarsi dal relativo $M$, ma non ad uscire dalla specie. In generale ciò conduce ad una *evoluzione globale della specie*, che consiste in una diversificazione di alcuni range parametrici (fenotipici), ma comunque a mantenere sempre le caratteristiche essenziali della specie di partenza. Fin qui l'illustrazione delle idee basilari del modello geometrico.

Vedremo ora alcune interessanti proposizioni deducibili nel modello. Cominceremo con il definire la nozione di di *generazione stabile*. Intuitivamente si ha stabilità generativa se partendo da un ancestrale $x$, nonostante l'intervento persistente di un'azione perturbatrice, generazione dopo generazione si resta nei confini della specie a cui appartiene $x$. Quindi:

**Definizione 3.6.** Sia $x \in B(M_i, m_i)$, allora diremo che $x$ *conduce a una generazione stabile* se avendo per ogni azione perturbatrice persistente $P(t)$:

$(**)\quad x \to x_1' \to \cdots \to x_j' \to \cdots$

risulti, per ogni $j$, $x_j' \in B(M_i, m_i)$. Altrimenti diremo che $x$ *conduce ad una generazione instabile*.

Utilizzando in particolare A.4, si può dimostrare facilmente la:

**Proposizione 3.1.** *Sia $x \in B_i(M_i, m_i)$ e sia $x$ vicino alla frontiera di $B_i$ ed inoltre l'azione perturbatrice sia trascurabile, allora esiste un $m' < m_i$ tale che $x^\circ \in B_i(M_i, m')$, essendo $x^\circ = g(x)$.*

Questa proposizione stabilisce il fatto che, nonostante un individuo $x$ sia lontano dallo standard di una specie, cioè assomigli il meno possibile ad $M$, se l'azione perturbatrice è poco significativa, il generato da $x$ resta comunque nella specie.

Se ora ci serviamo della precedente Definizione 3.6, di A.3 e di A.6, si può dimostrare il:

**Teorema 3.1.** *Consideriamo la sottostante successione generativa in $B(M_i, m_i)$:*

$(**)\quad x \to x_1' \to \cdots \to x_j' \to \cdots$

*Supponiamo inoltre che sussista una persistente perturbazione $P(t)$ e che essa sia tale che ogni $x_j'$ conduca, per ogni $j$, ad una generazione instabile. Allora esisterà un $j^\circ$ tale che $x_{j^\circ}' \notin B_i(M_i, m_i)$.*

Questa proposizione asserisce che se stiamo in una specie in modo instabile, prima o poi ne usciamo. Ossia si attua il processo di speciazione.

*Dimostrazione.* Sia $\overline{x}_i$ l'individuo medio di una specie $S_i$. Se $x_1'$ conduce ad una generazione instabile, allora esisterà un $\lambda_1 > m_i$ tale che $x_2' = x_1' + \mathbf{p} \in B(\overline{x}_i, \lambda_1)$. Se poi pure $x_2'$ conduce ad una generazione instabile allora esisterà un $\lambda_2 > \lambda_1$ tale che $x_3' = x_2' + \mathbf{p} \in B_i(\overline{x}_i, \lambda_2)$. Iterando avremo: $x_n' = x_{n-1}' + \mathbf{p} \in B(\overline{x}_i, \lambda_n)$ con:

$$\lambda_n > \lambda_{n-1} > \cdots > \lambda_2 > \lambda_1 \, .$$

Per l'A. 3 la specie è limitata, allora crescendo via via le $B(\overline{x}_i, \lambda_n)$ arriveremo ad un indice $j^\circ$ tale che $x_{j^\circ}' = x_{j^\circ - 1}' + \mathbf{p} \in B(M_i, \lambda_{j^\circ})$ e $x_{j^\circ}' \notin S_i$.     $\square$

Passiamo ora ad illustrare una possibile rappresentazione analitica della *perturbing action*. Denoteremo con $a = (a_1, a_2, \ldots, a_n)$ il fenotipo medio nel tempo di un individuo $x$ e con $\beta_{n,n}$ un numero $n^2$ di fattori che determinano la perturbing action sugli $n$ caratteri fenotipici $a_i$ di $x$. In breve ciò vuol dire che il carattere $a_i$ sarà soggetto all'azione di $n$ componenti $\beta_{ji}$ con $j = 1, \ldots, n$. Potremmo ragionevolmente considerare la trasformazione lineare:

$$\begin{pmatrix} a_1' \\ a_2' \\ \vdots \\ a_n' \end{pmatrix} = \begin{pmatrix} \beta_{11} & \beta_{12} & \cdots & \beta_{1n} \\ \beta_{21} & \beta_{22} & \cdots & \beta_{2n} \\ \vdots & \vdots & \vdots & \vdots \\ \beta_{n1} & \beta_{n2} & \cdots & \beta_{nn} \end{pmatrix} \begin{pmatrix} a_1 \\ a_2 \\ \vdots \\ a_n \end{pmatrix} . \tag{3.2}$$

La matrice dei $\beta_{ij}$ verrà denotata con $\mathbf{B}$, per cui la (3.2) la scriveremo così:

$$\mathbf{a}' = \mathbf{B}\mathbf{a} \qquad (3.3)$$

nella (3.3) abbiamo posto la notazione vettoriale scrivenda $\mathbf{a}$ al posto di $a$. Risulta altresì che esiste un vettore $\mathbf{b}$ tale che $\mathbf{a} + \mathbf{b} = \mathbf{a}'$ da cui in base a facili passaggi si ottiene:

$$\mathbf{a}' - \mathbf{a} = \mathbf{b} = (\mathbf{B} - \mathbf{I})\mathbf{a}$$

dove $\mathbf{I}$ è la matrice identità. Possiamo opportunamente convenire di identificare $\mathbf{b}$ con il vettore $\mathbf{p}$ o $\mathbf{p}_t$ che compare nell'espressione, precedentemente introdotta, $x' = x + \mathbf{p}_t$ (dove $x'$ ha le componenti $a' = (a'_1, \ldots, a'_n)$), essendoci riferiti anche per l'individuo $x'$ al fenotipo medio nel tempo). Ma la trasformazione $x + \mathbf{p}_t$ può essere espressa anche in altro modo, come faremo vedere nel successivo esempio.

*Esempio.* Consideriamo una $s$-pla $\beta_1, \ldots, \beta_s$ di componenti di una perturbing action, in $\mathbf{R}^n$ potremmo stabilire la seguente:

$$x' = x + \mathbf{p}_t(\beta_1, \ldots, \beta_s; t) : \sum_{i=1}^{n} a_i \cdot f(\beta_1, \ldots, \beta_s; t)\mathbf{i}_i$$

essendo $f$ una opportuna funzione dei valori $\beta_1, \ldots, \beta_s$ nel tempo e $\mathbf{i}_i$ i versori dello spazio $\mathbf{R}^n$. Semplificando, per un individuo (ad es. un cane di una certa «razza») $x$, ci limiteremo a $\mathbf{R}^3$, cioè ad es. ai tre seguenti parametri fenotipici presi nei rispettivi valori medi nel tempo:

$a_1$ peso complessivo medio da adulto di $x$ esprimibile in 'kg',
$a_2$ altezza media da adulto di $x$ esprimibile in 'cm',
$a_3$ lunghezza media da adulto degli arti superiori di $x$ esprimibile in 'cm',

e siano:

$\beta_1$ reperibilità di nutrimento, esprimibile in calorie fornite,
$\beta_2$ fattore relativo alla temperatura media dell'ambiente in cui vive $x$.

La precedente espressione si ridurrà ad es. alla:

$$x' = x + \mathbf{p}_t(\beta_1, \beta_2; t) : \sum_{i=1}^{3} a_i \cdot f(\beta_1, \beta_2; t)\,\mathbf{i}_i$$

$$= a_1[\beta_1^2(t) + \beta_2(t) + k_{1t}]\,\mathbf{i} + a_2[\beta_1^{1/2}(t) + \beta_2^{1/2}(t) + k_{2t}]\,\mathbf{j}$$

$$+ a_3[\beta_1(t) + \beta_2^{1/2}(t) + k_{3t}]\,\mathbf{k} \qquad (3.4)$$

essendo $k_{it}$ apporti contingenti (dipendenti dal tempo) di normazione, di tipo random o in gran parte random dipendenti. Nel caso specifico daremo alla terna ordinata $x \equiv (a_1, a_2, a_3)$ i valori, riconducibili ad un tempo medio $t_0$,

$x \equiv (45\,\mathrm{kg}, 50\,\mathrm{cm}, 26\,\mathrm{cm})$. Per quanto riguarda i fattori $\beta$ dovremmo fare delle normazioni. Ad es. per $\beta_1$ le calorie fornite dall'ambiente varino così $500 \leq \mathrm{Cal} \leq 700$ al giorno, che normalizzeremo con i valori $0.5 \leq N(Cal) \leq 0.7$. Per quanto riguarda $\beta_2$ ci riferiremo alla variazione (in un determinato luogo) della temperatura, statisticamente rilevata in valori medi, dal tempo (anno) $t_0$ al tempo (anno) $t'$ e sia $-15 \leq C^0 \leq 35$. La relativa normazione sarà: $0.01 \leq N(C^0) \leq 2.21$. Avrà senso scegliere il minimo delle calorie, quindi $\beta_1 = 0.5$ ed un luogo abbastanza freddo, assegnando così $\beta_2 = 0.4$, cioè una temperatura intorno a $C^0 = 6.31$. Con questi valori otterremo allora:

$$
\begin{aligned}
a_1[\beta_1^2(t) &+ \beta_2(t) + k_{1t}]\,\mathbf{i} + a_2[\beta_1^{1/2}(t) + \beta_2^{1/2}(t) + k_{2t}]\,\mathbf{j} \\
&+ a_3[\beta_1(t) + \beta_2^{1/2}(t) + k_{3t}]\,\mathbf{k} \\
&= 45[0.25 + 0.4 + 0.2]\,\mathbf{i} + 50[0.7 + 0.6 - 0.1]\,\mathbf{j} + 26[0.5 + 0.6 + 0.04]\,\mathbf{k} \\
&= (45 \cdot 0.81)\,\mathbf{i} + (50 \cdot 1.2)\,\mathbf{j} + (26 \cdot 1.14)\,\mathbf{k} \\
&= 36.45\mathbf{i} + 60\mathbf{j} + 29.64\mathbf{k}\,.
\end{aligned}
$$

Quindi avremo, per valori medi, $x' = (a'_1, a'_2, a'_3) = (36.45\,\mathrm{kg}, 60\,\mathrm{cm}, 29.64\,\mathrm{cm})$. Cioè, in questa simulazione, si otterrà un animale più snello e slanciato. Quanto precedentemente esposto può essere espresso matricialmente così:

$$
\begin{pmatrix} 0.81 & 0 & 0 \\ 0 & 1.2 & 0 \\ 0 & 0 & 1.14 \end{pmatrix}
\begin{pmatrix} 45 \\ 50 \\ 26 \end{pmatrix}
=
\begin{pmatrix} 36.45 \\ 60.0 \\ 29.64 \end{pmatrix}. \tag{3.5}
$$

In base a quanto precede si potrebbero ampliare le nostre considerazioni algebriche, ma ciò va al di là degli obiettivi di questo libro.

## 3.2 Un modello al computer[6]

Tenendo presente il precedente modello geometrico di **ES**, considereremo i relativi aspetti generativi. Come abbiamo visto nel precedente paragrafo questi aspetti contengono, nella nozione di *fertility factor*, contributi random. Considereremo altresì una simulazione ad hoc della speciazione.

Simulazioni al calcolatore di sistemi biologici complessi sono utili in biologia evolutiva per diverse ragioni. Per esempio:

1. L'implementazione di un modello porta ad una migliore comprensione della teoria.
2. Un modello simulato costituisce in generale un buona base di discussione tra biologi e matematici perché illustra la teoria in modo concreto. Sulla base dei risultati delle simulazioni si possono confrontare le aspettative del biologo e le immagini mentali del matematico. Un modello simulato permette anche un buon livello di interazione attraverso la modifica dei

---

[6] Contributo specifico di Enrico Rogora.

parametri delle funzioni utilizzate nelle simulazioni e l'aggiunta di nuove funzionalità. Questa interazione promuove la reciproca comprensione dei fenomeni.

3. I modelli simulati possono produrre dati simulati per testare modelli differenziali e legare i parametri differenziali alle osservabili *macroscopiche*.

La simulazione del modello che discutiamo in questo paragrafo, utilizza una implementazione al computer di oggetti e interazioni che simulano aspetti essenziali della trasmissione dei caratteri fenotipici. Per maggiori dettagli su questo modello, che utilizza il programma R[7], si rimanda a [17]. Gli oggetti sono individui biologici, capaci di riprodursi, e caratterizzati da un insieme di caratteri fenotipici. Le azioni consistono principalmente di due funzioni. La funzione `mate` che, applicata a due individui, genera un nuovo individuo o il valore speciale NA quando il rapporto è non fecondo; la funzione `choose`, che applicata a una popolazione di individui sceglie le coppie cui applicare la funzione `mate`; la funzione `fit` che modifica il *fertility factor* degli individui che hanno un profilo fenotipico vicino ad un assegnato profilo di `fit`.

Un individuo è il risultato di un rapporto fecondo oppure è generato attraverso l'applicazione della funzione ausiliaria `random.individual` che inizializza gli attributi di un individuo scegliendoli da opportune distribuzioni. Questa funzione ausiliaria viene utilizzata per generare una popolazione iniziale che evolva secondo le regole del nostro mondo simulato.

Gli attributi di un individuo sono:

*Sex:* Maschio = 1; Femmina = 2.

*Birth:* Istante della nascita (numero naturale).

*Life:* Durata della vita (numero naturale).

*Type:* Tipo, per studiare gli incroci (numero naturale).

*Fertobs:* Ostruzione alla fertilità. La probabilità di un incontro tra individui fecondi di sesso opposto, aventi ostruzione $a$ e $b$ rispettivamente, è

$$p = e^{-a-b}.$$

*Potentials:* Un vettore di numeri che rappresenta un insieme di *potenziali fenotipici*. Il fenotipo all'istante $t$ ha una componente deterministica e una stocastica. La componente deterministica è funzione di $t$ e di un certo numero di parametri. Ogni individuo determina i valori di questi parametri che chiameremo *potenziali fenotipici deterministici* di quel carattere. Per esempio, se la componente deterministica di un dato carattere fosse una funzione quadratica, $at^2 + bt + c$, i potenziali fenotipici deterministici sarebbero $a$, $b$ e $c$. In maniera analoga possiamo considerare i *potenziali stocastici* di un carattere. Per semplicità ci limitiamo in questa discussione

---

[7] Vedi http://www.R-project.org.

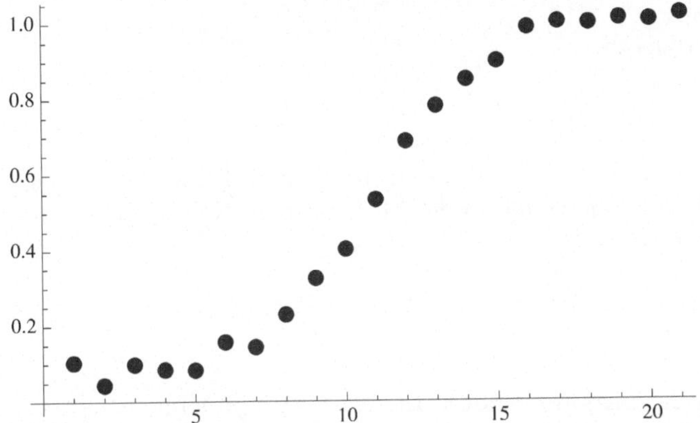

**Figura 3.1.** Ogni punto rappresenta il peso di un individuo di una data specie ad un dato istante

> a caratteri la cui componente deterministica dipenda da un solo potenziale fenotipico e la cui componente stocastica non dipenda da alcun parametro.

La *curva fenotipica* di un carattere, cioè la funzione che associa ad ogni istante della vita di un individuo il valore del carattere a quell'istante, avrà quindi, nelle nostre ipotesi semplificative, la forma seguente

$$f(p,t) + X_t$$

dove $f(p,t)$ è una funzione e $\{X_t\}$ è un processo stocastico.

*Esempio.* La curva relativa al fenotipo peso può essere talvolta modellata in maniera ragionevole e in prima approssimazione da una curva logistica ad un parametro più un processo stocastico discreto, dando luogo a una curva fenotipica del tipo mostrato nella Figura 3.1.

*Esempio.* L'esecuzione della funzione

```
random.individual(VT,VF,V,sex=1,type=1)
```

produce un individuo descritto dai seguenti attributi:

```
$sex
[1] 1
$birth
[1] 0
$life
[1] 12
$type
[1] 1
```

```
$fertobs
[1] 1.036153
$potentials
[1] 10.74104 107.76108
```

VT, VF e V sono distribuzioni da cui pescare la durata della vita, l'ostruzione alla fertilità e il valore dei potenziali fenotipici. Nell'esempio, il sesso e il tipo sono scelti a priori.

*Simulazione di una popolazione di 100 individui maschi e 100 individui femmine.*

Utilizzando la funzione `random.individual` è possibile generare una popolazione iniziale di individui maschi e femmine su cui i caratteri si distribuiscono in maniera conforme alle distribuzioni iniziali descritte nella matrice V. Per esempio, simulando una popolazione di individui descritti da due caratteri fenotipici indipendenti e normalmente distribuiti, possiamo ottenere individui i cui potenziali fenotipici si distribuiscono come nel diagramma di dispersione della Figura 3.2.

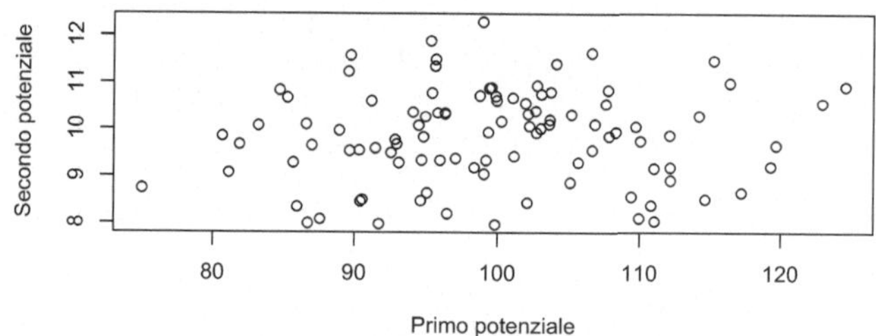


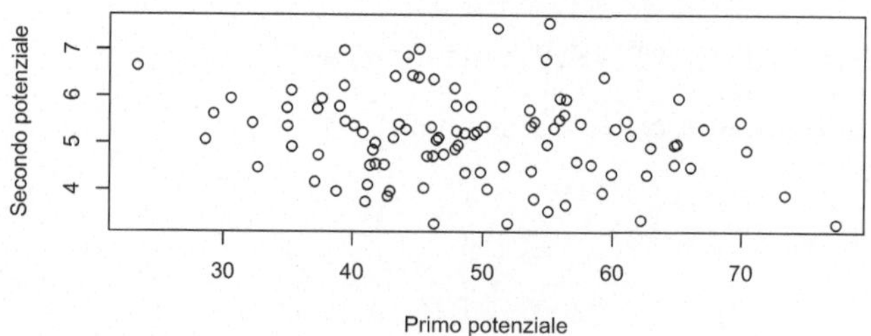


**Figura 3.2.** I due caratteri simulati hanno, nell'esempio, media 100 e 10 sui maschi e 50 e 5 sulle femmine e si distribuiscono in maniera gaussiana con deviazione standard 10 e 1, sia per i maschi che per le femmine

*Simulazione di un accoppiamento*

La funzione `mate`, applicata a due individui del nostro mondo simulato, restituisce l'individuo vuoto, indicato NA, quando i genitori non possono generare (per esempio due individui dello stesso genere) o non generano prole a causa di un rapporto infecondo, oppure restituisce un nuovo individuo, i cui potenziali dipendono da quelli dei genitori nel modo seguente.

Introducendo, per ogni potenziale fenotipico e separatamente per la popolazione maschile e femminile, opportune unità di misura, possiamo assumere che la media di ogni potenziale fenotipico sia zero e la sua deviazione standard sia uno; i potenziali della prole si ottengono semplicemente come media dei potenziali dei genitori più un numero aleatorio distribuito in modo da lasciare invariata la distribuzione dei potenziali sulla popolazione. Analogamente si procede per assegnare la durata della vita.

L'ostruzione alla fertilità della prole è un numero aleatorio con distribuzione fissata.

La simulazione dell'accoppiamento di due individui (`ind1` e `ind2`) secondo i principi appena discussi si ottiene valutando `mate (ind1, ind2)`.

La funzione mate permette anche di modificare i diversi parametri, quali il fattore che penalizza la fertilità di accoppiamenti tra tipi diversi, il ritardo fra il tempo del concepimento e quello della nascita, ecc. Per i dettagli, si rimanda a [18].

Nei principali modelli matematici dell'evoluzione, la caratteristica evolutiva principale di un individuo è il suo *fertility factor*, definito come il numero di individui generati. Il *numero aspettato* di individui generati può essere calcolato a partire dalla probabilità che un rapporto sia fertile, quindi dalla `fertility.obstruction` dei partner e dal numero di rapporti che un individuo avrà nel corso della sua vita.

Applicando ad un individuo la funzione `fit` è possibile variare la sua `fertility.obstruction` quando i potenziali fenotipici di un individuo si avvicinano ad un assegnato profilo di fit, per esempio, è possibile abbassare l'ostruzione alla fertilità di individui per cui l'altezza è sufficientemente maggiore dell'altezza media della specie. Questa variazione è sufficiente ad innescare, nel nostro modello, un processo di speciazione fenotipica, che può essere ulteriormente catalizzato da un opportuno schema di scelta del partner, che privilegi individui con potenziali fenotipici vicini a quelli di fitness.

Le caratteristiche dei fenomeni di speciazione fenotipica dipendono in maniera non banale da diversi parametri, quali la fertilità media degli individui, la variazione nella fertilità dovuta all'avvicinamento ad un profilo di fitting, il numero medio di figli di una coppia in un rapporto fertile, lo schema di accoppiamento, ecc. Il programma di simulazione è stato concepito principalmente per studiare queste dipendenze.

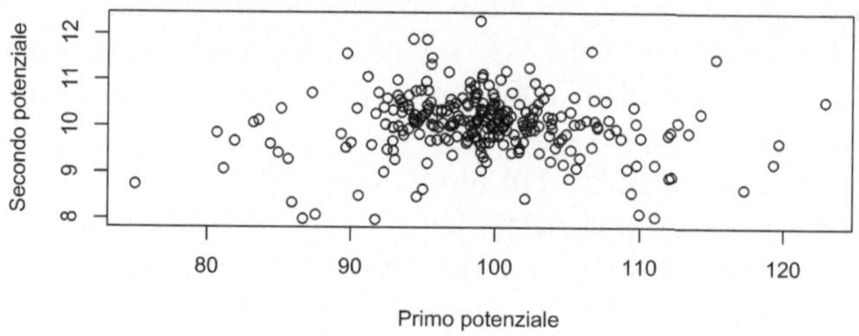


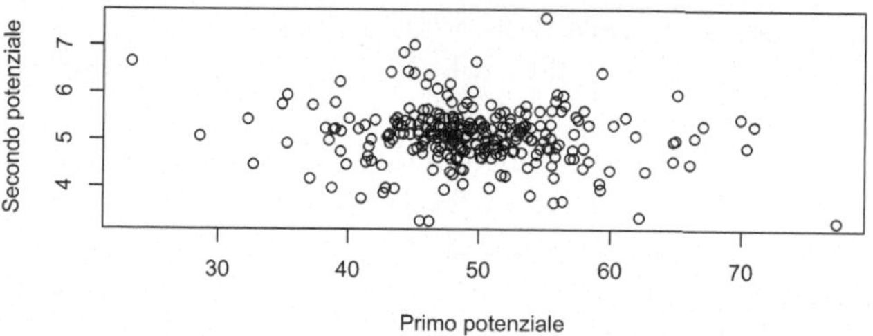


**Figura 3.3.** Le generazioni prodotte applicando la funzione di accoppiamento alla popolazione iniziale di 100 individui maschi e 100 individui femmine produce, dopo 15 iterazioni e in presenza di una ostruzione alla fertilità elevata, una popolazione di circa 500 individui la cui distribuzione dei caratteri fenotipici è analoga a quella iniziale, usando come legge per la formazione delle coppie per cui ogni maschio sceglie casualmente una compagna femmina tra quelle fertili e disponibili

Illustriamo una semplice evoluzione, simulata con il nostro programma, della popolazione mostrata nella Figura 3.2. In assenza di un profilo di fitting, la distribuzione dei potenziali è quella descritta in Figura 3.3.

Aggiungiamo ora un profilo di fitting. Nella Figura 3.4 viene mostrata la distribuzione del fertility.factor di una popolazione che evolve in presenza di un profilo di fitting. Si evidenzia l'insorgere di una sottopopolazione più fertile. Nelle simulazioni fatte con un meccanismo di scelta del partner completamente casuale, la diminuzione dell'ostruzione alla fertilità è sufficiente ad innescare un debole fenomeno di *speciazione fenotipica*, messo in evidenza dalla variazione della media del carattere *fenotipico attratto* dal profilo di fitting. Tale fenomeno può essere catalizzato da una funzione di scelta dei partner che prediliga gli individui vicini al profilo di fitting, come mostrato in Figura 3.5. Un'analisi delle funzioni di scelta che meglio innescano il fenomeno di speciazione fenotipica non è ancora stato fatto e sembra costituire un campo d'indagine promettente.

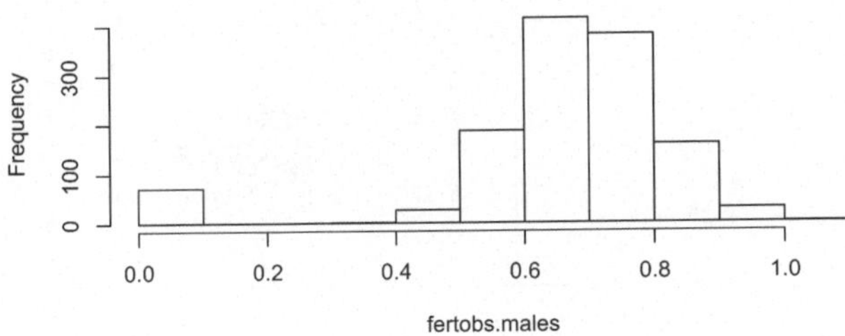

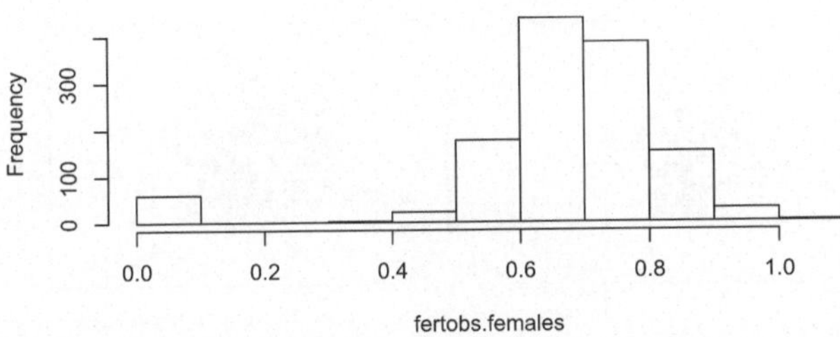

**Figura 3.4.** Il profilo di fitting premia gli individui per cui il primo carattere è più vicino a 120 che a 100 per i maschi e più vicino a 60 che a 50 per le femmine. Per gli individui «premiati» l'ostruzione alla fertilità diminuisce e si osservano quindi, sia tra i maschi che tra le femmine, l'insorgere di gruppi più fertili e quindi in grado di generare prole più facilmente (le due code vicino a zero negli istogrammi)

## 3.3 Epigenetica e fitness landscape

La nozione di *landscape* in biologia, ed in particolare in epidemiologia, è già rintracciabile nell'opera di Alfred Lotka, *Elements of Mathematical Biology* (1925)[8] (vedi Figura 3.6) proprio a proposito dell'epidemia malarica (equazioni di Martini). L'uso fatto da Lotka e essenzialmente metaforico, come altrettanto lo sarà quando verrà introdotto in epigenetica da C. H. Waddington. Ma già con Sewall Wright (1932, 1937) si arriva a determinazioni analitiche dell'*adaptive landscape* (vedi oltre). In quel che segue abbiamo seguito in gran parte quanto in merito trattato in S. H. Rice[9].

Per comodità di lettura richiameremo alcune nozioni elementari di genetica. Sappiamo che i caratteri ereditari si trasmettono dai genitori alla prole mediante i *cromosomi*, i quali sono a loro volta suddivisi in sezioni più piccole che chiamiamo *geni* (che sono segmenti di DNA). Negli organismi, cromosomi e geni sono presenti a coppie e ad ogni coppia di geni è associato un *carattere*. Un carattere si può presentare in diverse forme tra loro differenti, ad esempio i

---

[8] Vedi [78], pp. 79–80.
[9] Vedi S. H. Rice (2004) [96].

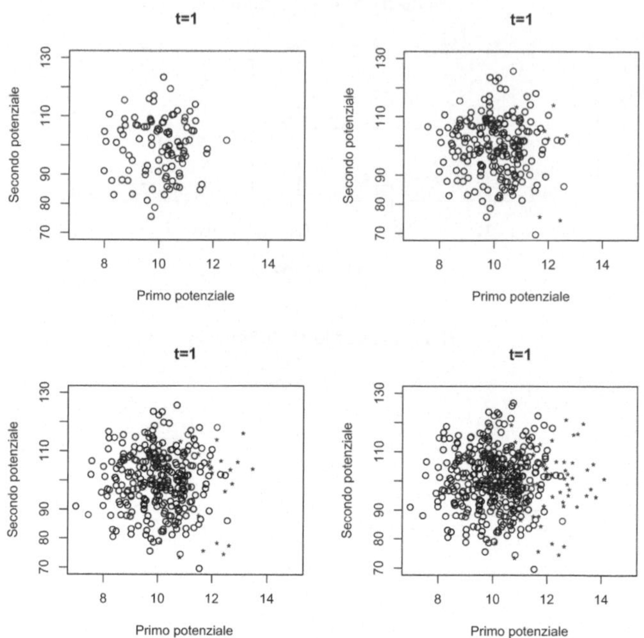

**Figura 3.5.** Gli individui, generati da genitori i cui potenziali fenotipici sono più vicini al profilo di fitting, tendono a separarsi da quelli contrassegnati con il circoletto, i cui potenziali fenotipici sono più vicini al profilo medio della specie, e a divenire relativamente più numerosi

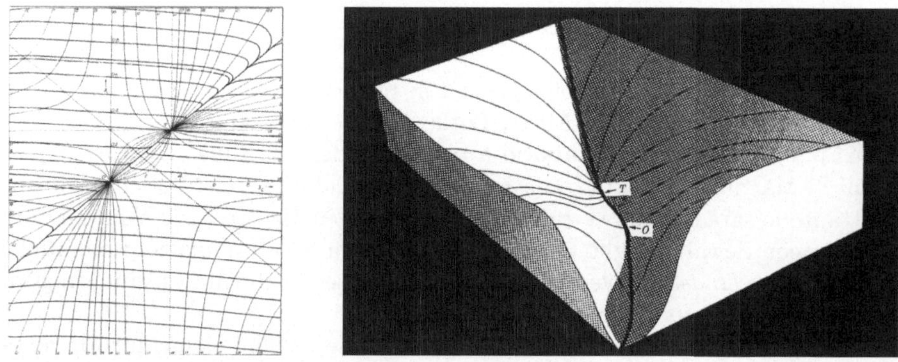

**Figura 3.6.** Due figure relative all'uso metaforico del landscape da parte di Lotka (tratte da [78])

capelli di un organismo umano, per semplificare, possono essere di colore nero ($N$), bruno ($U$), biondo ($B$). Queste differenti forme, che il gene del colore dei capelli, presenta vengono chiamate *alleli*. Per semplificare le cose consideriamo geni con due soli alleli, che denoteremo rispettivamente con $A$ e $a$. Le coppie possibili saranno $AA$, $Aa$, $aa$. Il *genotipo* che – come sappiamo- riguarda il patrimonio genetico, è determinato da una delle tre precedenti possibili coppie. Relativamente al carattere il *fenotipo* avremo due sole possibilità o $A$ o $a$. Gli organismi che hanno una coppia di alleli uguali (ad esempio $AA$ o $aa$) si diranno *omozigoti* relativamente al carattere considerato. Altrimenti, se la coppia di alleli sono differenti (es. $Aa$) parleremo di *eterozigoti*. Diciamo inoltre che il gene $A$ è *dominante* sul gene $a$ quando gli organismi eterozigoti $Aa$ presentano lo stesso fenotipo degli omozigoti $AA$. $a$ si dirà a sua volta *recessivo*. È poi casuale che uno dei due alleli sia del padre sia della madre diano luogo a una nuova coppia di alleli nei cromosomi del figlio. Valgono le seguenti leggi:

- Se uno dei due genitori è eterozigote (rispetto ad un dato carattere) $Aa$ e l'altro genitore è omozigote ($AA$ o $aa$) allora le due combinazioni $AA$, $aa$, ovvero $Aa$, $aa$, sono equiprobabili. Quando invece i genitori sono ambedue eterozigoti allora le tre combinazioni $AA$, $Aa$, $aa$ sono equiprobabili.
- C'è indipendenza tra le combinazioni relative ai vari caratteri che si sviluppano.

Consideriamo ora due popolazioni, ad es. una costituita da tutti individui omozigoti $AA$ e l'altra dagli $aa$. Supponiamo che da un dato istante, in modo casuale, le due popolazioni interagiscano con accoppiamenti. Vogliamo stabilire cosa accade geneticamente per le generazioni successive relativamente alla popolazione che ne risulta. Introduciamo a tal fine le seguenti *frequenze relative*:

$$p = \frac{\text{numero degli individui di tipo } AA}{\text{numero degli individui della popolazione}}$$

$$q = \frac{\text{numero degli individui di tipo } aa}{\text{numero degli individui della popolazione}}$$

dove $p + q = 1$.

Le frequenze $p$ e $q$ vengono dette *frequenze geniche*. Vale allora la seguente:

**Legge di Hardy-Weinberg (Legge H-W):**

Supponiamo che nella popolazione precedente si abbiano le frequenze geniche rispettivamente $p$ e $q$ con $p$, $q \in [0, 1]$ e $p + q = 1$ e che:

1) non vi siano mutazioni da $A$ a $a$ e viceversa;
2) gli accoppiamenti avvengano in modo casuale, senza vantaggi;
3) il numero degli individui della popolazione sia molto grande;
4) non vi siano incroci con popolazioni contigue.

Allora le frequenze relative ai tre genotipi $AA$, $Aa$, $aa$ vengono stabilite fin *dalla prima generazione* e rimangono tali per le generazioni successive.

Il risultato della legge di H-W riguarda una situazione di «equilibrio» e afferma che le frequenze dei tre genotipi $AA$, $Aa$, $aa$ sono date rispettivamente da $p^2$, $2pq$ e $q^2$ per cui vale la condizione di normalizzazione

$$p^2 + 2pq + q^2 = (p + q)^2 = 1 \,. \tag{3.6}$$

Riprendiamo ora il concetto di *fitness* di cui avevamo accennato nel paragrafo 3.1. La fitness di un fenotipo in una popolazione, che denoteremo con $w$, può essere misurata in modo indiretto come il numero di fenotipi vicini a quello considerato presenti nella generazione successiva. In breve, riferendoci a singoli individui, $w$ viene correlata al numero di figli che sopravvivono alla generazione successiva. Rammentiamo che la *selezione* è imperniata sul fenotipo, che a sua volta dipende – come abbiamo visto – da un relativo genotipo. Chiameremo pertanto *fitness genotipica* il valore medio della fitness di tutti gli individui di una popolazione che hanno lo stesso genotipo. Ad es. per quegli individui di genotipo $Aa$, denoteremo la fitness genotipica con $w(Aa)$. Parleremo di *fitness effettiva* (o *marginale*), ad es. di $A$ e la indicheremo con $w^*(A)$, il valore medio della fitness genotipica di tutti gli individui con genotipi che contengono $A$. Consideriamo ora la crescita di una popolazione per generazioni successive, e sia $N_t$ il numero degli individui di una popolazione al tempo $t$. Tenendo presente la legge H-W e che $q = 1 - p$, in base ai due caratteri considerati $A$ e $a$, avremo:

$$N_{t+1} = [p^2 w(AA) + 2p(1 - p)w(Aa) + (1 - p)^2 w(aa)]N_t \,. \tag{3.7}$$

Se definiamo *fitness media di popolazione*,

$$\overline{w} = p^2 w(AA) + 2p(1 - p)w(Aa) + (1 - p)^2 w(aa) \tag{3.8}$$

si ottiene

$$N_{t+1} = \overline{w} N_t \,. \tag{3.9}$$

La (3.9) è una successione per ricorrenza (o equazione alle differenze finite) che esprime una tipologia malthusiana con una popolazione divergente se $\overline{w} > 1$ o tendende a zero nel caso sia $< 1$ in quanto $p$ non varia nel tempo. È importante quindi studiare la dipendenza di $\overline{w}$ al variare di $p$. Nell'ipotesi che il valore della fitness sia indipendente da $p$, possiamo ora calcolare la probabilità che $A$ si accoppi con un altro $A$ oppure con un $a$ tramite la frequenza di quel tipo di allele. Quindi possiamo stabilire per le fitness effettive le seguenti espressioni:

$$w^*(A) = pw(AA) + (1 - p)w(Aa) \tag{3.10}$$
$$w^*(a) = pw(Aa) + (1 - p)w(aa)$$

e riscrivere la fitness media di popolazione mediante le fitness effettive:

$$\overline{w} = pw^*(A) + (1 - p)w^*(a) \,. \tag{3.11}$$

Dal momento che $w^*(A)$ esprime il numero atteso nella nuova generazione di un allele contenente $A$, denotando con $n(A)$ il numero effettivo per una certa generazione di alleli contenenti $A$ il numero di individui con alla $A$ alla generazione successiva sarà $n(A)w^*(A)$. Analogamente per $w^*(a)$ e $n(a)$. Dato che il numero totale degli alleli nella popolazione deve soddisfare a $N(t) = n(A) + n(a)$, la frequenza dell'allele contenente $A$ sarà espressa da $p = n(A)/N(t)$. Dalla ricorrenza (3.9) si ottiene una riccorrenza per la frequenza degli alleli che contengono $A$ nella forma

$$p_{t+1} = \frac{n(A)w^*(A)}{N_t \overline{w}} = \frac{p_t w^*(A)}{\overline{w}} \tag{3.12}$$

da cui:

$$\Delta p = p_{t+1} - p_t = \frac{p_t w^*(A)}{\overline{w}} - \frac{p_t \overline{w}}{\overline{w}} = \frac{p[w^*(A) - \overline{w}]}{\overline{w}} \, . \tag{3.13}$$

Le equazioni (3.12) e (3.13) sono alquanto generali e valgono indipendentemente dalla legge H-W. Dalle (3.13) e (3.11) otteniamo:

$$\Delta p = \frac{p(1-p)[w^*(A) - w^*(a)]}{2\overline{w}} \, . \tag{3.14}$$

Se introduciamo un tempo caratteristico di generazione $\Delta t$, dalle (3.14) e (3.11) si ottiene la:

$$\Delta p = p(1-p)\frac{d\ln(\overline{w})}{dp}\Delta t \quad \text{essendo } \Delta t = 1 \, . \tag{3.15}$$

L'equazione (3.15) è l'equazione (nel tempo discreto) per un *adaptive landscape* proposta da Wright [118], dove $p(1-p)$ rappresenta i cosiddetti *effetti di bordo* e $\ln(\overline{w})$ è il vero e proprio *adaptive landscape*.
Generalizziamo al tempo continuo ed ad un numero arbitrario di alleli la precedente trattazione. Se denotiamo con $n_i$ il numero degli individui con allele contenente $A_i$ in una popolazione e $n_T = \sum n_i$ il numero totale degli alleli di tutti i tipi nella popolazione considerata, allora la frequenza dell'allele $A_i$ sarà $p_i = n_i/n_T$. Da un calcolo diretto avremo:

$$\frac{dp_i}{dt} = p_i \left( \frac{1}{n_1}\frac{dn_1}{dt} - \frac{1}{n_T}\frac{dn_T}{dt} \right) \, . \tag{3.16}$$

Ragionando analogamente al caso dei due alleli avremo, nel caso degli alleli multipli:

$$w_i^* = \sum_j p_j w_{ij}$$

$$\overline{w} = \sum_i p_i w_i^*$$

e quindi la corrispondente della (3.15):

$$\Delta p_i = \frac{p_i}{\overline{w}}\left(\frac{\partial \overline{w}}{\partial p_i} - \sum_j p_j \frac{\partial \overline{w}}{\partial p_j}\right).$$ (3.17)

La (3.17) esprime il cambiamento, conseguente ad una generazione, della frequenza di un particolare allele (in funzione delle frequenze degli altri). La relazione (3.17) è una conseguenza del vincolo di normalizzazione della probabilità $\sum_j p_j = 1$. Scritta in modo più compatto assume la forma

$$\Delta p_i = F_{ij} \frac{\partial}{\partial p_i} \ln \overline{w}$$ (3.18)

dove $F$ è un'opportuna matrice quadrata di elementi relativi alle frequenze medesime[10]. Allo scopo di una modellizzazione dei processi evolutivi a livello fenotipico, sarà conveniente sostuire il *genotipo* con il concetto di *carattere fenotipico potenziale*. Per esempio nel semplice caso di tre alleli $aa$, $aA$ e $AA$ assumiamo di poter associare a una misura $x_a$ e una misura $x_A$ ai due possibili caratteri fenotipici associati agli alleli. Diremo *carattere fenotipico potenziale* (vedi ET.2) il valor medio dei caratteri esprimibili da ciascun allele data la distribuzione di probabilità associata ai caratteri stessi. Così facciamo corrispondere all'allele $aa$ il carattere potenziale $X_a = x_a$, a $aA$ il carattere potenziale $X_{aA} = x_a p_a + x_A p_A$ e ad $AA$ il carattere potenziale $X_A = x_A$ e possiamo parlare distribuzione dei caratteri fenotipici condizionata al carattere fenotipo potenziale. Ragionando per analogia possiamo riscrivere l'equazione (3.18) per le variazioni dei caratteri fenotipici potenziali nella forma

$$\Delta X_i = F_{ij} \frac{\partial}{\partial X_i} \ln \overline{w}$$ (3.19)

dove supponiamo di poter esprimere la fitness della popolazione $\overline{w}$ in funzione dei caratteri potenziali. La forma dell'equazione (3.19) suggerisce l'esistenza di una *adaptive landscape* associato al logaritmo della fitness della popolazione $\overline{w}(X)$ che rappresenta la prolificità del fenotipo potenziale $X$ nella popolazione considerata. Approfondiremo questo concetto nel Capitolo 5 dove discutiamo un modello dinamico evolutivo.

In base alla nozione di *epistasi*, che esprime l'interazione fra due o più caratteri separati (*loci genici*), questione fondamentale in teoria dell'evoluzione, teniamo presente che si possono costruire opportuni adaptive landscape (vedi [96]). Un altro esempio di costruzione di adaptive landscape è riportato nella Figura 3.7. Vedi anche [93].

Relativamente al adaptive (phenotype) landscape potremmo anche procedere direttamente o – se vogliamo – euristicamente, in termini approssimativi considerando la variazione dei caratteri fenotipici e presupponendo che in

---

[10] Vedi [96].

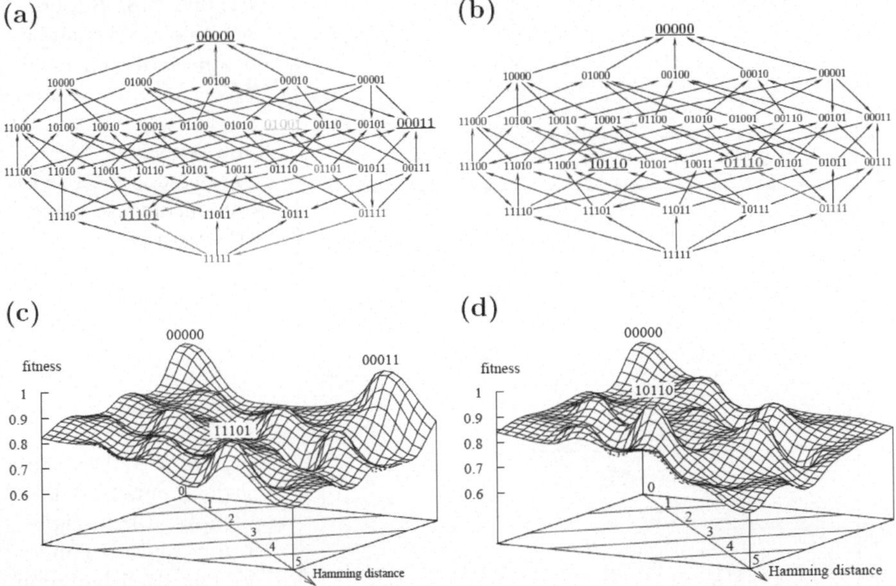

**Figura 3.7.** Fitness landscapes sperimentali per due varietà del fungo assessuato *Aspergillus niger* che conivolgono tutte le combinazioni di cinque possibili mutazioni. I grafi orientati sopra rappresentano le mutazioni genotipiche associate a diversi gradi di fitness. La superficie continua ricavata tramite la distanza di Hamming delle sequenze alleliche (riportata in $x$ e $y$) e della velocità di crescita della popolazione costituita da tali alleli (tratto da [7])

coincidenza di valori ottimali di essi la fitness si massimizzi e in corrispondenza la superficie, o meglio l'ipersuperficie-landscape presenti punti di minimo («valli» e/o «buche»). Stabiliamo dunque la seguente «costruzione». Consideriamo dapprima, per semplicità, un solo carattere fenotipico $x$ i cui valori siano distribuiti lungo l'asse delle ascisse (in un riferimento cartesiano ortogonale). Riguardo ad una specie questi valori si addenseranno intorno al *tipo normale o individuo medio M* (vedi precedente paragrafo 3.1, cioè l'individuo i cui parametri sono ciascuno medi rispetto al tempo e rispetto agli altri individui, che può anche concretamente non esistere). $M$, nell'ottica dei sistemi dinamici, potrà essere visto come un *attrattore* (vedi Figura 3.8).

Prendiamo ora il numero intero positivo $\sigma$, statisticamente determinato, come numero massimo medio di figli generati da un individuo della specie considerata. Prendiamo quindi l'asse delle ordinate come la misura della fitness $V$ (numero di figli), cambiata di segno. Dal punto $M$, parallelamente all'asse delle ordinate tracciamo nel verso negativo un'ordinata di valore assoluto $\sigma$. Potremmo così individuare una «buca a punta», tracciando i lati del triangolo a partire da valori significativi nell'asse fenotipico.

A questo punto abbiamo grossolanamente descritto il bacino fitness landscape della specie, relativo ad un solo parametro fenotipico. Dobbiamo tutta-

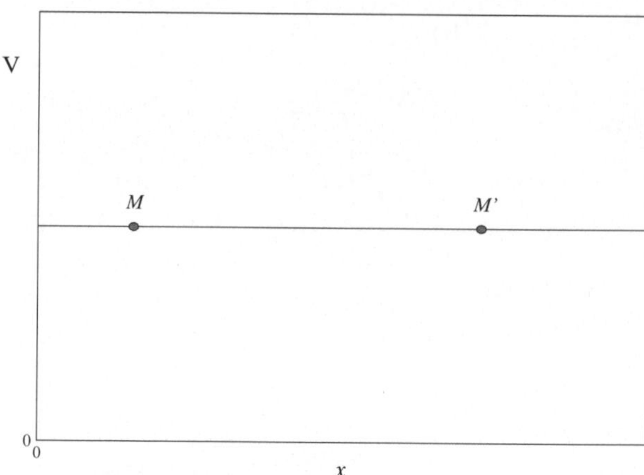

Figura 3.8. Rappresentazione schematica di due individui medi $M$ en $M'$ relativi a due specie: una effettiva ed una potenziale. $M$ ed $M'$ possono essere visti dinamicamente come attrattori

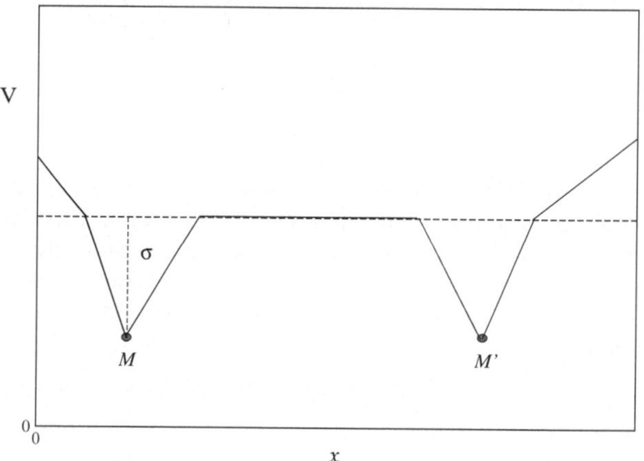

Figura 3.9. Determinazione euristica del phenotype landscape in funzione del numero dei figli degli individui fenotipicamente vicini all'individuo medio

via immaginare che esista in modo alquanto contiguo a quello or ora costruito un altro bacino di fitness landscape potenziale, «vuoto», di profondità minore o eguale a $\sigma$, con un possibile $M' \neq M$, che rappresenta la potenzialità della natura secondo possibili speciazioni, corrispondentemente a valori del fenotipico $x$ diversi da quelli della specie considerata. Se ora con un procedimento di passaggio al continuo, rendiamo tutto con una curva (ottenendo, ad esempio $V(x) = x^4 - 4x^3 + 4x^2 + 1$, vedi Figure 3.10), il processo di speciazione (se avviene) inerente al carattere fenotipico considerato, sarà rappresentato dallo spostamento progressivo del valore della fitness dalla prima buca verso la seconda contigua (che esisteva in modo potenziale). Dopo ogni speciazione si dovrà poi riconsiderare, come è ragionevole pensare, la forma del phenotype landscape.

In questo caso la curva ha due minimi in corrispondenza agli individui $M$ ed $M'$ separati da un massimo che «distingue» la specie effettiva da quella potenziale (vedi visione cosmologica dello Schiaparelli, p. 36).

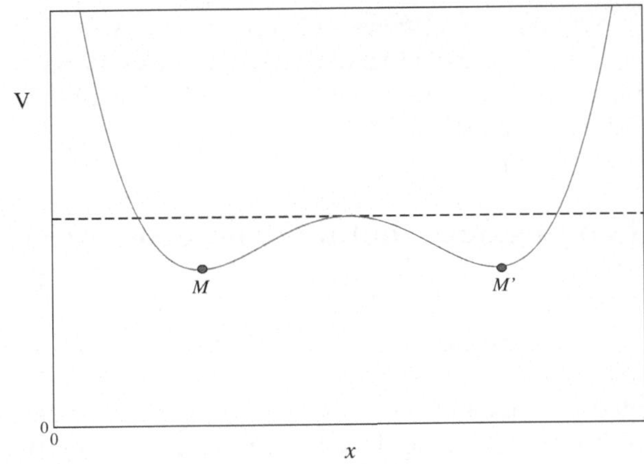

**Figura 3.10.** Rappresentazione continua del potenziale di fitness deducibile euristicamente dalle precedenti Figure 3.8 e 3.9

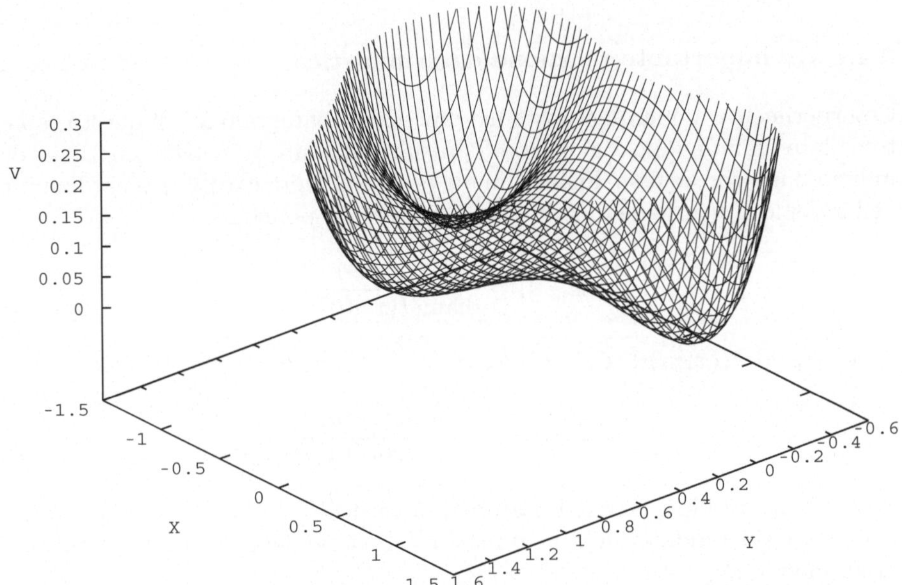

**Figura 3.11.** Rappresentazione continua di un potenziale di fitness per due fenotipi $X$ e $Y$. Nella figura sono evindeziati tre minimi del fitness potential che nella nostra modellizzazione associamo alla possibile esistenza di una specie relativamente a quelle caratteristiche fenotipiche. In questo senso una «buca» potrebbe rappresentare una specie effetivamente esistente, mentre le altre due sono «specie potenziali» ammissibili dalle proprietà del fenotipo. Da un punto vista matematico se $(X_k, Y_k)$ sono le componenti corrispondenti ai minimi, il potenziale rappresentato in figura è dato dall'equazione $V(X,Y) \propto \prod_{k=1}^{3}(\|(X - X_k, Y - Y_k)\|^2 + \delta_k)$ dove le costanti $\delta_k$ danno la profondità relativa dei minimi

La costruzione precedente si può generalizzare a più dimensioni. A titolo di esempio riportiamo un caso a due dimensioni fenotipiche dove possono essere modellizzate le interazioni tra i fenotipi stessi (vedi Figura 3.11). A ogni buca corrisponde una specie effettiva o potenziale.

## 3.4 Alcune rilevanti conseguenze del modello geometrico di ES

Discuteremo di seguito alcune conseguenze della teoria ES che sono alla base dei modelli dinamici presentati in questo libro. Da una parte le leggi A.5 e A.6 conducono ad una modellizzazione di tipo *ago-antagonista*, di cui presenteremo di seguito una semplice realizzazione. Dall'altra la legge antagonista della speciazione A5 permette di staibilire una relazione molto importante che costituisce il punto di partenza del modello dinamico-stocastico che sarà presentato nel Capitolo 5. Tale relazione fornisce un meccanismo interpretativo della dinamica riproduttiva che contiene in nuce la nozione di *evolvabilità*.

### 3.4.1 Un'importante relazione deterministica

Con riferimento a quanto esposto nel precedente paragrafo 3.1 di questo capitolo, dato un individuo $x$ al tempo $t$, possiamo definire la *densità* fenotipica di individui intorno ad esso. Fissato un raggio $m$ e definita card($C_i$) la cardinalità dell'insieme $C_i$ (insieme di sostegno della specie), poniamo

$$\rho_m(x) = \frac{F(I(x,m))}{\mathrm{diam}(I(x,m))}$$

dove, essendo $I(x,m) \subset C_i$:

$$F(I(x,m)) = \frac{\mathrm{card}(I(x,m))}{\mathrm{card}(C_i)} \ .$$

Va sottolineata l'ipotesi che la cardinalità card($C_i$) sia finita e che, per semplicità, consideriamo i valori medi rispetto al tempo dei parametri fenotipici $x$ di un individuo.

Si dimostra allora, utilizzando A.5, la:

**Proposizione 3.2.** *Sia $y = g(x)$. Allora esiste un $k \in \mathbb{R}$, tale che:*

$$\gamma(x,y) \cdot (1 + c\rho_m(x)) = k \tag{3.20}$$

*dove $k$ è la massima distanza generazionale ammissibile nella specie e $c$ misura l'influenza della fitness nella fecondità dell'individuo in accordo con i meccanismi di riproduzione.*

La relazione (3.20) esplicita il fatto che *successo biologico*, cioè la possibilità e potenzialità generazionale di un individuo $x$, può essere quantificato, in qualche modo, in funzione di $\rho_m(x)$. Grazie a questa proposizione si può asserire che la distanza generazionale tra due individui $x$ e $y$ (tale che $y$ è prole di $x$) è inversamente proporzionale al successo biologico di $x$. Fin qui nell'ambito della teoria **ES**. L'aggiunta delle leggi ET.3 e ET.4 inerenti il ruolo della fitness, nello stabilire che le possibili evoluzioni genotipiche e l'ambiente esterno determinano una potenzialità epigenetica (il cosiddetto *fitness landscape*), introduce la dipendenza della distanza generazionale $\gamma(x,y)$ anche dal potenziale epigenetico in modo proporzionale.

### 3.4.2 Un modello dinamico ago-antagonista

La teoria ago-antagonista **ES**, così come da noi presentata, può essere vista come una variante concettuale e indipendente della stessa evolutionary game theory (vedi Appendice A e [6]). Mutuando da un modello relativo a questioni farmacologiche [32], introduciamo il semplice modello medio

$$\begin{cases} \dot{x} = a_1(x-y) + a_2(x-y)^2 \\ \dot{y} = -a_1(x-y) - a_2(x-y)^2 \end{cases} \tag{3.21}$$

dove $x$ e $y$ esprimono fattori antagonisti relativamente alla speciazione (funzioni del tempo $t$ e dei caratteri fenotipici coinvolti) e soddisfano alla condizione $x+y=m$ essendo $m$ una costante assegnata. Le costanti $a_{1,2}$ rappresentano l'effetto sulla dinamica evolutiva dovuta ad uno sbilanciamento dei fattori $x$ e $y$. Il sistema (3.21) ha infatti un equilibrio triviale con $x=y=m/2$ che risulta linearmente instabile se $a_1 > 0$. Inoltre abbiamo anche l'equilibrio stabile definito dall'equazione

$$(2x-m)(a_1 + a_2(2x-m)) = 0 \quad \rightarrow \quad \begin{aligned} x_* &= \tfrac{1}{2}\left(m - \tfrac{a_1}{a_2}\right) \\ y_* &= \tfrac{1}{2}\left(m + \tfrac{a_1}{a_2}\right) \end{aligned}. \tag{3.22}$$

Al variare del parametro $m$ otteniamo quindi una retta di punti stabili attrattivi verso cui rilassa la dinamica del modello ago-antagonista come schematizzato in Figura 3.12.

Ne segue che se il parametro $a_2$ è positivo la dinamica tende ad un equilibrio con $y_* > x_*$ che potrebbe corrispondere alla conservazione della specie. Nel caso $a_2 < 0$, avremo un equilibrio stabile con $x_* > y_*$ che implicherebbe una tendenza alla speciazione. Assumendo che il parametro di controllo $a_2$ sia dipendente dal tempo e rappresenti l'effetto delle interazioni complessive con l'ambiente, il semplice sistema deterministico (3.21) consente una trattazione dinamica del fenomeno evolutivo. Tali modelli possono essere generalizzati sia considerando l'effetto di più fattori che introducendo una dinamica stocastica per il parametro $a_2$, oppure introducendo "ritardi".

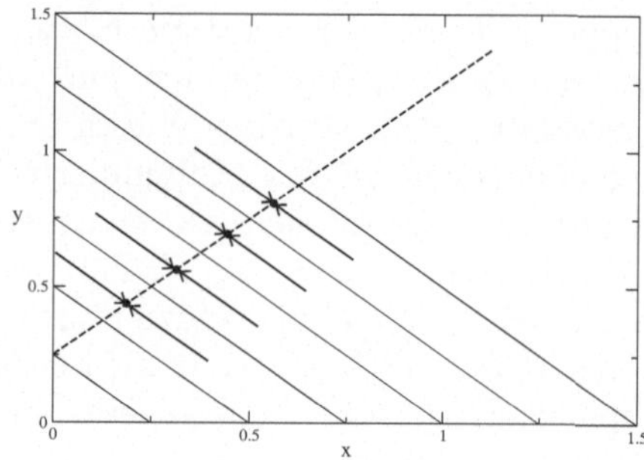

**Figura 3.12.** Rappresentazione schematica dello spazio delle fasi del modello ago-antagonista. La retta tratteggiata definisce i punti stabili attrattivi al variare del parametro $m$

## 3.5 Una breve considerazione

Quanto abbiamo illustrato in questo capitolo è il frutto di un approccio prevalentemente deterministico in cui gli *aspetti random* sono relativamente considerati, anche se nella simulazione del paragrafo 3.2 sono ben presenti. Sia geometricamente sia dinamicamente questa prima applicazione della matematica sembra dunque accentuare una visione deterministica. È chiaro che questo approccio – a nostro avviso – può solo essere attenuato, scegliendo strumenti matematici più opportuni (come tenteremo di fare) ma non eliminato. E d'altronde al riduzionismo dobbiamo, soprattutto in fisica, grandi successi. È quindi nostro convincimento che sia essenziale per la trattazione di fenomeni della natura, in particolare per quelli biologici (ma, ovviamente, non solo) anche un approccio stocastico che per noi ben si coniuga con l'impostazione della teoria **ET**. La tipologia di modello dinamico che adotteremo, al continuo, è quello della cosiddetta equazione di Langevin che è del tipo:

$$\frac{dx}{dt} = H(x) + \epsilon\xi(t) \tag{3.23}$$

dove la $H(x)$ esprime la parte deterministica e $\varepsilon\xi(t)$ la parte stocastica, rappresentata ad es. da un processo di Wiener.

Se invece privilegiamo il discreto, avremo la seguente equazione alla differenze finite:

$$x_{t+1} - x_t = H(x_t)\Delta t + \epsilon\xi_t \sqrt[2]{\Delta t} \,. \tag{3.24}$$

# 4

# Processi Stocastici e Meccanica Statistica

Come si è discusso nei precedenti capitoli la modellizzazione di un sistema biologico non può prescindere dalla continua interazione con l'ambiente circostante che introduce un'intrinseca imprevedibilità nella sua evoluzione. Assumendo di poter descrivere un sistema biologico come un sistema dinamico, rimane critico il problema di quale modello matematico utilizzare per le fluttuazioni stocastiche, che tengano conto dell'effetto dell'ambiente. Una soluzione soddisfacente di tale problema richiederà sia lo sviluppo di una nuova attività sperimentale, che uno studio di nuovi modelli matematici. In questa presentazione assumeremo un punto di vista fisico che utilizzi il numero minino di ipotesi per la costruzione dei modelli cercando di analizzarne tutte le proprietà, al fine di mettere in luce i limiti dell'approccio considerato e di suggerire le possibili generalizzazioni. Evidentemente siamo consapevoli che questo punto di vista è in contrasto con l'idea di complessità come caratteristica essenziale della modellizzazione biologica, ma proprio per questo riteniamo importante uno studio basato su un approccio fisico-riduzionista in grado di evidenziare le proprietà intrinsecamente complesse dei sistemi, che richiedano lo sviluppo di nuove teorie fisico-matematiche.

In questo capitolo presentiamo le modalità con cui si sviluppa un approccio meccanico-statistico, utilizzando i processi stocastici per lo studio di sistemi a molti corpi in interazione tra loro. Le nozioni matematiche fondamentali della teoria dei Processi Stocastici sono trattate nell'Appendice B. Nel seguito assumeremo tuttavia che il lettore abbia le conoscenze di base sulla nozione di processo stocastico.

## 4.1 Alcune considerazioni sulla dinamica stocastica

I sistemi biologici sono sistemi a molti gradi di libertà in incessante interazione con un ambiente esterno; pertanto si trovano sempre in uno stato termodinamico di non equilibrio (o almeno di equilibrio metastabile). Questa caratteristica dello *stato vivente* della materia sembra essere comune a tutti i biosistemi a qualunque livello di descrizione li si consideri. Un approccio modellistico deve pertanto tener conto che

1. I sistemi viventi non sono mai isolati ma sono perturbati in continuazione dall'ambiente esterno.
2. Le interazioni tra sistemi biologici non sono dominate da scambi di energia che le renderebbero deterministiche, ma da piuttosto da scambi di informazione tramite opportuni sistemi di decodifica, in modo che l'effetto delle interazioni assume il carattere di imprevedibilità in quanto dipende dallo stato del sistema trasmittente e/o ricevente.
3. Esiste una complessa rete di interazione tra la gerarchia di sottosistemi in cui può essere scomposto un biosistema.

Il primo punto significa che un approccio di tipo statistico ai sistemi viventi risulta molto complesso in quanto richiede lo studio di una Fisica Statistica del non-equilibrio. Il secondo punto mette in luce l'inadeguatezza delle leggi fisiche a descrivere le interazione tra sistemi biologici e l'importanza di una nuova definizione di informazione come mediatore di interazione tra sistemi. Ne segue la necessità di considerare modelli di interazione non deterministici che quantifichino l'effetto dell'informazione esterna tenendo conto dello stato interno del sistema considerato. Infine il terzo punto è una possibile interpretazione della complessità dei sistemi biologici (e della loro irriducibilità) come risultato di una rete gerarchica di interazioni. Questo comportamento é alla base dell'idea che i sistemi biologici evolvano sempre attraverso stati critici, ovvero al confine tra possibili transizioni fase. Ne consegue che il modello di gas di Boltzmann in cui una singola particella è rappresentativa della dinamica di tutte le altre particelle è assolutamente inadeguato alla descrizione di un sistema biologico come si era reso conto Boltzmann stesso [72].

Dalle considerazioni precedenti é evidente come la modellizzazioni di sistemi biologici richieda lo sviluppo di tecniche di matematiche a partire dalla teoria dei sistemi dinamici stocastici, per tener conto sia della continua perturbazione esterna che dell'effetto delle fluttuazione nelle variabili legate ai molti gradi di libertà interni. Il punto di partenza è assumere l'esistenza di un insieme di grandezze misurabili $x \in \mathbb{R}^n$ che descrivono lo stato dinamico di un sistema e di un sistema dinamico stocastico definito dalle mappe

$$x(t + \Delta t) = \mathcal{M}^{\Delta t}(x(t), t; \omega) \tag{4.1}$$

dove $\Delta t$ caratterizza la scala di evoluzione temporale e $\omega$ appartiene ad un opportuno spazio di probabilità. La classe dei modelli rappresentata dell'equazione (4.1) è tuttavia ancora troppo generica per poter essere affrontata matematicamente e occorre introdurre ulteriori ipotesi. È un dato di fatto che lo studio delle proprietà statistiche e matematiche delle fluttuazioni nei sistemi biologici deve essere ancora trattato a livello soddisfacente. Come presentato nell'Appendice B è possibile sviluppare una teoria matematicamente rigorosa qualora le fluttuazioni stocastiche siano descrivibili dal processo stocastico di Wiener. Si introduce quindi il concetto di equazione differenziale stocastica che da un punto di vista statistico consente di derivare l'equazione di Fokker-Planck [98] per l'evoluzione media della funzione di distribuzione $\rho(x, t)$ associata alla dinamica

$$\frac{\partial \rho}{\partial t}(x, t) = -\frac{\partial}{\partial x} b(x)\rho(x, t) + \frac{1}{2}\frac{\partial^2}{\partial x^2} D(x)\rho(x, t) \qquad (4.2)$$

dove $b(x)$ è il coefficiente di drift e $D(x)$ il coefficiente di diffusione. L'equazione di Fokker-Planck ha una grande importanza nelle applicazioni fisiche per la sua relazione con la meccanica statistica, ovvero la ricerca delle leggi macroscopiche per un sistema di molte particelle a partire dalle leggi del moto microscopiche. Nel seguito discuteremo brevemente delle principali ipotesi, che sono alla base delle applicazioni dei processi stocastici alla fisica statistica e che saranno utilizzata nel capitolo V per la proposta di una modello stocastico per i fenomeni evolutivi.

## 4.2 Equazione di Fokker-Planck e Meccanica Statistica

Dato un sistema di $N$ particelle (con $N$ tendente all'infinito nel limite termodinamico, possiamo introdurre la funzione di distribuzione empirica delle particelle con

$$\rho_N(x, t) = \frac{1}{N} \sum_{i=1}^{N} \delta(x - X_i(t)) \qquad (4.3)$$

dove $X(t)$ sono le traiettorie delle singole particelle e abbiamo usato la funzione $\delta$ di Dirac. La funzione di distribuzione empirica dà informazioni sullo stato statistico del sistema e sui valori medi degli osservabili macroscopici. Nel caso le particelle realizzino delle traiettorie stocastiche anche la distribuzione (4.3) diventa un processo stocastico. Tuttavia grazie alla *Legge dei grandi numeri* nella sua versione più forte se le particelle in questione sono identiche e realizzano la stessa dinamica stocastica in modo indipendente, allora è possibile dimostrare che nel senso della convergenza in probabilità

$$\lim_{N \to \infty} \rho_N(x, t) = \rho(x, t) \qquad (4.4)$$

dove $\rho(x, t)$ è la distribuzione di probabilità associata alla singola particella: ovvero la distribuzione spaziale di un ensemble di particelle è data dalla distribuzione in probabilità di una singola particella rappresentativa. In altre parole la distribuzione empirica $\rho_N(x, t)$ tende a realizzare una dinamica deterministica descritta dall'equazione di Fokker-Planck (4.2) e l'evoluzione di tutto il sistema può essere rappresentata dalle realizzazioni stocastiche di una singola particella. Utilizzando delle stime generali è possibile dimostrare che per un numero $N$ finito di particelle l'eguaglianza (4.4) è verificata a meno di errori di ordine $\propto 1/\sqrt{N}$. Nel caso la forza esterna che determina il coefficiente di drift nell'equazione (4.2), sia associata ad un potenziale $(b(x) = -\partial U/\partial x)$ e le interazioni stocastiche siano isotrope e omogenee nello spazio (ovvero $D(x) = 2T$ dove $T$ è una matrice proporzionale all'identità tramite un coefficiente $T$ che definisce una temperatura (bagno termico)), l'equazione di Fokker-Planck per la distribuzione delle particelle assume la forma

$$\frac{\partial \rho}{\partial t}(x, t) = \frac{\partial}{\partial x}\frac{\partial U}{\partial x}\rho(x, t) + T\frac{\partial^2}{\partial x^2}\rho(x, t)$$

ed ammette come soluzione stazionaria la distribuzione di Maxwell-Boltzmann

$$\rho_s(x) \propto \exp\left(-\frac{U(x)}{T}\right) \tag{4.5}$$

purchè il potenziale diverga per $x \to \infty$ in modo che la funzione (4.5) sia normalizzabile. La soluzione (4.5) si caratterizza per avere i punti di massimo e minimo relativo in corrispondenza con i minimi e massimi del potenziale. Pertanto ci aspettiamo che la maggior parte della popolazione tenda a concentrarsi nell'intorno dei minimi principali del potenziale. Nel caso la forza esterna non ammetta funzione potenziale o le interazioni stocastiche non siano isotrope e omogenee, il sistema non rilassa verso l'equilibrio termodinamico, ma tende verso uno stato stazionario in cui le singole parti del sistema non sono in equilibrio tra di loro.

Le ipotesi di identità e indipendenza per le particelle di un sistema sono chiaramente una idealizzazione che non può essere verificata per sistemi reali. Inoltre l'indipendenza tra le particelle renderebbe impossibili le interazioni che sono alla base dell'evoluzione del sistema stesso e del rilassamento verso configurazioni di equilibrio termodinamico. Nella modellizzazione stocastica di fenomeni fisici e biologici l'ambiente diventa il mediatore delle interazioni tra le particelle che però non sono in grado di modificarne le proprietà (approccio *mesoscopico* alla modellizzazione). In altre parole supponendo le particelle indipendenti l'evoluzione del sistema dipende criticamente solo dall'ambiente esterno che ne definisce a priori gli stati di equilibrio. Tale situazione risulta difficilmente giustificabile per una popolazione biologica che fosse in grado di influenzare l'ambiente esterno e quindi introdurre un'interazione globale tra gli individui. In questo caso ci potremo aspettare, ad esempio, una dipendenza delle fluttuazioni stocastiche dalla distribuzione $\rho_N$ delle particelle (vedi eq. (4.3)) La dinamica della particella $i$-esima si scrive allora attraverso un'equazione differenziale stocastica nella forma

$$dX_i = b(X_i(t), t)dt + \sqrt{D(X_i(t), \rho_N(X_i(t), t), t)}dW_t^i \tag{4.6}$$

dove gli incrementi $dW_t^i$ dei processi di Wiener sono indipendenti per particelle diverse. Da un punto di vista matematico la dipendenza del coefficiente di diffusione dalla distribuzione di particelle introduce un'interazione tra la dinamica delle particelle, che non possono essere più considerate indipendenti, e le fluttuazioni stocastiche che variano su una scala microscopica, data la natura molto discontinua della distribuzione empirica (4.3). È necessario una generalizzazione della legge dei grandi numeri per provare il limite (4.4). Questo risultato si può provare [88] quando è possibile effettuare il limite termodinamico regolarizzando la distribuzione empirica (4.3) che viene sostituita con

$$\rho_N(x,t) = \frac{1}{N}\sum_{i=1}^{N}\delta(x-X_i(t)) \longrightarrow \rho_N^{\text{smooth}}(x,t) = \frac{1}{N}\sum_{i=1}^{N}V_N(x-X_i(t)) \quad (4.7)$$

dove $V_N$ è definito da

$$V_N(x) = N^\beta V_1(N^{\beta/n}x) \qquad 0 < \beta < 1 \qquad x \in \mathbb{R}^n$$

e $V_1(x)$ è una funzione regolare (ad esempio una gaussiana centrata in 0 di varianza unitaria). Notiamo che la scala spaziale caratteristica di $V_N(x)$ corrisponde ad un volume $\propto N^{-\beta}$ contenente quindi un numero di particelle $\propto N^{1-\beta}$. Data l'ipotesi $\beta < 1$ tale numero di particelle tende all'infinito permettendo un'applicazione locale della legge dei grandi numeri. Utilizzando la regolarizzazione (4.7) si dimostra quindi, sotto opportune condizioni di regolarità per le funzioni $b(x)$ e $D(x,\rho)$, che nel limite termodinamico la funzione di distribuzione $\rho_N^{\text{smooth}}(x,t)$ ha un'evoluzione deterministica secondo l'equazione di Fokker-Planck non-lineare [51]

$$\frac{\partial\rho}{\partial t}(x,t) = -\frac{\partial}{\partial x}b(x)\rho(x,t) + \frac{1}{2}\frac{\partial^2}{\partial x^2}D(x,\rho(y,t))\rho(x,t) . \qquad (4.8)$$

D'altra parte dalla definizione (4.7) abbiamo anche l'eguaglianza

$$\lim_{N\to\infty}\rho_N(x,t) = \lim_{N\to\infty}\rho_N^{\text{smooth}}(x,t)$$

dove il limite si intende nel senso della convergenza in probabilità. Pertanto anche la distribuzione empirica $\rho_N(x,t)$ soddisferà l'equazione (4.8) nel limite $N \to \infty$. Nell'ottica della modellizzazione di fenomeni evolutivi l'equazione di Fokker-Planck non lineare è adatta a descrivere un sistema soggetto a una deriva forzante ed in interazione stocastica con un ambiente esterno, ma in grado di attuare *strategie* al fine di modificare l'interazione con l'ambiente stesso. Per mettere in luce tale caratteristica consideriamo il problema del calcolo della distribuzione stazionaria nel caso $b(x) = -\partial U/\partial x$ e $D(x,\rho) = 2T(\rho)$ che richiede la soluzione dell'equazione funzionale

$$\frac{\partial U}{\partial x}\rho_s(x) + \frac{\partial}{\partial x}T(\rho_s(x))\rho_s(x) = 0 . \qquad (4.9)$$

Assumeremo che la temperatura $T(\rho)$ sia sempre positiva e abbia un andamento monotono decrescente $dT/d\rho < 0$ con il limite $\lim_{\rho\to0}T(\rho) = T_\infty$. L'equazione (4.9) si può ridurre ad un'equazione della forma

$$H(\rho_s) = -U(x) + c \qquad (4.10)$$

dove $H(\rho)$ è una funzione ausiliaria data da

$$H(\rho) = T(\rho) + \int \frac{T(\rho)}{\rho} d\rho$$

e $c$ una costante di integrazione che si determina dalla condizione di normalizzazione per la distribuzione $\rho_s$. Rimarchiamo che $H(\rho)$ diverge logaritmicamente per $\rho \to 0$ in base alla ipotesi fatte

$$H(\rho) \simeq T_\infty(1 + \ln \rho) \qquad \rho \simeq 0 \,.$$

Di conseguenza se il potenziale $U(x)$ diverge per $|x| \to \infty$ in modo sufficientemente rapido, possiamo ottenere una distribuzione $\rho_s(x)$ sommabile che asintoticamente si comporta come

$$\rho_s(x) \propto e^{-U(x)/T_\infty} \,.$$

In generale quindi ci aspettiamo una sola soluzione continua e sommabile dall'equazione (4.10) che risulta una deformazione della soluzione di Maxwell-Boltzmann (4.5). Dal punto di vista della meccanica statistica è interessante confrontare la distribuzione (4.10) con la soluzione di Maxwell-Boltzmann definita introducendo una temperatura media

$$\bar{T} = \int T(\rho_s(x))\rho_s(x)\, dx \,. \tag{4.11}$$

Applicando un approccio perturbativo possiamo approssimare l'equazione funzionale (4.10) considerando solo il termine dominante di $H(\rho)$ quando il valore di $\rho$ è piccolo

$$H(\rho_s) \simeq T(\rho_s)\ln \rho_s + O(\rho \ln \rho) \,.$$

Si ottiene quindi l'equazione

$$T(\rho_s)\ln \rho_s \simeq -U(x) + c \tag{4.12}$$

da cui la relazione funzionale

$$\rho_s(x) \simeq e^{-(U(x)-c)/T(\rho_s(x))} \,.$$

Possiamo quindi affermare che, nel limite di $\rho$ piccoli, l'effetto della dipendenza della temperatura dalla distribuzione locale delle particelle, equivale a modificare la distribuzione di Maxwell-Boltzmann mediante una temperatura locale $T(\rho)$. Nel confronto con la distribuzione

$$\bar{\rho}_s(x) \propto e^{-U(x)/\bar{T}}$$

dove si considera l'effetto di una temperatura media (4.11), ci aspettiamo che la distribuzione $\rho_s(x)$ sia più pronunciata in corrispondenza dei minimi del potenziale, ma con delle code più grasse dove il potenziale aumenta. A titolo di

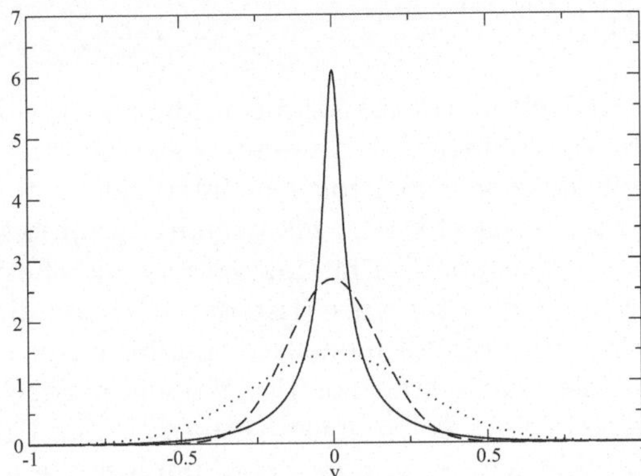

**Figura 4.1.** La curva continua riporta la soluzione stazionaria dell'equazione di
Fokker-Planck (4.9) unidimensionale nel caso $U(x) = kx^2/2$ sia un potenziale armonico con costante elastica $k = 1$ e la temperatura dipenda dalla distribuzione $\rho(x)$ in
accordo con (4.13). La curva tratteggiata e quella a punti riportano le distribuzioni di Maxwell-Boltzmann rispettivamente con una temperatura media $\bar{T}$ (calcolata
dalla definzione (4.11)) e con una temperatura costante $T_\infty$. I parametri usati nella
simulazione sono $T_\infty = .3$ e $c = 1.5$

esempio consideriamo la soluzione stazionaria dell'equazione di Fokker-Planck
(4.9) che si ottiene in un caso unidimensionale con un potenziale armonico
$U(x) = -kx^2/2$ e una temperatura locale

$$T(\rho) = \frac{T_\infty}{1 + c\rho} \, . \tag{4.13}$$

Nella Figura 4.1 confrontiamo la soluzione stazionaria con la distribuzione di
Maxwell-Boltzmann ottenuta utilizzando la temperatura $T_\infty$ e la temperatura
media. Il confronto mette in evidenza come la soluzione dell'equazione (4.9)
mostri un picco molto piú marcato e stretto attorno al valore centrale $x = 0$,
mentre l'estensione delle code risulta molto più evidente che nel caso della
distribuzione corrispondente alla temperatura media e paragonabile alle code
ottenute con la temperatura limite $T_\infty$. In quest'ultimo caso peró la varianza
della popolazione risulta molto più ampia attorno al valor medio. In altre
parole la dipendenza della temperatura dalla densità locale di particelle tende
a stabilizzare le particelle in vicinanza del punto di minimo senza alterare
l'estensione delle code. La natura non lineare dell'equazione (4.8), introdotta
dalla dipendenza della temperatura dalla densità locale $\rho(x, t)$ assume anche
un ruolo rilevante nella dinamica degli stati transienti metastabili attraversati
durante il rilassamento all'equilibrio come vedremo nel prossimo capitolo.

## 4.3 Commenti

Concludiamo questo capitolo ritornando a considerazioni biologiche sulla modellizzazione di processi biologici mediante processi stocastici. Un sistema biologico è necessariamente soggetto a continue interazioni con l'ambiente esterno, a cui tende a reagire sia al fine di mantenere il proprio stato interno che a perseguire un preciso scopo. Tali interazioni possono effettivamente essere considerate imprevedibili e instantanee (rispetto alla scala di tempo evolutiva del sistema considerato) e quindi modellate tramite un processo di Wiener. Tuttavia vi è una differenza sostanziale rispetto alla particella di polline che subisce passivamente l'effetto dell'ambiente esterno (moto Browniano). Il fatto che un sistema biologico abbia uno scopo, implica che le interazioni con l'ambiente esterno assumano un ruolo fondamentale nel processo di innovamento ed evoluzione, e quello che ad una prima analisi potrebbe sembrare una perturbazione aleatoria, per il sistema diventi un segnale con rilevante contenuto di informazione. Un modello dovrà pertanto distinguere le perturbazioni esterne almeno in due classi: i rumori che causano fluttuazioni casuali e passive, e i segnali che inducono una reazione attiva e deterministica da parte del sistema. Solo per la prima classe è possibile proporre una modellizzazione di tipo stocastico.

Insieme a questo aspetto è necessario tenere presenti le seguenti osservazioni:

a) la descrizione di uno stato di un sistema biologico richiede una rappresentazione matematica dello stato complesso in non equilibrio;
b) i sistemi biologici sono sempre organizzati secondo strutture gerarchiche connesse tramite reti di comunicazione, per cui interazioni localizzate possono produrre anche effetti globali.

Una modellizzazione realistica per i sistemi biologici che tenga conto delle caratterizzazioni a) e b) è ancora oltre le possibilità della matematica. Nel capitolo successivo ci limiteremo ad affrontare le problematiche correlate al punto a).

# Un modello dinamico-stocastico per l'evoluzione fenotipica

Nel presente capitolo discuteremo come costruire un modello dinamico stocastico basato sulla teoria **ET** e ne descriveremo le proprietà dinamiche e statistiche con l'utilizzo anche di simulazioni numeriche. La costruzione del modello stesso è basata su un approccio di *massima semplictà*: ovvero non verranno utilizzati strumenti matematici più complessi di quanto sia necessario per essere consistenti con la formulazione assiomatica della teoria. Come è stato detto in precedenza questo comporta un aspetto riduttivo del modello, ma a nostro avviso rimane comunque un punto di partenza per lo sviluppo di nuove metodologie matematiche per le Scienza della Complessità.

Infine confronteremo alcune proprietà del modello con delle osservazioni sperimentali sui fenotipi di popolazioni biologiche.

## 5.1 Un modello relativo alla teoria ET

L'idea di utilizzare le equazioni differenziali stocastiche (SDE) come modello per la teoria evolutiva è stata recentemente proposta da P. Ao (2005) [1], basandola su un'interessante analisi delle leggi fondamentali della teoria dell'evoluzione. In sintesi l'evoluzione dei caratteri fenotipici in una popolazione viene associata ad una dinamica stocastica verso i punti di massimo di un *fitness landscape* utilizzando i meccanismi di mutazione e sotto l'azione di una «forza» data dalla selezione (vedi Figura 5.1).

Per implementare la precedente idea intuitiva in un modello dinamico per l'evoluzione fenotipica in accordo con la teoria **ET**, utilizzeremo il concetto di *fenotipo potenziale* introdotto in precedenza per avere una rappresentazione *mesoscopica* dei genotipi. Ricordiamo brevemente che il fenotipo potenziale $X$ rappresenta i valori medi dei caratteri fenotipici esprimibili da un dato genotipo. Il fenotipo potenziale $X$ è rappresentato da un vettore $n$-dimensionale in $\mathbb{R}^n$ e viene messo in relazione con i caratteri fenotipici $x$ effettivamente realizzati da un individuo attraverso una distribuzione di probabilità condizionata $p(x/X)$ che descrive la variabilità fenotipica individuale per un fissato fenotipo

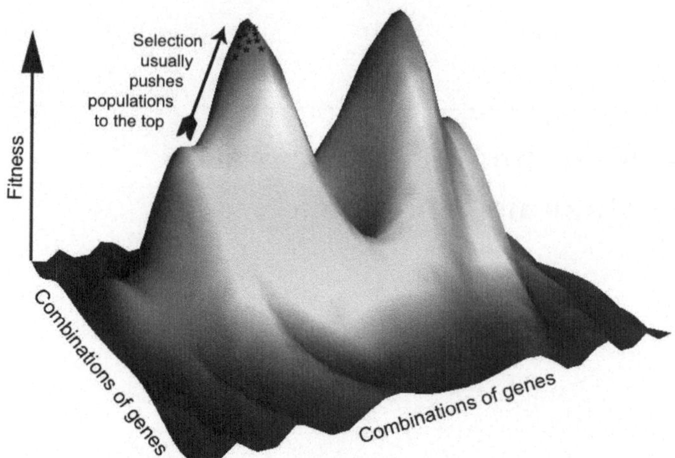


**Figura 5.1.** Schematizzazione del processo evolutivo su un fitness landscape associato ai caratteri genotipici: la freccia indica l'effetto della «forza» di selezione che permette ai rappresentanti di una popolazione di raggiungere un massimo locale della fitness attraverso i meccanismi di mutazione (la figura è presa da [77])

potenziale. Nel nostro approccio mesoscopico medio è ragionevole assumere che ogni carattere fenotipico sia il risultato di diversi fattori che influenzano le attività delle reti geniche e pertanto specificheremo la distribuzione $p(x/X)$ mediante una distribuzione Gaussiana a media $X$ e varianza finita $\Sigma^2$

$$p(x/X) \sim \mathcal{N}(x; X, \Sigma^2) \,. \tag{5.1}$$

Il processo di evoluzione di una popolazione della teoria neo-darwiniana sarà descritto da un insieme di traiettorie $X_k(t)$ con $k = 1, \ldots, N$ dove la dipendenza temporale indica la successione delle generazioni nella popolazione stessa. Siamo interessati a studiare l'evoluzione della distribuzione fenotipica, ovvero la probabilità che in una popolazione vi siano individui con un fenotipo all'interno di un dato dominio. Pertanto, parlando di un individuo $k$, non intendiamo un reale individuo, bensì un potenziale rappresentante della popolazione ad un dato tempo e denotando $N$ il numero di individui di una popolazione in equilibrio con l'ambiente esterno[1]. L'evoluzione fenotipica della popolazione sarà determinata da un'applicazione $\mathcal{M}$ che mette in corrispondenza i fenotipi al tempo $t + \Delta t$ con quelli della generazione precedente $X_k(t)$ (dove $\Delta t$ è il tempo medio tra due generazioni). La costruzione esplicita della mappa $\mathcal{M}$ avviene supponendo di avere una corrispondenza tra il fenotipo $X_k(t)$ e quello $X_k(t + \Delta t)$ per un $k$ fissato: ovvero $X_k(t)$ sarà una traiettoria di una possibile successione di generazioni fenotipiche di un «individuo». Rimarchiamo ancora che una traiettoria fenotipica non rappresenta le successive generazioni di un

---

[1] Non introdurremo esplicitamente nel modello processi di estinzione e considereremo il numero di individui $N$ costante.

particolare individuo, ma piuttosto una possibile linea evolutiva di un fenotipo potenziale a cui possono contribuire diversi individui. Il fatto di supporre che il numero di traiettorie si conservi si può interpretare come una condizione di stazionarietà nel numero di individui di una popolazione che utilizzi le risorse di un ambiente limitato. L'evoluzione di una traiettoria dovrà inoltre tener conto degli specifici meccanismi di riproduzione della popolazione considerata, in quanto strategie evolutive messe in atto dalla popolazione per favorire i fenotipi più adatti.

Cerchiamo ora di costruire un modello dinamico per le traiettorie utilizzando una dinamica stocastica nell'ipotesi che esista una forma continuità tra i fenotipi delle generazioni successive, e tenendo presenti gli assiomi alla base della teoria **ET** (cfr. equazione (4.1))

$$X(t + \Delta t) = \mathcal{M}^{\Delta t}(X(t), t; \omega) \, . \tag{5.2}$$

L'effetto delle mutazioni si può modellare come una *temperatura* che introduca una misura per le fluttuazioni casuali sui fenotipi potenziali di una popolazione, mentre l'effetto dei processi di selezione verso individui più adatti si può introdurre tramite un potenziale fenotipico $U(x)$ i cui minimi siano associati al massimi locali della fitness. Nasce allora il problema di mettere in relazione la misura della fitness, legata essenzialmente alla capacità riproduttiva di un fenotipo effettivo con un potenziale di fitness, che dovrebbe definire la *forza di selezione* tramite il gradiente. Dato un fenotipo $x$ in modo intuitivo introduciamo la fitness $\phi(x)$ come

$$\phi(x) = \lim_{r \to 0} \frac{\text{numero di individui in } B_r(x)}{N \, \text{vol}(B_r(x))} \tag{5.3}$$

dove $B_r$ definisce un intorno del punto $x$ di raggio $r$. In altre parole $\phi(x)$ misura il successo locale del fenotipo $x$ nella popolazione. Tenendo conto della definizione, $\phi(x)$ è una densità di probabilità empirica spaziale. Da un punto di vista matematico la fitness può essere calcolata come segue:

$$\phi(x) = \int p(x/X)\rho_N(X, t)dX = \frac{1}{N}\sum_{k=1}^{N} \int \mathcal{N}(x; X, \Sigma^2)\delta(X - X_k(t))dX$$

$$= \frac{1}{N}\sum_{k=1}^{N} \mathcal{N}(x; X_k(t), \Sigma^2)$$

$$\tag{5.4}$$

dove $\rho_N(X, t)$ è la distribuzione empirica dei fenotipi potenziali (vedi equazione (4.3)).

La fitness viene quindi collegata alla probabilità di comparsa di un fenotipo $x$ nella popolazione. Se ora supponiamo di considerare la fitness marginale, ovvero la fitness relativa ad un sottogruppo di caratteri fenotipici, è naturale porre per due sottogruppi $x_1$ ed $x_2$ di caratteri fenotipici, che si possano considerare indipendenti

$$\phi(x_1, x_2) = \phi(x_1)\phi(x_2)$$

così per poter definire una grandezza additiva basta prendere il logaritmo. Definiamo quindi il *potenziale di fitness* in accordo con

$$U(x) = -\ln \phi(x) \, . \tag{5.5}$$

Notiamo l'analogia tra le definizione del potenziale di fitness e il concetto di Entropia della Fisica Statistica: $U(x)$ è il logaritmo della densità di «microstati» (individui) per un fenotipo rappresentativo $x$ come l'Entropia fisica è il logaritmo del numero di microstati compatibili con un macrostato di un sistema. Infatti il *potenziale di fitness medio* di una popolazione viene calcolata come valore di aspettazione

$$-\int \ln(\phi(x))\phi(x)dx \tag{5.6}$$

e il processo di selezione deve tendere a massimizzare il valore di (5.6) in analogia al principio di aumento dell'Entropia della Fisica. Inoltre la definizione (5.5) risulta compatibile con la costruzione di Wright dell'adaptive landscape che porta all'equazione (3.18). La forza di selezione è infine data dal gradiente del potenziale di fitness (5.5) cambiato di segno. La formula (5.5) consente una valutazione «a posteriori» del potenziale di fitness, ma ovviamente si tratta di una relazione che va letta nei due sensi: ovvero possiamo anche dire che il potenziale di fitness viene determinato dalle condizioni ambientali (comprese eventualmente le interazioni con altre popolazioni) e influenza il logaritmo della distribuzione fenotipica. In base a questa interpretazione nel seguito assumeremo l'esistenza di un potenziale di fitness associato ad una popolazione.

L'effetto delle mutazioni dovute all'ambiente esterno si può pensare come una perturbazione stocastica alla dinamica del fenotipo potenziale, assumendo sia che ogni traiettoria $X_k(t)$ sia soggetta ad un rumore indipendente dalle altre, sia che non esista correlazione tra mutazioni a tempi diversi. Se aggiungiamo l'ipotesi che l'ampiezza delle mutazioni sia limitata (almeno in probabilità), allora il rumore di Wiener viene ad essere un naturale candidato per modellizzare le mutazioni. L'ampiezza in media delle fluttuazioni sarà quindi determinata da una *temperatura evolutiva* $T$ che sotto l'azione di una forza di selezione determinerà la velocità di aumento della fitness in accordo con il Teorema di Fisher [49]. La temperatura dipende certamente da fattori ambientali, ma anche da strategie riproduttive che una popolazione può attuare per favorire la moltiplicazione dei fenotipi più adatti. Dal punto di vista della modellistica potremo dire che la temperatura evolutiva deve variare da un fenotipo ad un altro in funzione della fitness. Così che supporremo:

$$T = T(\phi(x)) \quad \text{con} \quad \frac{dT}{d\phi} < 0 \tag{5.7}$$

dove $\phi(x)$ è definita da (5.4) e in modo che la variabilità del fenotipo potenziale diminuisca per i fenotipi più adatti. In altri termini $T(\phi(x))$ si può vedere come una temperatura «locale», cioè riferita a gruppi di individui della popolazione, e ne rappresenta la diversa capacità evolutiva in funzione della collocazione dei loro fenotipi all'interno della popolazione in accordo con la loro fitness. Nel modello metteremo in relazione tale capacità con il concetto di evolvabilità di una popolazione discusso nel Capitolo 2. L'effetto dell'evolvabilità nella dinamica evolutiva fenotipica sarà uno dei principali obiettivi di questa trattazione.

Per formulare una dinamica evolutiva dobbiamo infine tenere in conto dell'*evoluzione correlata*, ovvero dell'interazione tra i diversi geni che noi simuleremo attraverso un'interazione tra i diversi caratteri del fenotipo potenziale. Tale relazione verrà rappresentata da una matrice $M$, $n \times n$, che introduce delle correlazioni tra le variazioni dei caratteri fenopitici. Utilizzando il linguaggio delle equazioni differenziali stocastiche, in base alle varie ipotesi fatte, possiamo allora scrivere le variazioni del fenotipo potenziale dell'individuo $k$-esimo $X_k$ così:

$$dX_k = -M \left( \frac{\partial U}{\partial x}(x_k(t), t)dt + \sqrt{2T(\phi(x_k), t)}dW_k(t) \right) ,$$

$$k = 1, \dots, N \tag{5.8}$$

dove $x_k$ indica il fenotipo realizzato dal fenotipo potenziale $X_k$, $N$ è il numero degli individui considerati nella popolazione e $\phi(x)$ è definita da (5.4). Notiamo che, per quanto si è detto, possiamo scrivere $x_k(t) = X_k(t) + Z_k$ con $Z_k$ variabile Gaussiana $\mathcal{N}(0, \Sigma^2)$ a varianza fissata indipedente dalla realizzazione del processo di Wiener $W_k(t)$. La dipendenza esplicita dal tempo del potenziale fenotipico e della temperatura è introdotta per tener conto di variazioni dell'ambiente durante il processo evolutivo. In un approccio di campo medio, a cui siamo interessati, possiamo sostituire alla potenziale $U(x_k)$ e la fitness $\phi(x_k)$ i loro valori di aspettazione condizionati dal fenotipo potenziale $X_k$. Poniamo quindi:

$$\hat{U}(X_k) = E_Z(U(X_k + Z_k)) = \int U(X_k + Z)\mathcal{N}(Z; 0, \Sigma^2)dZ$$

$$\hat{\rho}_N(X_k) = E_Z(\phi(X_k + Z))$$

$$= \iint \mathcal{N}(X_k + Z - Y; 0, \Sigma^2)\mathcal{N}(Z; 0, \Sigma^2)\rho_N(Y, t)dZdY$$

$$= \int \mathcal{N}(X_k - Y; 0, 2\Sigma^2)\rho_N(Y, t)dY \tag{5.9}$$

dove abbiamo usato le definizione (5.4). Notiamo che entrambe le espressioni sono delle convoluzioni il cui risultato è quello di *smussare* le fluttuazioni alla scala $\Sigma$ del potenziale di fitness e della distribuzione dei fenotipi potenziali. Ovvero, biologicamente, gli individui possono adattarsi ai minimi locali di $U(x)$ senza che intervenga la selezione naturale.

L'equazione (5.8) si riscrive così:

$$dX_k = -M\left(\frac{\partial \hat{U}}{\partial X}(X_k(t),t)dt + \sqrt{2T(\hat{\rho}_N(X_k(t),t))}dW_k(t)\right),$$
$$k = 1,\ldots,N \quad (5.10)$$

con cui descriviamo l'evoluzione media dei fenotipi potenziali. L'equazione (5.10) definisce un sistema di equazioni differenziali stocastiche accoppiate tramite la dipendenza della temperatura evolutiva dalla distribuzione dei fenotipi potenziali. Tale sistema sarà il punto di partenza per costruire un modello di evoluzione fenotipica relativo alla teoria **ET**.

Separando la parte simmetrica e la parte antisimmetrica di $M$, ovvero scomponendo $M = M_S + M_A$, possiamo esplicitare meglio l'operatività biologica di $M$ stessa. Infatti se consideriamo l'effetto della sola parte simmetrica $M_S$, la fitness $\hat{U}_i = \hat{U}(X_i)$ di una singola traiettoria evolve secondo l'equazione stocastica (vedi Appendice B):

$$d\hat{U}_k = -\frac{\partial \hat{U}}{\partial X}M_S\frac{\partial \hat{U}}{\partial X}dt + T(\hat{\rho}_N(X_i(t),t))\,\mathrm{Tr}\left[M_S\frac{\partial^2 \hat{U}}{\partial X^2}M_S\right]dt$$
$$-\frac{\partial \hat{U}}{\partial X}M_S\sqrt{2T(\hat{\rho}_N)}dW_k(t) \quad (5.11)$$

denotando 'Tr' l'operatore di traccia di una matrice e $\partial^2\hat{U}/\partial X^2$ la matrice Hessiana di $\hat{U}$; la formula precedente è una conseguenza della formula di Itô (Appendice B). Mediando sulle fluttuazioni si ottiene un'equazione differenziale per l'evoluzione media:

$$\frac{d\hat{U}_k}{dt} = -\frac{\partial \hat{U}}{\partial X}M_S\frac{\partial \hat{U}}{\partial X} + T(\hat{\rho}_N(X_i,t))\,\mathrm{Tr}\left[M_S\frac{\partial^2 \hat{U}}{\partial X^2}M_S\right]. \quad (5.12)$$

L'interpretazione dell'equazione (5.12) è che la variazione della fitness è il risultato di un termine dipendente dal gradiente del potenziale, che rappresenta la variazione della fitness dovuta alla selezione naturale, e un secondo termine, conseguenza delle fluttuazioni (ovvero delle mutazioni random) proporzionali alla temperatura evolutiva. In conseguenza dell'assioma ET.4 (vedi Capitolo 2) l'effetto della selezione tende ad aumentare le fitness media della popolazione, ovvero le traiettorie $X_k(t)$ devono diminuire il valore del potenziale di fitness verso un punto di minimo. Questo effetto è modellizzato dal primo termine dell'equazione (5.12), se la matrice $M_S$ è definita positiva. Il fatto che $M_S$ debba essere definita positiva è dunque una conseguenza dell'assioma ET.4. Nell'intorno di un minimo del potenziale di fitness il secondo termine diventa rilevante in quanto il gradiente diventa piccolo e dà un contributo positivo alla variazione del potenziale di fitness, poiché la matrice Hessiana $\partial^2 \hat{U} / \partial X^2$ è definita positiva. Tale contributo impedisce che una traiettoria per l'evoluzione fenotipica converga esattamente al valore minimo del potenziale come conseguenza dell'intrinseca variazione del fenotipo dovuta alle mutazioni. Da un punto di vista evolutivo potremo dire che il secondo contributo nell'equazione (5.12) introduce un effetto di *evoluzione neutra* inconseguenza di una *deriva genetica*.

Analogamente se consideriamo l'effetto della parte antisimmetrica $M_A$ sul potenziale di fitness, l'equazione (5.12) si riduce a

$$\frac{d\hat{U}_k}{dt} = T(\hat{\rho}_N(X_i, t)) \operatorname{Tr}\left[M_A \frac{\partial^2 \hat{U}}{\partial X^2} M_A^{\mathrm{T}}\right]$$

in quanto il primo contributo si annulla per l'antisimmetria di $M_A$. La parte antisimmetrica riproduce quindi solo un effetto di evoluzione neutra nella dinamica fenotipica. In conclusione nel caso di una matrice $M$ generica, laddove la parte simmetrica $M_S$ è definita positiva, l'evoluzione avrà componente di natura selettiva e un'altra legata alla deriva genetica. A titolo di esempio discutiamo il caso bidimensionale in cui si considera la correlazione tra due caratteri fenotipici. Supponiamo che la matrice $M$ sia data da

$$M = \begin{pmatrix} 1 & -k \\ k & a \end{pmatrix} = \begin{pmatrix} 1 & 0 \\ 0 & a \end{pmatrix} + \begin{pmatrix} 0 & -k \\ k & 0 \end{pmatrix}.$$

In tal caso il coefficiente $a$ è proporzionale alla diversa velocità di evoluzione per effetto della selezione dei due caratteri fenotipici (normalizzando a 1 la velocità del primo carattere) mentre $k$ rappresenta un'interazione di tipo negativo tra i due fenotipi: la variazione di fitness dovuta al cambiamento di un fenotipo induce una variazione di fitness di segno opposto dovuta al secondo fenotipo e viceversa. L'effetto della matrice $M$ sull'evoluzione fenotipica rappresentata dal nostro modello sarà illustrato mediante delle simulazioni numeriche.

Come è stato anticipato, la dipendenza della temperatura evolutiva dalla distribuzione fenotipica permette di tener conto delle strategie riproduttive che la popolazione mette in atto per favorire gli individui più adatti (*evolvabilità*). Una possibile semplice formulazione della temperatura evolutiva compatibile con la teoria **ET** è data da

$$T(\rho, t) = \frac{T_\infty(t)}{1 + c\rho} \tag{5.13}$$

dove $T_\infty(t)$ misura la *pressione evolutiva dell'ambiente*, che può variare nel tempo e colpisce più duramente la frazione di popolazione composta da individui «rari» ($\rho \to 0$), mentre il parametro $c$ modula l'effetto dell'evolvabilità.

Ovviamente la presenza di un massimo della fitness migliore di quello attuato o cambiamenti del fitness landscape dovuti a fattori esterni inducono comunque un'evoluzione nella popolazione guidata dalla variabilità negli individui rari, che verrebbero a creare i cosidetti *hopeful monsters*.

## 5.2 Descrizione Euleriana del modello

Il modello (5.10) consente uno studio qualitativo del comportamento medio dell'evoluzione fenotipica di una popolazione, intendendo con medio il valore di aspettazione rispetto a tutti i possibili eventi evolutivi. Definiamo pertanto il valore di aspettazione della distribuzione dei fenotipi potenziali (vedi equazione (4.3))

$$\rho(X,t) = E(\hat{\rho}_N(X,t)) = \frac{1}{N} \sum_{k=1}^{N} \int \mathcal{N}(X - Y; 0, 2\Sigma^2) E(\delta(Y - X_k(t))) dY$$

$$= \frac{1}{N} \sum_{i=1}^{N} \rho_k(X,t)$$

$$(5.14)$$

dove

$$\rho_k(X,t) = \int \mathcal{N}(X - Y; 0, 2\Sigma^2) E(\delta(X - X_k(t)))$$

è la densità di probabilità associata al fenotipo dell'individuo $k$-esimo nello spazio dei fenotipi potenziali. In base a quanto detto nel precedente capitolo possiamo scrivere l'evoluzione delle densità $\rho_k$ mendiante l'equazione di Fokker-Planck associata alla dinamica (5.8)

$$\frac{\partial \rho_k}{\partial t} = M \frac{\partial}{\partial X} \frac{\partial \hat{U}}{\partial X} \rho_k + M \frac{\partial^2}{\partial X^2} M^{\mathrm{T}} T(\hat{\rho}_N) \rho_k \quad k = 1, \ldots, N. \qquad (5.15)$$

Sommando sugli individui, dalla definizione (5.14) otteniamo un'equazione per il valore di distribuzione di probabilità $\rho(X,t)$ di tutta la popolazione nello spazio fenotipico come segue:

$$\frac{\partial \rho}{\partial t} = M \frac{\partial}{\partial X} \frac{\partial \hat{U}}{\partial X} \rho + M \frac{\partial^2}{\partial X^2} M^{\mathrm{T}} T(\hat{\rho}_N) \rho.$$

L'equazione precedente presenta la difficoltà di avere una temperatura evolutiva che dipende dalla distribuzione effettiva dei fenotipi della popolazione $\hat{\rho}_N(X,t)$ e non dal suo valore di aspettazione. Questa difficoltà si può risolvere se si estendono in modo euristico risultati noti in letteratura, per cui si dimostra che:

$$\lim_{N \to \infty} \frac{1}{N} \sum_{k=1}^{N} \mathcal{N}(X - X_k(t); 0, 2\Sigma^2) = \rho(X,t)$$

che significa poter effettuare il limite termodinamico della fisica statistica in cui le fluttuazioni intorno ai valori di aspettazione diventano trascurabili e gli individui si comportano come se fossero indipendenti tra loro. Si ottiene infine una equazione di Fokker-Planck non-lineare nella $\rho(X,t)$:

$$\frac{\partial \rho}{\partial t} = M \frac{\partial}{\partial X} \frac{\partial \hat{U}}{\partial X} \rho + M \frac{\partial^2}{\partial X^2} M^{\mathrm{T}} T(\rho) \rho \tag{5.16}$$

che ha una soluzione univoca date le condizioni iniziali $\rho(X,0) = \rho_0(X)$. Per illustrare le proprietà delle soluzioni dell'equazione (5.16), consideriamo inizialmente la soluzione stazionaria $\rho_s$ che si ottiene supponendo che la matrice $M$ sia l'identità e trascurando gli effetti di evolvabilità $(T(\rho) = T_{\mathrm{evol}})$. La soluzione stazionaria risulta attrattiva per la dinamica dell'equazione (5.16) e soddisfa alla relazione:

$$\frac{\partial \hat{U}}{\partial X} \rho_s(X) + T_{\mathrm{evol}} \frac{\partial}{\partial X} \rho_s(X) = 0 \,.$$

La soluzione corrisponde alla distribuzione di Maxwell-Boltzmann

$$\rho_s(X) \propto \exp\left(-\frac{\hat{U}(X)}{T_{\mathrm{evol}}}\right) \,. \tag{5.17}$$

La distribuzione di Boltzmann mostra come la popolazione tende a concentrarsi sui minimi, distribuendosi secondo curve a campana che decadono esponenzialmente nel valore del potenziale fenotipico. Inoltre la probabilità $P_{\mathrm{esc}}$ di uscire da un minimo del potenziale fenotipico si valuta in analogia con la legge di Arrhenius

$$P_{\mathrm{esc}} \propto \exp\left(-\frac{\Delta \hat{U}}{T_{\mathrm{evol}}}\right) \tag{5.18}$$

dove $\Delta \hat{U}$ è la «profondità del minimo». Se si assume $\Delta \hat{U} \gg T_{\mathrm{evol}}$ abbiamo una stabilità per tempi esponenzialmente lunghi. Qualora non valga l'ipotesi $\Delta \hat{U} \gg T_{\mathrm{evol}}$ allora la stima (5.18) non è attendibile e la probabilità di uscire dal un minimo di potenziale diventa così rilevante che la distribuzione della popolazione risulta instabile. Questo fenomeno introduce l'esistenza di una soglia nella temperatura a parità di $\Delta \hat{U}$, oltre la quale il confinamento in un minimo del landscape potential è rapidamente distrutto. Di conseguenza il modello rappresentato dall'equazione di Fokker-Planck (5.16), senza effetti di evolvabilità, ha una natura dicotomica in quanto transisce bruscamente da una dinamica stabile, che descrive la persistenza della distribuzione fenopitica di una popolazione nell'intorno di un minimo del landscape potential, ad una dinamica instabile in cui i fenotipi della popolazione vengono dispersi per l'effetto della temperatura evolutiva. Tale dicotomia rappresenta una difficoltà per un approccio modellistico a un processo evolutivo, in quanto implica una grande dispersione nello spazio fenotipico senza un percorso evolutivo coerente della popolazione. Tale coerenza potrebbe derivare dalla presenza di un'interazione collettiva dei fenotipi individuali. Ciò è quello che noi proponiamo di modellizzare tramite l'effetto dell'evolvabilità introdotta nell'equazione (5.13). L'effetto dell'evolvabilità come interazione collettiva nel processo evolutivo di una popolazione, è la caratteristica peculiare del nostro modello e potrebbe essere suscettibile di osservazioni e validazione sperimentale.

## 5.3 Effetti dell'evolvabilità

Per analizzare matematicamente l'effetto dell'evolvabilità consideriamo come sopra la soluzione stazionaria dell'equazione (5.16) supponendo che $M$ sia la matrice identità. Si ottiene un'equazione non lineare nella $\rho_s$ della forma:

$$\frac{\partial \hat{U}}{\partial X}\rho_s + \frac{\partial}{\partial X}T(\rho_s)\rho_s = 0 \,. \tag{5.19}$$

Utilizzando la definizione (5.13) possiamo esplicitare la precedente equazione così:

$$-\frac{\partial \hat{U}}{\partial X}\rho_s = \left(\frac{T_0}{(1+c\rho_s)^2}\right)\frac{\partial \rho_s}{\partial X} \,.$$

Dopo alcuni passaggi algebrici si arriva a

$$-\frac{1}{T_0}\frac{\partial \hat{U}}{\partial X} = \frac{\partial}{\partial X}\left[\ln\left(\frac{\rho_s}{1+c\rho_s}\right) + \frac{1}{1+c\rho_s}\right] \,.$$

Finalmente integrando la relazione precedente otteniamo la seguente equazione funzionale nella $\rho_s$

$$\rho_s = a(1+c\rho_s)e^{-1/(1+c\rho_s)}e^{-\hat{U}/T_0} \tag{5.20}$$

dove $a$ è una costante di normalizzazione definita dalla condizione:

$$\int \rho_s(X)dX = 1 \,.$$

Dalla relazione (5.20) abbiamo la stima:

$$\rho_s > ae^{-1}(1+c\rho_s)e^{-\hat{U}/T_0} \quad \Leftrightarrow \quad \rho_s > \frac{ae^{-1}e^{-U/T_0}}{1-ae^{-1}ce^{-U/T_0}}$$

integrando la quale, si ottiene la diseguaglianza per la costante $a$

$$\int \frac{ae^{-1}e^{-U(X)/T_0}}{1-ae^{-1}ce^{-U(X)/T_0}}dX < 1 \,. \tag{5.21}$$

Per risolvere l'equazione (5.20) è conveniente introdurre la variable ausiliaria

$$u = \frac{\rho_s}{1 + c\rho_s} \qquad (5.22)$$

e riscrivere l'equazione nella forma:

$$u = ae^{-1}e^{cu}e^{-\hat{U}/T_0} . \qquad (5.23)$$

Notiamo che per costruzione $\|u\| < c^{-1}$ poiché $\rho_s > 0$ e quindi riterremo accettabili le soluzioni della (5.23) che soddisfano a tale richiesta. Se esiste una costante $b$ tale che

$$\int \frac{be^{-\hat{U}(X)/T_0}}{1 - bce^{-\hat{U}(X)/T_0}} dX = 1 \qquad (5.24)$$

(ovvero se il landscape potential soddisfa ad una condizione di regolarità all'infinito) otteniamo delle soluzioni sommabili finite per $\rho_s$. L'approccio che stiamo sviluppando si deve interpretare a livello locale: ovvero è applicabile allo studio del rilassamento della distribuzione opportunamente confinata all'interno di un singolo minimo. Vale allora il seguente risultato:

*Se e solo se è soddisfatta la condizione*

$$1 - be^{-1}ce^{-\hat{U}(X)/T_0} > 0 \quad \textit{per ogni } X \qquad (5.25)$$

*allora esiste un'unica soluzione accettabile per l'equazione (5.23).*

Possiamo stimare l'andamento della $\rho_s(X)$ considerando la soluzione approssimata al primo ordine per dell'equazione (5.23)

$$u_1(X) = ae^{-\hat{U}(X)/T_\infty}$$

che coincide con la soluzione di Maxwell-Boltzmann (5.17) con temperatura $T_\infty$ ovvero con valore massimo della temperatura locale $T(\rho)$ (cfr. equazione (5.13)). Di conseguenza $\rho_s(X)$ si approssima con

$$\rho_s(X) \simeq \frac{ae^{-\hat{U}(X)/T_\infty}}{1 - cae^{-\hat{U}(X)/T_\infty}} . \qquad (5.26)$$

In un caso di landscape potential di tipo armonico $\hat{U}(X) = X^2/2$, nella Figura 5.2 confrontiamo la soluzione stazionaria in presenza di evolvabilità (5.20) con la soluzione stazionaria di Maxwell-Boltzmann (5.17), considerando la temperatura evolutiva costante e pari a $T_\infty$ o ad una temperatura media equivalente.

Come si può notare l'effetto dell'evolvabilità si può vedere sotto un duplice aspetto: da una parte favorisce gli individui più adatti presentando un picco più accentuato intorno al minimo, dall'altra permette di avere code più grasse nella distribuzione (ovvero maggior numero di individui con fenotipi rari)

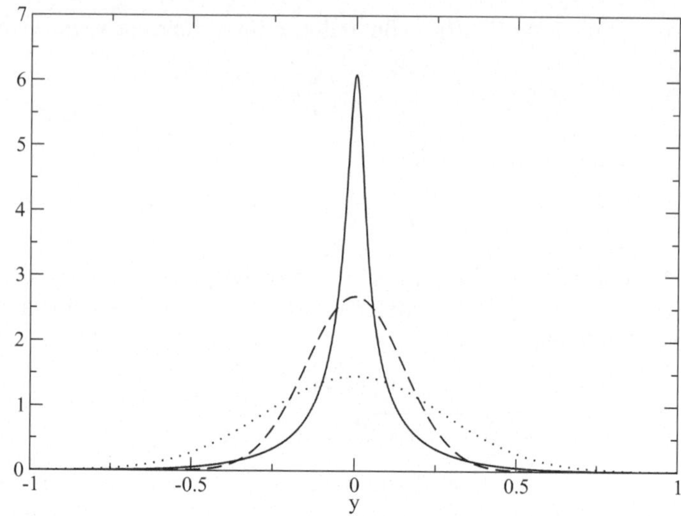

**Figura 5.2.** Soluzione stazionaria per l'equazione di Fokker-Planck (5.16) per un fitness potential $U(X) = X^2/2$ di tipo armonico considerando un caso senza evolvabilità (curva punteggiata), con evolvabilità per un valore del parametro $c = .5$ (curva continua) e con una temperatura evolutiva media equivalente (curva tratteggiata) (cfr. equazione (4.11))

rispetto a quelle di una distribuzione con la temperatura media. Nel prossimo paragrafo simuleremo numericamente il «processo evolutivo» della distribuzione fenotipica da un minimo del potenziale ad un secondo minimo più adatto, mettendo in luce le caratteristiche del modello dovute all'evolvabilità.

I casi trattati numericamente saranno comunque delle grandi semplificazioni della complessità reale dei processi evolutivi, ma evidenziano alcune caratteristiche strutturali che noi riteniamo cruciali per una futura più complessa modellizzazione.

## 5.4 Simulazioni e dati

In questo paragrafo illustreremo le caratteristiche della dinamica evolutiva modellizzata dall'equazione di Fokker-Planck (5.16) nel caso bidimensionale. Utilizzeremo un potenziale fenotipico caratterizzato da tre minimi con diverse profondità (vedi Figura 5.3). Simuleremo una popolazione i cui fenotipi siano inizialmente concentrati nell'intorno del punto di equilibrio per la fitness più sfavorito in presenza di una temperatura evolutiva costante dall'ambiente esterno. Nelle simulazioni le unità temporali sono arbitrarie, nell'ipotesi che i tempi di riproduzione siano trascurabili rispetto ai tempi evolutivi, così che l'evoluzione stessa si possa considerare come un processo continuo. Nelle Figura 5.4 mostriamo la distribuzione fenotipica di probabilità dell'ipotetica

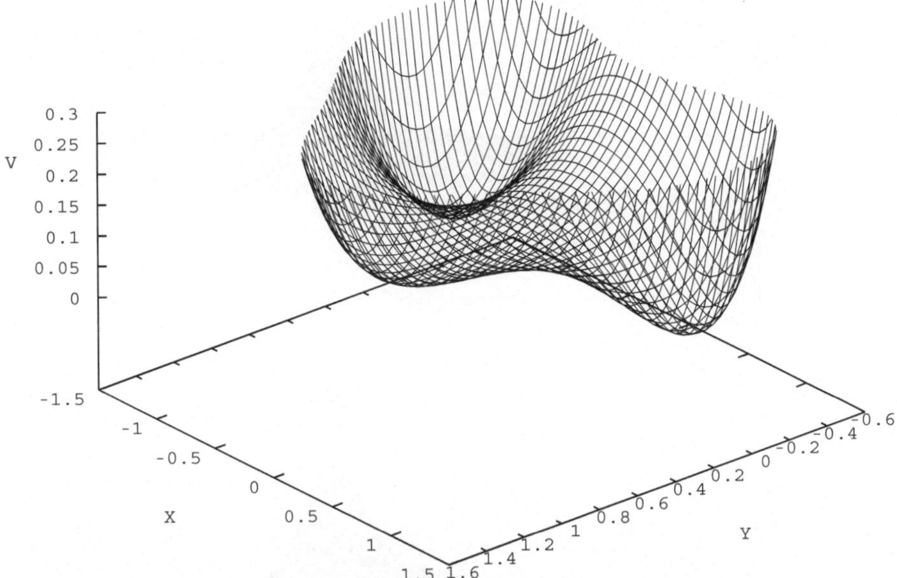

**Figura 5.3.** Rappresentazione continua di un potenziale di fitness per due fenotipi $X$ e $Y$. Nella figura sono evindeziati tre minimi del fitness potential che nella nostra modellizzazione associamo alla possibile esistenza di una specie relativamente a quelle caratteristiche fenotipiche. In questo senso una «buca» potrebbe rappresentare una specie effettivamente esistente, mentre le altre due sono «specie potenziali» ammissibili dalle proprietà del fenotipo. Da un punto vista matematico se $(X_k, Y_k)$ sono le componenti corrispondenti ai minimi, il potenziale rappresentato in figura è dato dall'equazione $V(X, Y) \propto \prod_{k=1}^{3}(\|(X - X_k, Y - Y_k)\|^2 + \delta_k)$ dove le costanti $\delta_k$ danno la profondità relativa dei minimi

popolazione all'inizio del processo evolutivo considerando i due casi: senza evolvabilità $c = 0$ (Figura 5.4 a) e con evolvabilità $c = .2$ (Figura 5.4 b). Si nota come l'evolvabilità consenta una distribuzione più concentrata attorno al fenotipo più adatto in analogia a quanto osservato nel caso unidimensionale.

Sotto l'azione del potenziale fenotipico la popolazione inizia ad evolvere nello spazio fenotipico cercando nuovi fenotipi più adatti: tale situazione è la conseguenza di una distribuzione multimodale dei possibili fenotipi. Nella Figura 5.5 riportiamo la distribuzione di probabilità fenotipica durante il processo evolutivo in entrambi i casi, con e senza evolvabilità. Osserviamo che ambedue le distribuzioni sono multimodali con picchi in corrispondenza ai minimi del potenziale; l'effetto dell'evolvabilità si nota in una minore dispersione della distribuzione di probabilità nello spazio fenotipico.

Infine con il passare del tempo il potenziale fenotipico consente di selezionare il fenotipo più adatto e la soluzione dell'equazione (5.16) tende a concentrarsi attorno ad un singolo minimo. Nella Figura 5.6 riportiamo i risultati delle simulazioni numeriche: osserviamo come il meccanismo di evolvabilità

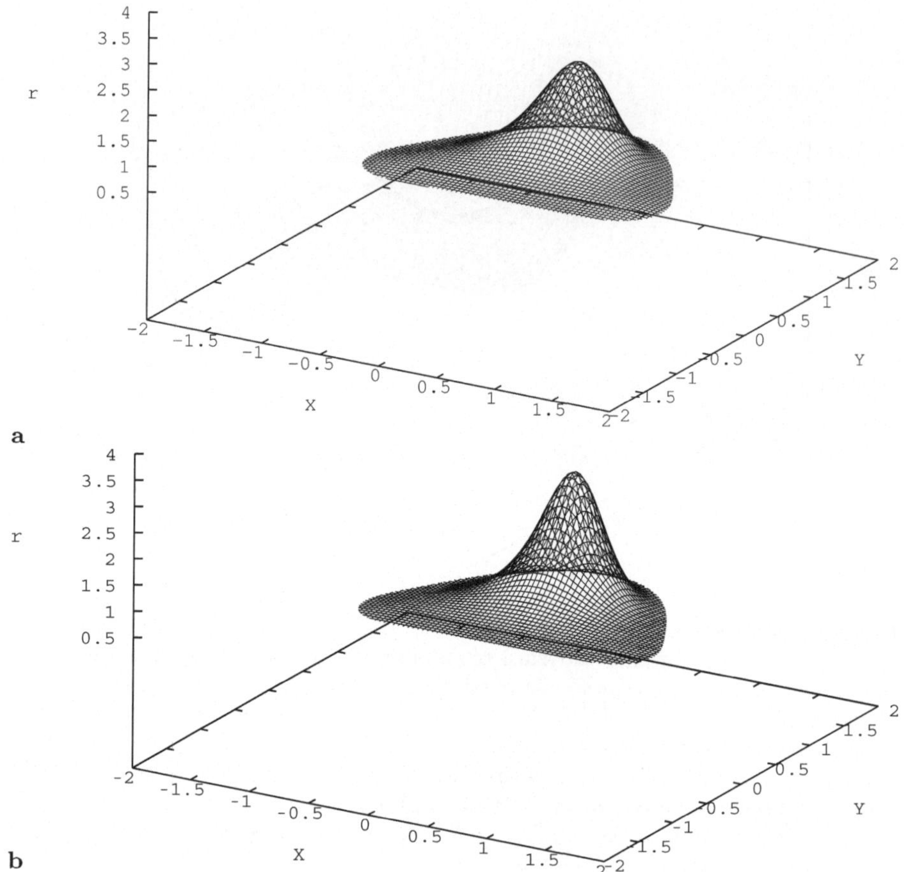

**Figura 5.4. a**: Distribuzione della probabilità fenotipica all'inizio del processo evolutivo in assenza di evolvabilità ($c = 0$). **b**: Distribuzione della probabilità fenotipica all'inizio del processo evolutivo in presenza evolvabilità ($c = 0.2$). Entrambe le distribuzioni sono calcolate risolvendo l'equazione di Fokker-Planck (5.16) con la matrice $M$ posta all'identità e sotto l'azione del potenziale fenotipico (5.3)

inserito nel modello simuli un'evoluzione molto più rapida verso il minimo più adatto ricompattando la distribuzione della popolazione molto prima del caso senza evolvabilità.

*Il meccanismo rappresentato in Figura 5.6 potrebbe anche essere interpretato in senso biologico-evolutivo alla luce della difficoltà di ritrovare i cosidetti anelli mancanti che nella nostra impostazione significa una scarsa probabilità di trovare caratteri fenotipici che connettono diverse specie.*

Per illustrare l'effetto della matrice $M$ sul processo evolutivo abbiamo simulato il modello introducendo la matrice

$$M = \begin{pmatrix} 1 & -k \\ k & a \end{pmatrix}$$

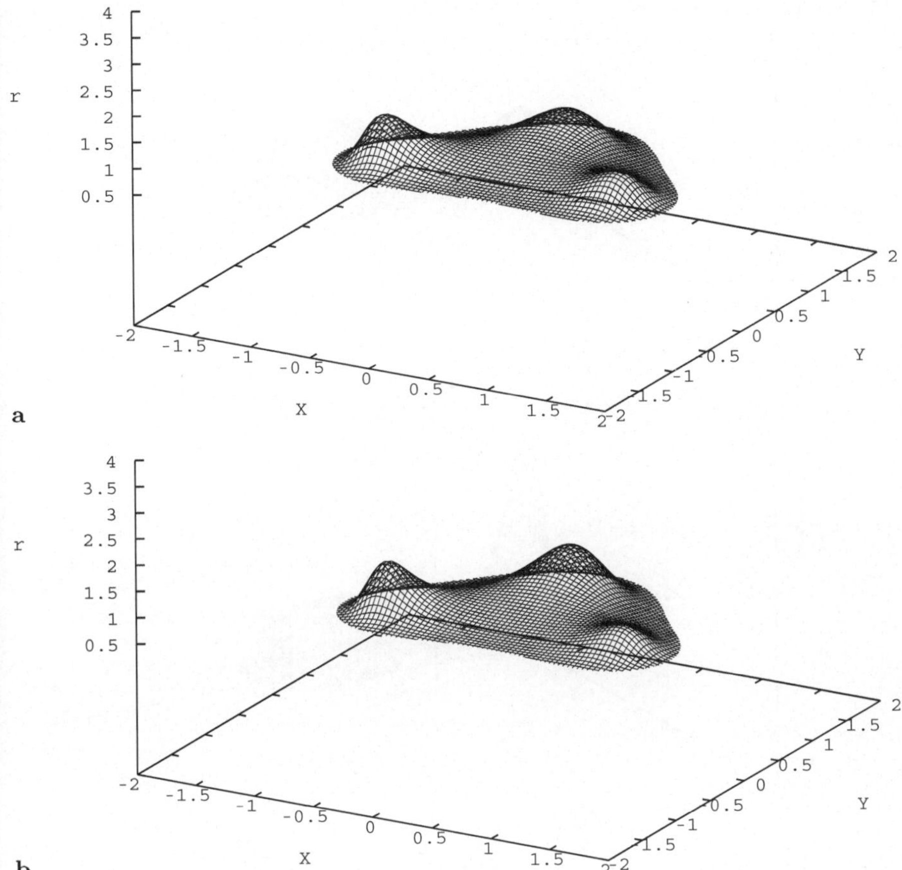

**Figura 5.5. a**: Distribuzione della probabilità fenotipica durante il processo evolutivo in assenza di evolvabilità ($c = 0$). **b**: Distribuzione della probabilità fenotipica durante il processo evolutivo in presenza evolvabilità ($c = 0.2$). Entrambe le distribuzioni, calcolate risolvendo l'equazione di Fokker-Planck (5.16) come in Figura 5.4, mostrano distribuzioni multimodali piccate in corrispondenza ai minimi del potenziale

che, come è stato detto, simula un'interazione nella dinamica evolutiva dei fenotipi, per cui la variazione della fitness dipende dalla combinazione della variazione di entrambi i fenotipi. Da un punto di vista matematico il parametro $k$ implica l'esistenza di una «corrente» nell'evoluzione della distribuzione di probabilità per i fenotipi; corrente che si muove in senso antiorario e quindi inibisce la probabilità di transitare in uno dei minimi del potenziale fenotipico (ovvero la comparsa di uno dei possibili fenotipi). I risultati della simulazione sono mostrati in Figura 5.7, dove si nota come nel processo evolutivo, la probabilità di comparsa di uno dei tre fenotipi (definito da una combinazione dei due) sia praticamente inibita (si è posto $k = 1$ nella simulazione). Il

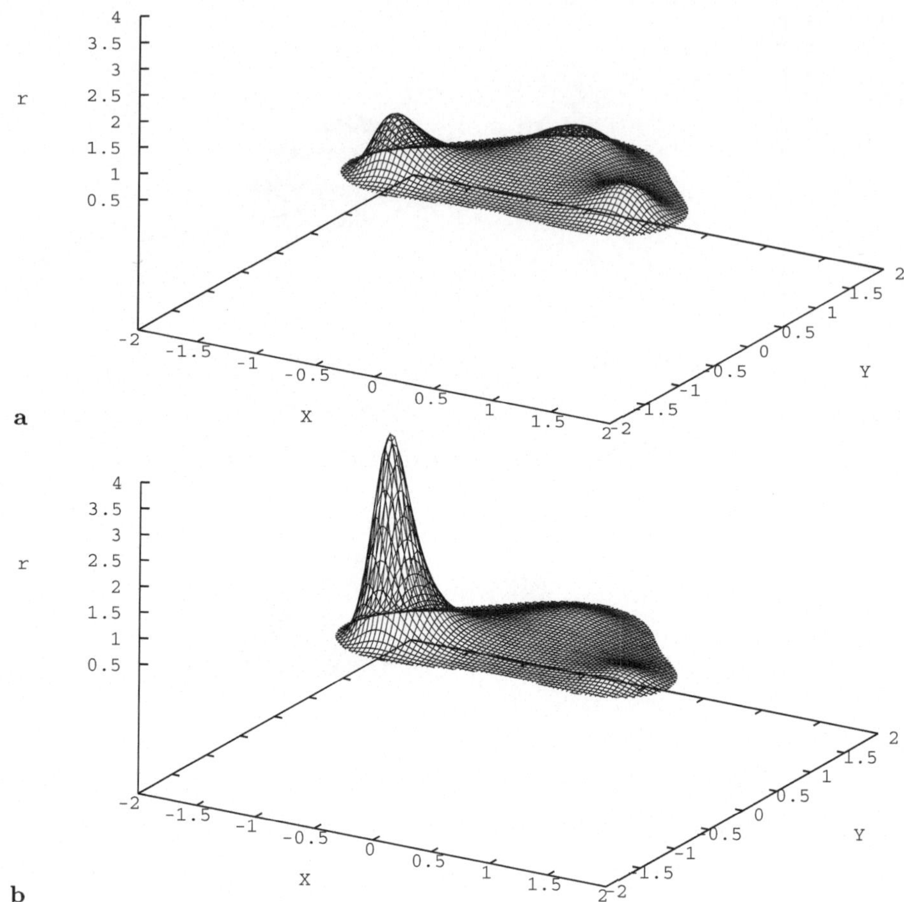



**Figura 5.6. a:** Distribuzione della probabilità fenotipica nella prosecuzione del processo evolutivo in assenza di evolvabilità $(c = 0)$. **b:** Distribuzione della probabilità fenotipica nella prosecuzione del processo evolutivo in presenza evolvabilità $(c = 0.2)$. Nel primo caso la distribuzione di probabilità risulta ancora sparpagliata nello spazio fenotipico mentre l'evolvabilità consente una più rapida concentrazione nell'intorno del minimo più adatto

valore del parametro $a$ misura il rapporto tra le variazioni dei due fenotipi; nel caso simulato $(a = 1/2)$ si osserva come le distribuzioni siano allungate lungo l'asse $X$, indicando una maggiore variabilità del primo fenotipo rispetto al secondo.

In sintesi, il modello proposto (5.10) pur nella sua semplicità, consente di mettere in luce diversi comportamenti qualitativi nella dinamica evolutiva che possono essere effettivamente riscontrati o ipotizzati in situazioni reali. Purtroppo una validazione necessita la disponibilità di molte osservazione sperimentali dei processi evolutivi che attualmente non disponiamo, ma che

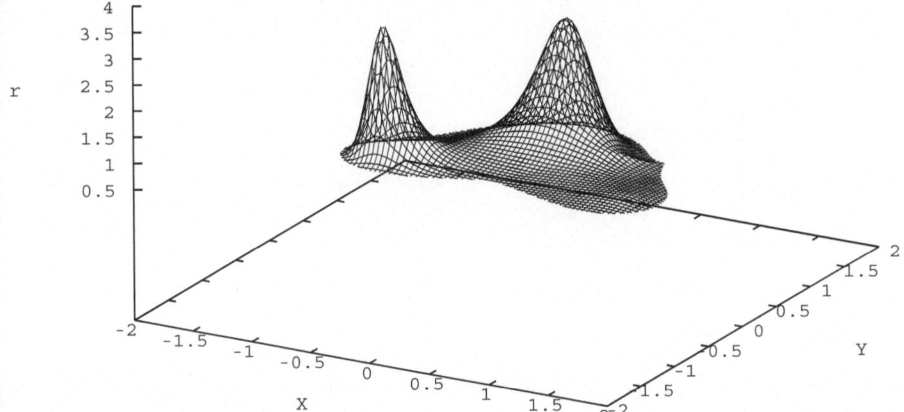


**Figura 5.7.** Distribuzione della probabilità fenotipica durante il processo evolutivo con evolvabilità $c = 0.2$ e una matrice $M$ che inibisce la comparsa di una delle possibili combinazioni tra i due fenotipi, introducendo una forte «corrente» in senso antiorario durante l'evoluzione nello spazio fenotipico

contiamo di reperire. Ribadiamo che la formulazione di un modello realistico microscopico (ovvero a livello di DNA) è al di là delle possibilità teoriche e computazionali della fisica-matematica. Volendo sottolineare le conseguenze dell'introduzione dell'evolvabilità nella distribuzione fenotipica, nel prossimo paragrafo analizzeremo alcuni dati di distribuzione di fenotipi in popolazioni biologiche che sono stati recentemente analizzate.

## 5.4.1 Possibile confronto con osservazioni sperimentali

Il confronto del modello (5.10) con osservazioni sperimentali presenta intrinseche difficoltà sia perché il modello è una grande semplificazione dei processi evolutivi e deve essere interpretato in senso qualitativo, sia perché il modello stesso è definito per caratterizzare il processo evolutivo di una popolazione da un equilibrio quasi-stazionario per la fitness ad un altro più adatto. E la reperibilità di osservazioni sperimentali per tali situazioni è molto difficile. In questo paragrafo si cercherà di mettere in luce una compatibilità del modello proposto con osservazioni sperimentali, piuttosto che un vero e proprio confronto tra le simulazioni del modello e i dati misurati. Sotto questo punto di vista il processo riduzionista alla base dell'equazione stocastica (5.10) si rivelerà vantaggioso in quanto riduce drasticamente il numero di parametri da valutare in un confronto con dati sperimentali, mettendo anche il luce il carattere di robustezza del modello rispetto a scelte generiche e la rilevanza delle ipotesi fatte nella scelta dei parametri stessi. Iniziamo con una semplice considerazione sulla «velocità di evoluzione»: se il processo evolutivo è guidato da un meccanismo di selezione tramite un potenziale di fitness, è noto che

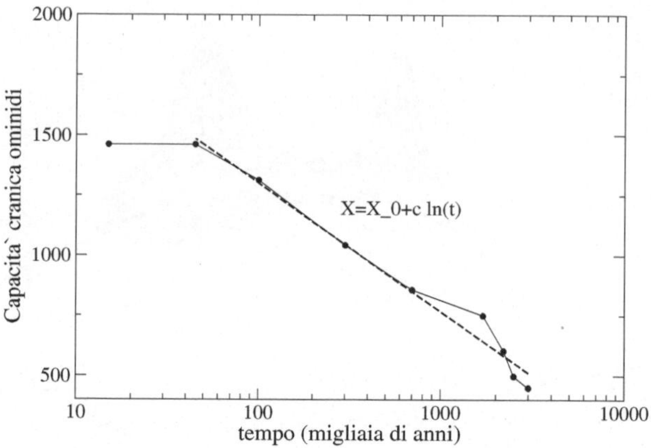


**Figura 5.8.** Evoluzione della dimensione cranica negli ominidi in funzione del tempo a partire dai primi ritrovamenti (linea continua) in scala semilogaritmica. La linea tratteggiata si riferisce ad una possibile interpolazione con la legge empirica (5.27)

il *tempo di «uscita»* da un minimo del potenziale si può stimare tramite la «profondità» del minimo $\Delta U$ del potenziale secondo l'espressione:

$$t_e \propto \exp(\Delta U/T)$$

dove $T$ è la temperatura evolutiva. È abbastanza ragionevole supporre che la profondità di un minimo sia dell'ordine della variazione del fenotipo sottostante $X$ necessaria per uscire dal minimo: $\Delta U \simeq \Delta X$. Ne segue una stima qualitativa del tempo di evoluzione rispetto alla variazione di un fenotipo:

$$t_e \propto \exp(\Delta X/c) \quad \Rightarrow \quad X(t) = X_0 + c\ln t . \tag{5.27}$$

Come evidenziato nella formula (5.27), questa semplice ipotesi consente di ricavare una legge logaritmica empirica per la relazione tra la variazione di un fenotipo e il tempo di evoluzione che è suscettibile di verifica «sperimentale». Nella Figura 5.8 riportiamo l'evoluzione della dimensione cranica negli ominidi in funzione del tempo, insieme ad un'interpolazione utilizzando la legge (5.27)[2]. Come si può vedere l'ipotesi fatta sembra riprodurre bene l'andamento della curva sperimentale e può essere interpretato come un'indicazione dell'esistenza di un potenziale di fitness.

Per evidenziare il ruolo dell'evolvabilità che caratterizza il nostro modello, ci avvantaggeremo della misura della dimensione di varie specie di albero in un'area della foresta tropicale nella Repubblica Dominicana [65]. Questi dati consentono di calcolare la distribuzione di un fenotipo in una situazione «stazionaria» in cui si è stabilito un equilibrio tra le varie specie. Potremo quindi supporre che le varie specie si siano adattate ad occupare differenti nicchie

---

[2] Si ringrazia per il dati forniti il collega Prof. Maurizio Biondi dell'Univesità di L'Aquila.

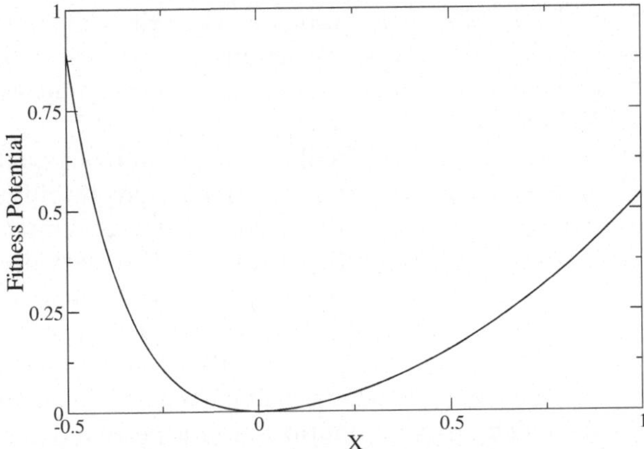

**Figura 5.9.** Grafico del potenziale (5.28) di fitness utilizzato per un confronto con le osservazioni sperimentali sulle dimensioni del fusto delle piante in una foresta tropicale [65]. Il valore $X = 0$ rappresenta il punto di minimo del potenziale (massimo valore di fitness) che verrà traslato numericamente nel punto di massimo della distribuzione empirica

ecologiche nella foresta, così che le distribuzioni empiriche dovrebbero essere conseguenza dei minimi dei vari fitness potential che si sono evoluti per ridurre i conflitti tra le specie e quindi si possono interpretare in un approccio riduzionista in cui si considera una popolazione alla volta. Le misure del fenotipo «fusto» sono soggette ad una naturale asimmetria rispetto al valor medio in quanto misure troppo piccole diventano rapidamente improbabili. Una volta calcolata la moda della distribuzione empirica, abbiamo scelto di utilizzare un potenziale di fitness nella forma:

$$V(X) = \frac{aX^2}{2}\left(1 - \frac{2}{b}e^{-bX}\right) + \frac{aX}{b^2}\left(1 - e^{-bX}\right) \tag{5.28}$$

che presenta una crescita esponenziale per valori a sinistra del punto di minimo, in questo caso $X < 0$, mentre è un potenziale armonico per $X > 0$ come mostrato in Figura 5.9.

Nelle interpolazioni numeriche si sono fissati i valori di $a = 1$ e $b = 5$ (quest'ultimo valore implica una rapida crescita esponenziale per valori negativi[3]). Nel confronto tra la distribuzione empirica e la distribuzione stazionaria, calcolata mediante l'equazione di Fokker-Planck (5.15), abbiamo quindi imposto la posizione del punto di minimo del potenziale di fitness ed interpolato sul valore della temperatura evolutiva e paramatro $c$ di evolvabilità. Abbiamo quindi analizzato le distribuzioni di varie specie scelte per la numerosità, al

---

[3] Si deve anche tener conto che le osservazione sperimentali sulle dimensioni del fusto non consideravano fusti troppo piccoli e quindi la distribuzione empirica non è accurata per tali valori.

fine di ricostruire la distribuzione empirica. Un primo esempio è mostrato nella Figura 5.10 dove si confronta l'istogramma sperimentale per la dimensione del fusto della *Faramea occidentalis* con le curve numeriche ottenute dall'equazione (5.15) con e senza evolvabilità.

La Figura 5.10 mostra come la distribuzione ottenuta sia qualitativamente molto diversa nel caso in cui si introduca o meno l'evolvabilità (risp. curva tratteggiata e curva continua). È evidente come l'evolvabilità consenta un fit molto più preciso con le osservazioni sperimentali. Tuttavia per avere un riscontro un po' più oggettivo del modello proposto abbiamo verificato se il valore della temperatura evolutiva $T$ e del parametro di evolvabilità $c$ mantenevano lo stesso valore tra una specie ed un'altra (nel caso della Figura 5.10 abbiamo $T \simeq 0.1$ e $c = 0.4$). In effetti nell'ipotesi che la temperatura evolutiva sia correlata all'effetto delle mutazioni ci aspettiamo che non vari da specie e specie a parità di ambiente. Analogamente se il parametro di evolvabilità riflette la capacità delle specie di avvantaggiare individui più adatti, non dovremmo osservare rilevanti variazioni trattandosi di specie simili. Nella Figura 5.11 mostriamo l'analisi delle distribuzioni empiriche per il fusto di *Hybanthus prunifolius* e *Poulsenia armata*, sempre ottenute nella *foresta bci* [65]. È degno di nota che si possa ottenere un'interpolazione molto buona con il modello (5.15) utilizzando gli stessi valori $T = .1$ e $c = .4$ che nella Figura 5.10. Questi valori rimangono pressochè inalterati anche se consideriamo specie con variabilità molto diverse nelle dimensioni del fusto (vedi Figura 5.12).

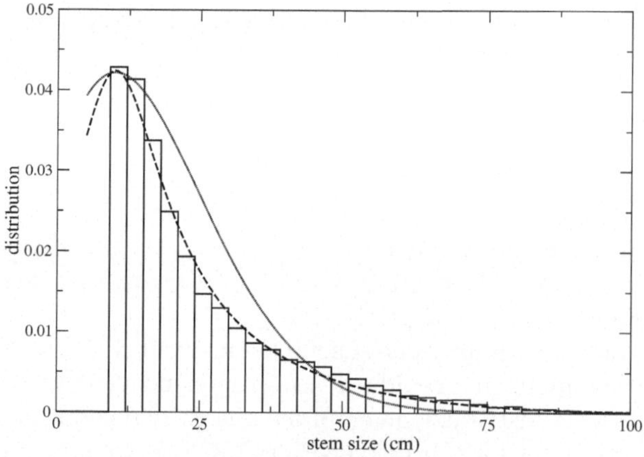


**Figura 5.10.** Istogramma relativo alla distribuzione empirica della dimensione del fusto per la specie *Faramea occidentalis* misurata nella foresta tropicale (*bci forest*). La curva continua rappresenta un'interpolazione con la soluzione stazionaria dell'equazione di Fokker-Planck (5.15) con il potenziale (5.28) ma senza evolvabilità ($c = 0$), mentre la curva tratteggiata è calcolata introducendo l'effetto dell'evolvabilità. I valori numerici per l'interpolazione sono $T \simeq 0.1$ e $c = 0.4$ in unità arbitrarie

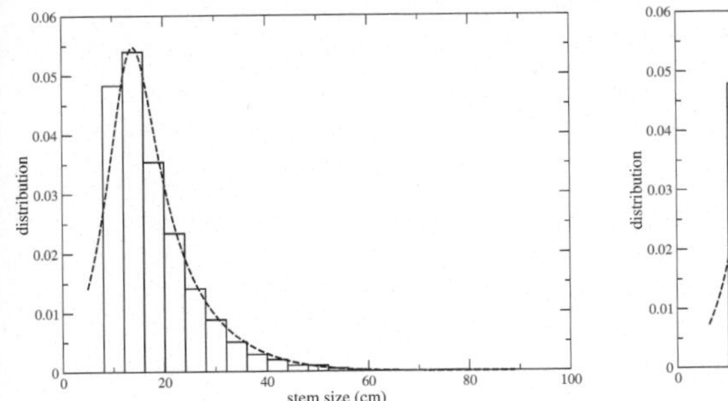
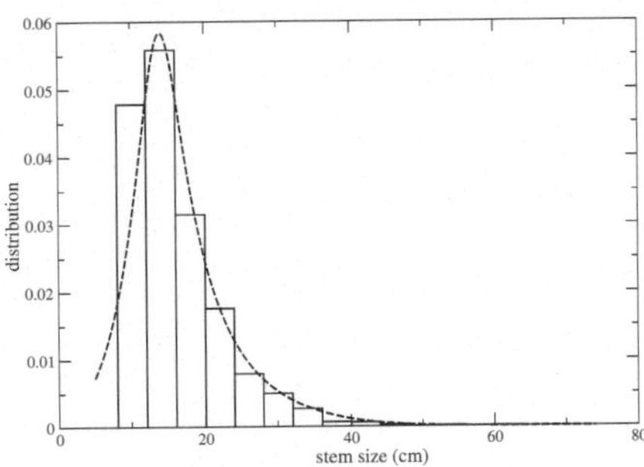

**Figura 5.11.** Sinistra: l'istogramma mostra la distribuzione empirica del fusto del *Hybanthus prunifolius* misurata della *bci forest* insieme all'interpolazione con una distribuzione ottenuta tramite il modello proposto (5.15) (curva tratteggiata). Destra: lo stesso per la distribuzione del fusto di *Poulsenia armata*. I valori per temperatura evolutiva e parametro di evolvabilità sono gli stessi di quelli usati in Figura 5.10

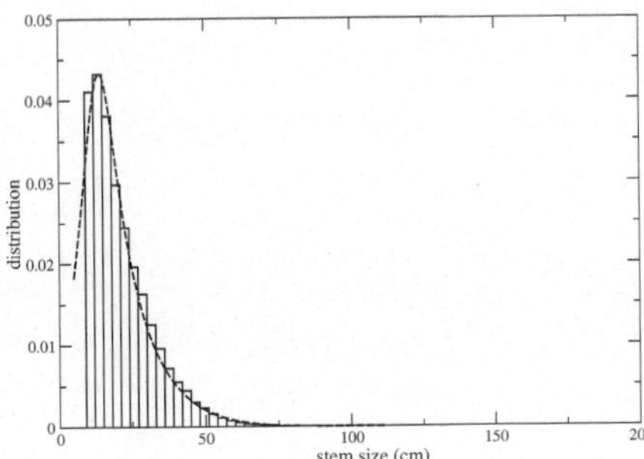
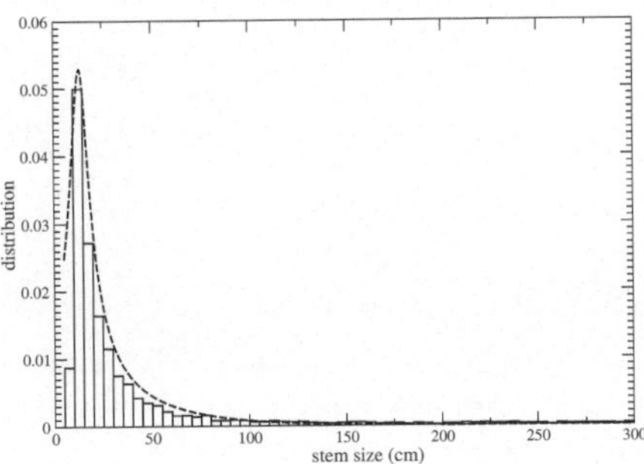

**Figura 5.12.** Interpolazione delle ditribuzioni empiriche delle dimensione del fusto mediante le distribuzioni simulate con il modello (5.15). I dati a sinistra si riferiscono alla specie *Drypetes standleyi*, mentre a destra alla specie *Alseis blackiana*. I valori utilizzati per l'interpolazione risultano sempre molto vicini a quelli usati in Figura 5.10

Chiaramente tutte le analisi fatte hanno solo un valore qualitativo ed è necessario uno studio più approfondito su molte osservazioni sperimentali sui caratteri fenotipici per stabilire una procedura di validazione dei modelli proposti. Pertanto stiamo reperendo sistematicamente, seppur con qualche difficoltà, una quantità considerevole di dati sperimentali di varia natura. La nostra attenzione è anche concentrata sull'analogia, riscontrata da alcuni ricercatori, tra la dinamica delle cellule tumorali e quella relativa alla teoria dell'evoluzione. Anche in questo caso lavoriamo ad un'adeguata raccolta di dati.

# Sulla modellizzazione geometrica della filogenesi[1]

Uno dei principali temi di ricerca della Biologia moderna riguarda l'inferenza filogenetica. Si tratta – come si è detto – di un argomento legato all'evoluzione[2]. Per cui ci è sembrato opportuno riportare in questo capitolo una recente trattazione matematica (geometrica) di fondamentali aspetti della filogenesi. Questo approccio si inquadra ad un livello teorico biologico superiore rispetto a **ET** medesima in quanto vengono coinvolte direttamente sequenze di DNA. Partiamo, per esempio, da un insieme di dati costituiti da sequenze di DNA:

| | |
|---|---|
| Specie 1 | CGTTACCCACTAGTTTATGACGTTACCCAC... |
| Specie 2 | CGTTACCGACTAAATGCTGTCGTTACCGAC... |
| Specie 3 | AGCCCCCAATTATGAGTGTAGCCCCCAA... |
| Specie 4 | CGGGATTAAAATGCCGCTGGCGGGATTAAA... |

Supponiamo che l'evoluzione avvenga lungo un albero biforcato, partendo dalla specie ancestrale comune, situata sulla radice e proseguendo verso le foglie che rappresentano le specie discendenti. Richiediamo inoltre che, per ogni sito nelle sequenze, le basi mutino secondo un processo probabilistico che dipenda dai rami dell'albero. Soltanto le sequenze sulle foglie possono essere osservate, mentre le sequenze nei nodi interni corrispondono a variabili nascoste in questo modello grafico. Quindi l'inferenza filogenetica consiste nel problema di individuare la topologia dell'albero a partire dalle sequenze osservate, una volta assunto un (ragionevole) modello probabilistico. Per esempio, per le precedenti sequenze di DNA, l'albero può essere di due tipi:

---

[1] Contributo specifico di Cristiano Bocci.
[2] Vedi anche ad es. S. H. Rice (2004), op. cit., pp. 85–107.

Va osservato che anche l'etichettamento delle foglie ha un suo peso in quanto, etichettamenti differenti portano a differenti modelli evoluzionistici:

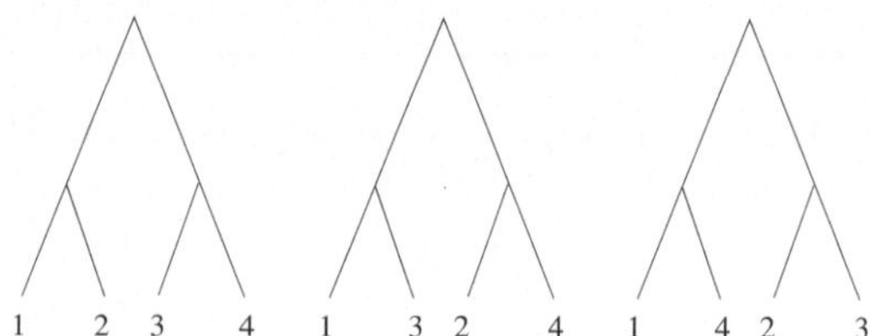

Nel 1987, Cavender e Felsenstein [30] e, separatamente, Lake [73], introdussero un approccio algebrico per studiare il problema dell'inferenza filogenetica. Infatti, per molti modelli standard di evoluzione molecolare, per una fissata topologia sull'albero, le distribuzioni delle basi sulle foglie sono descritte da equazioni polinomiali nei parametri del modello. L'approccio algebrico consiste quindi nella ricerca di questi polinomi, chiamati invarianti filogenetiche, che si annullano su ogni distribuzione congiunta che proviene dalla scelta dell'albero (e della sua topologia) e del modello, indipendentemente dai valori dei parametri.

Recentemente, diversi autori hanno iniziato uno studio sistematico delle invarianti filogenetiche tramite l'utilizzo della Geometria Algebrica. I loro lavori (per esempio, [2, 3, 4, 105] e [41]) possono essere visti come l'origine della cosiddetta *Geometria Algebrica Filogenetica*: lo studio delle varietà algebriche che rappresentano modelli statistici per l'evoluzione.

Le varietà che derivano da tali modelli statistici possono essere di natura differente. Possiamo trovare, per esempio, le più familiari, come le varietà secanti, determinantali, toriche, di Segre–Veronese. Questo accade, in generale, quando consideriamo modelli relativi ad alberi piccoli, cioè con al più cinque foglie. Invece per alberi con più di sei foglie possiamo incontrare nuove famiglie di varietà, spesso completamente sconosciute. Lo studio di tali varietà si basa principalmente sulla ricerca dei generatori dei loro ideali. Per il Teorema della Base di Hilbert sappiamo che questi generatori sono in numero finito e sono esattamente le invarianti filogenetiche associate all'albero corrispondente.

Queste invarianti sono definite rigorosamente nella Sezione 6.2. Qui introduciamo anche gli aspetti principali delle invarianti filogenetiche che, nella Sezione 6.3, vengono analizzate dal punto di vista della Geometria Algebrica permettendoci di dare le definizioni di ideale filogenetico e varietà filogenetica. Infine descriveremo brevemente l'idea principale della Geometria Algebrica Filogenetica: lo studio delle varietà associate alle diverse possibili topologie dell'albero per dedurre il corretto modello evoluzionistico.

Per una conoscenza di base sulla Filogenetica, consigliamo vivamente i libri di Felsenstein [45] e Semple-Steel [101]. Qui i modelli evoluzionisti vengono profondamente analizzati da più punti di vista: Biologia, Computer Science, Statistica e Matematica. Invece, come testo di riferimento per la Statistica Algebrica e la Biologia Computazionale, si suggerisce il libro edito da Lior Pachter e Bernd Sturmfels [91].

C'è una vasta letteratura per quanto riguarda gli argomenti utilizzati di Geometria Algebrica e Algebra Commutativa. Sebbene alcuni concetti verrano richiamati nelle note a piè di pagina, il lettore interessato ad un maggior aprrofondimento potrà consultare [39] (Chapter 0), [61] (Lectures 1,2 e 8) e [62] (Chapter 1). Consigliamo anche i libri [33] e [35], dove gli autori introducono concetti e risultati in Algebra e Geometria con la prospettiva di possibili applicazioni. Per una guida alle possibili referenze ad articoli di ricerca raccomandiamo ancora [45] e [101] e, per i lavori più recenti, [41]. Quest'ultimo articolo contiene anche un'interessante sezione dove gli autori presentano una serie di problemi aperti in Geometria Algebrica Filogenetica.

## 6.1 Alberi e modelli di Markov

I grafi hanno molte applicazioni in Biologia: *food web*, *grafi di competizione, mappatura del genoma, (di)grafi per il pedigree*. In questa trattazione ci soffermiano su un'altra applicazione: la toeria degli alberi filogenetici.

Un *grafo* $G$ è una coppia ordinata $(V, E)$ costituita da un insieme non-vuoto $V$ di *vertici* e un multiinsieme $E$ di *rami*, ciascuno dei quali è un elemento di $\{(x, y)\colon x, y \in V\}$. Un ramo che unisce un vertice a se stesso è un *loop* e rami che collegano la stessa coppia di vertici distinti di dicono *rami paralleli*.

Tutti i grafi che considereremo avranno un numero finito di vertici.

Se $e = \{u, v\}$ è un ramo di un grafo $G$, allora $u$ e $v$ si dicono *adiacenti* ed $e$ è *incidente* con $u$ e $v$. I vertici $u$ e $v$ sono gli *estremi* di $e$. Sia $v$ un vertice di un grafo $G$, la *valenza* di $v$, $\nu(v)$, è il numero di rami in $G$ che sono adiacenti con $v$. Un grafo è *connesso* se ciascuna coppia di vertici in $G$ può essere collegata da un cammino[3], altrimenti $G$ è *disconnesso*.

Un albero $T = (V, E)$ è un grafo connesso senza cicli. Un albero è un *grafo a cammino* se tutti i vertici hanno valenza al più due.

Denotiamo con $|F|$ la cardinalità di un insieme $F$. Un'importante caratterizzazione degli alberi è data dal seguente

Sia $G = (V, E)$ un grafo. Le seguenti condizioni sono equivalenti:

1) $G$ è un albero;
2) per ogni coppia di vertici $v$ e $u$ in $V$ esiste un unico cammino in $G$ da $v$ a $u$;
3) $G$ è connesso e $|V| = |E| + 1$.

Un vertice di un albero di valenza uno è detto una *foglia*. Denotiamo con $L$ l'insieme delle foglie e definiamo $\tilde{V} := V \setminus L$ l'insieme dei vertici interni, o nodi. In maniera simile, denotiamo con $\tilde{E}$ l'insieme dei rami interni. Un albero

---

[3] Un *cammino* in un grafo $G$ è una sequenza di vertici distinti $v_1, v_2, \ldots, v_k$ tali che, per ogni $i = 1, \ldots, k-1$, $v_i$ e $v_{i+1}$ sono adiacenti. Se, inoltre, $v_1$ e $v_k$ sono adacenti, allora il sottografo di $G$, il cui insieme dei vertici è $\{v_1, v_2, \ldots, v_k\}$ ed il cui insieme dei rami $\{(v_k, v_1)\} \cup \{(v_i, v_{i+1})\colon i = 1, \ldots, k-1\}$, è un *ciclo*.

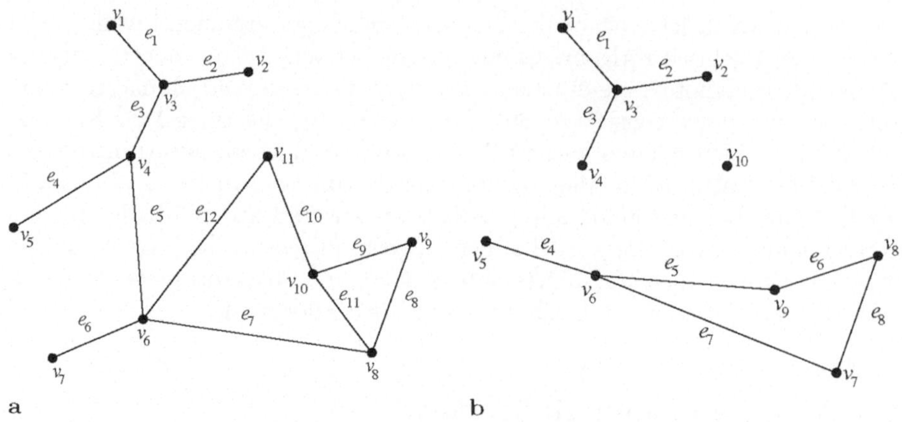

Figura 6.1. a: Un grafo connesso. b: un grafo disconnesso

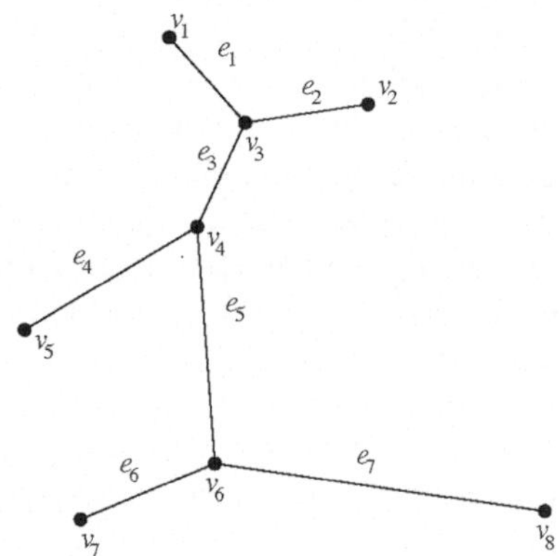

Figura 6.2. Un esempio di albero

è **binario**, o **biforcato**, se ogni vertice interno ha valenza tre. Si dice che due foglie distinte di un albero formano una *ciliegia* se esse sono adiacenti ad un vertice comune. Per esempio, in Figura 6.2, le coppie $\{v_1, v_2\}$ e $\{v_7, v_8\}$ sono ciliegie.

Un albero *con radice* è un albero che ha esattamente un prefissato vertice, denominato appunto la *radice* ed indicato con la lettera $r$. Su un albero con radice $T$ possiamo definire un ordine parziale naturale $\leq_T$ sull'insieme dei vertici $V$ tramite

$$v_i \leq_T v_j \quad \text{se il cammino dalla radice di } T \text{ a } v_j \text{ contiene } v_i.$$

In questo casa diciamo che $v_j$ è un *discendente* di $v_i$ e che $v_i$ è un *antenato* di $v_j$. Per questo motivo un albero con radice $r$ verrà sempre raffigurato con $r$ alla sommità e orientato in modo da rispettare la relazione antenato-discendente.

In Biologia è naturale focalizzare l'attenzione sugli alberi binari (i.e., trivalenti, eccetto alla radice dove sono bivalenti) in quanto di fondamentale

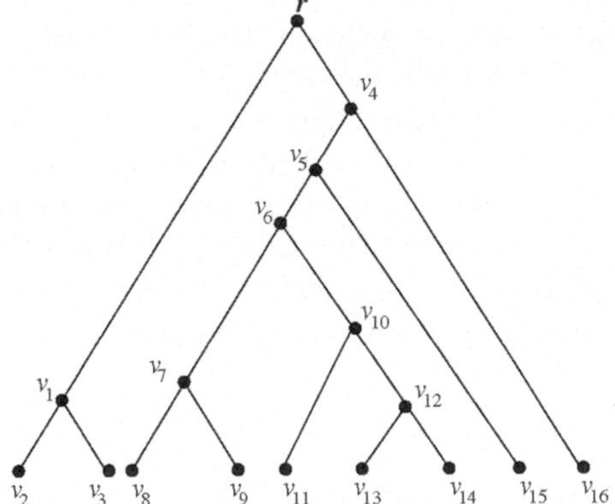

**Figura 6.3.** Un albero con radice

interesse. Infatti, la maggior parte delle speciazioni sono ritenute essere del tipo dove solo due specie alla volta si formano da una specie parente. L'utilizzo delle multiforcazioni in un albero entra in gioco per rappresentare fenomeni non determinabili, come, ad esempio, quando molte speciazioni avvengono in un breve lasso di tempo e non siamo quindi in grado di determinare la loro cronologia.

Da adesso, se non diversamente specificato, considereremo solo alberi binari.

i)   Sia $T$ un albero binario con $n$ foglie. Allora, per ogni $n \geq 2$, $T$ ha $2n - 3$ rami e $n - 3$ rami interni.

ii)  Sia $B(n)$ l'insieme di tutti gli alberi binari senza radice con $n$ foglie. Se $n = 2$ allora $|B(n)| = 1$. Se $n \geq 3$ allora

$$|B(n)| = \frac{(2n - 4)!}{(n - 2)!2^{n-2}} = 1 \times 3 \times 5 \times \cdots \times (2n - 5) \,.$$

Per la dimostrazione si guardi [101], Proposizioni 2.1.3 e 2.1.4.

Un *albero filogenetico* è un albero $T$ tale che esiste un etichettamento del suo insieme delle foglie tramite un insieme $X$ (che indicizzerà le differenti specie in analisi). Se, inoltre, ogni vertice interno di $T$ ha valenza tre, allora $T$ è un *albero filogenetico binario*.

Nel caso di un albero $T$ con radice $r$ definiamo un'orientazione nei rami di $T$ in modo che siano diretti dalla radice $r$ alle foglie e quindi vedremo $T$ come l'albero che descrive l'evoluzione dell'insieme di specie $X$, poste sulle foglie, da un ipotetico antenato comune $r$; i vertici interni di $T$ corrispondono a precedenti ipotetici antenati o eventi di speciazioni nel passato.

Anche gli alberi filogenetici senza radice sono biologicamente importanti poiché sono gli alberi tipicamente ottenuti dai metodi di ricostruzione. Possiamo osservare che è sempre possibile passare da un albero con radice ad uno senza e viceversa. In particolare, passare dal caso senza radice a quello con radice, significa scegliere un vertice interno come radice o aggiungere un altro vertice lungo un ramo (e quindi di valenza due) e sceglierlo poi come radice.

Passiamo adesso ad introdurre i processi di Markov (vedi, per approfondimenti, l'Appendice B). Sia $T = (V, E)$ un albero, per ciascuno nodo $v$ consideriamo una variabile casuale $X_v$ che può assumere valori in un insieme di $k$ stati $[k] = \{1, 2, \ldots, k\}$. Su ogni ramo $e = (u, v)$ di $T$ (con $u < v$) associamo una matrice $k \times k$ *di transizione*, indicata con $M^{(e)}$, dove l'entrata di posto $(i, j)$, $m_{ij}^{(e)}$, è la probabilità di passare dallo stato $i$ su $u$ allo stato $j$ su $v$. Richiediamo quindi

i) $m_{ij}^{(e)} \geq 0$;

ii) $\sum_{j=1}^{k} m_{ij}^{(e)} = 1$.

Intuitivamente, l'esistenza di tali matrici ci dice che, per ogni ramo $(u, v)$ di $T$, il valore di $X_v$, condizionato da $X_u$, è indipendente da quello accade nei vertici precedenti. Questa condizione è nota come *proprietà di Markov*.

Quindi, specificando una matrice di Markov per ogni ramo, descriviamo come l'intero processo evoluzionistico procede lungo l'albero.

Una volta fissata la radice $r$ possiamo definire su essa una distribuzione

$$\pi(r) = (\pi(r)_1, \pi(r)_2, \ldots, \pi(r)_k)$$

dove $\pi(r)_i$ è la probabilità di avere lo stato $i$ sulla radice. Ovviamente si richiede

i) $\pi(r)_i \geq 0, \forall i = 1, \ldots, k$;

ii) $\sum_{i=1}^{k} \pi(r)_i = 1$.

Un *modello generale di Markov* sull'albero $T$ è la coppia $(T, \mathcal{M})$ dove $\mathcal{M} = (\pi(r), \{M^{(e)} : e \in E\})$. Ci riferiremo ad $\mathcal{M}$ parlando di parametri stocastici per distinguerli dai parametri sull'albero.

Per il DNA, il numero degli stati è $k = 4$, ma per le sequenze di proteine, che sono costruite dai venti amminoacidi, $k = 20$. Anche il caso $k = 2$ è di notevole interesse per i modelli statistici di sostituzione del DNA, nel momento in cui raggruppiamo le basi in purine $R = \{A, G\}$ e pirimidine $Y = \{C, T\}$.

Siano $l_1, \ldots, l_n$ le foglie dell'albero $T$. Sebbene l'evoluzione avvenga lungo tutto l'albero, noi possiamo osservare le sequenze solo sulle foglie. Una volta specificati i parametri del modello $\mathcal{M}$ siamo quindi interessati alla distribuzione congiunta $P$ degli stati sulle foglie $l_i$. La distribuzione congiunta $P$ è un $k \times k \times \cdots \times k$ tensore $n$-dimensionale con entrate

$$P(i_1, \ldots, i_n) = \mathrm{Prob}(l_1 = i_1, \cdots, l_n = i_n)$$

dove $\mathrm{Prob}(l_1 = i_1, \cdots, l_n = i_n)$ rappresenta la probabilià di avere lo stato $i_j$ sulla foglia $l_j$, per $j = 1, \ldots, n$. In generale, indicheremo $P(i_1, \ldots, i_n)$ con $p_{i_1 \cdots i_n}$. Le entrate di $P$ sono le frequenze attese, cioè che ci aspettiamo di vedere, dei patterns di stati $(i_1, \ldots, i_n)$ sulle foglie dell'albero. Queste frequenze possono essere esplicitamente espresse in termini dei parametri del modello, come mostriamo nel seguente esempio.

Consideriamo un albero con foglie $l_1, \ldots, l_5$.

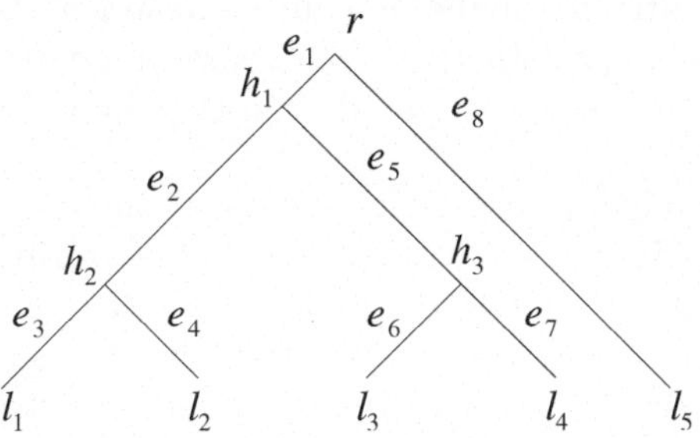

Sia $M^{(t)} = (m^{(t)})_{ij}$ la matrice $k \times k$ matrix sul ramo $e_t$, per $t = 1, \ldots, 8$, e sia $\pi(r)$ la distribuzione sulla radice. Calcoliamo la probabilità $p_{i_1 \ldots i_5}$. Partendo da un qualsiasi stato $w_0$ sulla radice, $\pi(r)_{w_0} m^{(1)}_{w_0, w_1}$ sarà la probabilità di avere lo stato $w_1$ sul vertice $h_1$. Proseguendo in questa maniera si nota che raggiungiamo la foglia $l_1$, con stato $i_1$, tramite

$$\pi(r)_{w_0} m^{(1)}_{w_0, w_1} m^{(2)}_{w_1, w_2} m^{(3)}_{w_2, i_1}$$

dove $w_2$ è uno stato non osservabile sul vertice $h_2$. La procedura per la foglia $l_2$ è simile, ma, poiché abbiamo già la probabilità di transizione fino al vertice $h_2$, grazie al calcolo per $l_1$, sarà sufficiente moltiplicare il termine precedente per $m^{(4)}_{w_2, i_2}$. Risulta quindi chiaro il modo di procedere, ottenendo:

$$\pi(r)_{w_0} m^{(1)}_{w_0, w_1} m^{(2)}_{w_1, w_2} m^{(3)}_{w_2, i_1} m^{(4)}_{w_2, i_2} m^{(5)}_{w_1, w_3} m^{(6)}_{w_3, i_3} m^{(7)}_{w_3, i_4} m^{(8)}_{w_0, i_5} \; .$$

Questa è la probabilità di avere lo stato $i_j$ sulla foglia $l_j$, $j = 1, \ldots, 5$, e stati $w_0$, $w_1$, $w_2$ e $w_3$ rispettivamente sulla radice $r$ e sui vertici $h_1$, $h_2$, $h_3$. Poiché i nodi interni non sono osservabili, dobbiamo considerare, su questi, tutti i possibili stati. Quinbdi la probabilità finale sarà:

$$p_{i_1 \ldots i_5} = \sum_{\substack{1 \leq w_i \leq k \\ i = 0,1,2,3}} \pi(r)_{w_0} m^{(1)}_{w_0, w_1} m^{(2)}_{w_1, w_2} m^{(3)}_{w_2, i_1} m^{(4)}_{w_2, i_2} m^{(5)}_{w_1, w_3} m^{(6)}_{w_3, i_3} m^{(7)}_{w_3, i_4} m^{(8)}_{w_0, i_5} \; .$$

In generale, sia $T = (V, E)$ un albero filogenetico con $n$ foglie con modello di Markov $\mathcal{M} = (\pi(r), M^{(e)})$. Indichiamo con $s(e)$ e $f(e)$ gli estremi del ramo $e$. Si dimostra facilmente che la distribuzione congiunta $P$ è data dalla formula

$$P(i_1, \ldots, i_n) = \sum_{(b_v) \in H} \left[ \pi(r)_{b_r} \prod_e \left( m^{(e)}_{b_{s(e)}, b_{f(e)}} \right) \right] \tag{6.1}$$

dove il prodotto è preso lungo tutti i rami $e$ che escono dalla radice e la somma è presa sull'insieme

$$H = \{ (b_v)_{v \in V} | b_v \in [k] \;\; \text{if} \;\; v \neq i_j, b_v = i_j \;\; \text{if} \;\; v = i_j \} \subset [k]^{2n-2} \; .$$

Possiamo dire che $H$ rappresenta l'insieme di tutte le «storie» compatibili con gli stati specificati sulle foglie. Per un modello generale di Markov su un albero con $n$ fogli, ogni probabilità $p_{i_1,\dots,i_n}$ sarà un polinomio di grado $2n-2$ con $k^{n-2}$ termini. La forma precisa di questi polinomi riflette la topologia dell'albero $T$.

Il modello che abbiamo descritto si basa su un processo di sostituzione in ogni singolo sito. In generale, i dati per l'inferenza filogenetica sono delle sequenze di DNA di una determinata lunghezza $\ell$. Assumiamo che il processo evoluzionistico procede in maniera indipendente su ciascun sito, ma in accordo con lo stesso processo probabilistico, con gli stessi parametri. Questa assunzione di essere indipendenti e identicamente distribuiti (i.i.d.) non è desiderabile da un punto di vista biologico. Allo stesso tempo, una qualche forma dell'assunzione i.i.d. è essenziale in quanto solo vedendo i fenomeni su ciascun sito come dati per lo stesso processo, otteniamo abbastanza dati per fare inferenza.

Conviene precisare che la collocazione della radice nell'albero $T$ è un problema biologico, ma non matematico. Infatti è possibile cambiare la radice senza modificare la distribuzione congiunta (Proposizione 1 di [2]).

Mostriamo adesso alcuni esempi di sottomodelli del modello generale di Markov. Il lettore interessato può trovare una più ampia serie di questi modelli, ad esempio, in [5] (*General Time Reversible* model e *Mixture* model) ed in [3] (*Stable Base Distribution* model, *Simultaneous Diagonalization* model, *Algebraic Time Reversible* model).

### 6.1.1 Modello di Jukes-Cantor per il DNA

Questo modello è quello biologicamente plausibile con il minor numero di parametri. La distribuzione alla radice viene assunta uniforme, $\pi(r) = (0.25, 0.25, 0.25, 0.25)$, e le matrici di transizioni sui rami hanno la forma

$$
M^{(e)} = \begin{pmatrix}
1 - a_e & \frac{a_e}{3} & \frac{a_e}{3} & \frac{a_e}{3} \\
\frac{a_e}{3} & 1 - a_e & \frac{a_e}{3} & \frac{a_e}{3} \\
\frac{a_e}{3} & \frac{a_e}{3} & 1 - a_e & \frac{a_e}{3} \\
\frac{a_e}{3} & \frac{a_e}{3} & \frac{a_e}{3} & 1 - a_e
\end{pmatrix}
$$

dove $a_e$ può variare per ogni ramo $e$.

### 6.1.2 Modello di Kimura a 2 parametri

A causa della loro somiglianza dal punto di vista chimico, le basi sono classificate in purine {A, G} e primidine {C, T}. Assegniamo probabilità $p_a$ per in cambi all'interno di una classe (transizioni), e probabilità $p_b$ quando il cambio comporta uno spostamento di classe (trasversioni). In questo modo viene definito il modello di Kimura a 2 parametri, le cui matrici hanno la forma

$$M^{(e)} = \begin{pmatrix} 1-(a_e+2b_e) & a_e & b_e & b_e \\ a_e & 1-(a_e+2b_e) & b_e & b_e \\ b_e & b_e & 1-(a_e+2b_e) & a_e \\ b_e & b_e & a_e & 1-(a_e+2b_e) \end{pmatrix}$$

dove le righe e le colonne sono indicizzate da A, G, C, T (purine, seguite dalle primidine). Tipicamente $p_a > p_b$, poiché le transizioni sono osservate con frequenza maggiore rispetto alle trasversioni.

### 6.1.3 Modello di Kimura a 3 parametri

Il precedente modello può essere generalizzato, da un punto di vista matematico più che biologico, al modello di Kimura a 3 parametri le cui matrici di transizioni hanno la forma

$$M^{(e)} = \begin{pmatrix} 1-\rho_e & a_e & b_e & c_e \\ a_e & 1-\rho_e & c_e & b_e \\ b_e & c_e & 1-\rho_e & a_e \\ c_e & b_e & a_e & 1-\rho_e \end{pmatrix}$$

dove $\rho_e = a_e + b_e + c_e$.

## 6.2 Invarianti filogenetiche

Nel 1987, Cavender e Felsenstein in [30], e, separatamente, Lake in [73] hanno introdotto il concetto di *invariante filogenetica* per un nuovo approccio allo studio degli alberi filogenetici ottenuti a partire da sequenze di dati biologici (ad esempio, il caso dei $k = 4$ stati: A,C,G,T). Ovviamente noi considereremo la generalizzazione al caso di $k$ stati, dove $k$ è un intero positivo arbitrario, $k \geq 2$.

Un'*invariante filogenetica*, per l'albero topologico $T$ e il modello $\mathcal{M}$, è un polinomio in $k^n$ variabili, che si annulla quando le frequenze attese $p_{i_1,\dots,i_n}$, calcolate con 6.1 vengono sostituite alle variabili.

Visto che stiamo considerando ad un approccio algebrico, ci conviene lavorare con i numeri complessi. In questa situazione, parleremo di *parametri complessi* per distinguerli dai *parametri stocastici*, cioè, i numeri reali positivi. Ricordiamo però che in entrambi i casi, richiederemo sempre che sia la distribuzione alla radice che ogni riga delle matrici di transizione abbiano somma 1.

Sia $\{z_{i_1\cdots i_n}\}$ un insieme di $k^n$ variabili indicizzate da $1 \le i_1, \ldots, i_n \le k$, ed indichiamo con $R$ l'anello dei polinomi $\mathbb{C}[z_{i_1\cdots i_n}]$[4].

Un'invariante filogenetica, per il modello generale di Markov $(T, \mathcal{M})$, è un polinomio $f \in \mathbb{C}[z_{i_1\cdots i_n}]$ tale che $f \equiv 0$ dopo la sostituzione $p_{i_1\cdots i_n} \to z_{i_1\cdots i_n}$ delle espressioni polinomiali che descrivono le frequenze attese sulle foglie dei diversi patterns di stati.

Poiché le $p_{i_1\cdots i_n}$ rappresentano tutte le possibili probabilità degli eventi della distribuzione congiunta si ha che

$$\sum_{1 \le i_1, \ldots, i_n \le k} p_{i_1\cdots i_n} = 1 \ . \tag{6.2}$$

Otteniamo quindi un'invariante $\sum_{1 \le i_1, \ldots, i_n \le k} z_{i_1\cdots i_n} = 1$, comune a tutti gli alberi con $n$ foglie e $k$ stati, che prende il nome di *invariante stocastica*.

Supponiamo che le invarianti filogenetiche possano essere trovate. Ciò permetterebbe di individuare sia l'albero topologico che il modello statistico. Infatti, partendo dai dati osservati in nostro possesso, possiamo calcolare le frequenze osservate $\hat{P}_{i_1\cdots i_n}$. I dati possono essere sequenze distinte di stati (in particolare, nel caso $k = 4$, si tratterà di sequenze allineate di DNA), una per ciascuna delle $n$ specie. Tutte le sequenze avranno la stessa lunghezza $M$. Quindi, le frequenze osservate $\hat{P}_{i_1\cdots i_n}$ sono date dalla formula

$$\hat{P}_{i_1\cdots i_n} = \frac{\text{numero delle osservazioni di } i_1, \ldots, i_n}{M} \ .$$

Consideriamo quattro specie con date sequenze di DNA di lunghezza 30.

| | |
|---|---|
| Species 1 | CGTTACCCACTAGTTTATGACGTTACCCAC |
| Species 2 | CGTTACCGACTAAATGCTGTCGTTACCGAC |
| Species 3 | AGCCCCCAATTATGAGCGTAGCCCCCAA |
| Species 4 | CGGGATTAAAATGCCGCGGGCGGGATTAAA |

Quindi, ad esempio, si ha $\hat{P}_{\mathrm{TTCG}} = \frac{5}{30} = 0.16667$.

---

[4] Un anello $R$ è un gruppo abeliano $(R, +)$ con un'operazione di moltiplicazione $(a, b) \to ab$ ed un elemento identità 1, che soddisfa, per ogni $a, b, c \in R$
1. $a(bc) = (ab)c$ (associatività);
2. $a(b + c) = ab + ac$ e $(b + c)a = ba + ca$ (distributività);
3. $1a = a1 = a$ (identità).

Un anello $R$ è commutativo se, inoltre, $ab = ba$ per ogni $a, b \in R$. Se $k$ è un anello commutativo, allora l'*anello dei polinomi* su $k$ nelle variabili $x_1, \ldots, x_n$ si indica con $k[x_1, \ldots, x_n]$. Gli elementi in $k$ vengono generalmente chiamati *scalari*. Un monomio è un prodotto di variabili; il suo grado è il numero dei fattori, ripetizioni comprese. Ad esempio, $x_1 x_3^2 x_4^2$ ha grado 6. Per convenzione, gli elementi in $k$ sono considerati monomi di grado 0. Un *termine* è il prodotto tra uno scalare e un monomio. Ogni *polinomio* può essere univocamente scritto come somma finita di termini. Ad esempio $f = x_1 + 3x_1^2 x_3^5 + 123 x_2^{11}$ è un polinomio in $k[x_1, x_2, x_3]$. Se i termini di un polinomio $f$ hanno tutti lo stesso grado (o $f = 0$), allora $f$ viene detto *omogeneo*.

Se le frequenze ottenute dai dati di laboratori sono attendibili per quanto riguarda le frequenze attese, allora, una volta sostituite nelle invarianti, queste dovranno annullarsi o, per lo meno, avere dei valori piccoli. In pratica sceglieremo l'albero topologico in modo che le sue invarianti sia vicine allo zero dopo aver sostituito le frequenze osservate. Più in dettaglio, consideriamo un'invariante filogenetica $f$ per un modello generale di Markov $(T, \mathcal{M})$, dove $\mathcal{M}$ è espresso dalle indeterminate $\pi(r)_l, m_{ij}^{(e)}$. Sia $P = (p_{i_1 \cdots i_n})$ il tensore della distribuzione congiunta che descrive le probabilità degli stati sulle foglie. Quindi $f(P) = 0$. Rimpiazziamo $P$ con il tensore $P_0$, ottenuto da una specifica scelta dei parametri per $T$ e $\mathcal{M}$, si avrà ancora $f(P_0) = 0$. Indichiamo con $\hat{P}$ il tensore che rappresenta le frequenze osservate sui dati reali di laboratorio. Se $T$ e $\mathcal{M}$ sono l'albero e il modello corretti allora $\hat{P} \approx P_0$. Poiché $f(P_0) = 0$, allora $f(\hat{P}) \approx 0$. Quindi, l'approssimarsi a zero delle invarianti filogenetici sulle frequenze osservate è una buona verifica per la scelta di $T$ e $\mathcal{M}$ giusti.

Questa metodologia di scegliere la topologia dell'albero risulterà utile nel momento in cui siamo in grado di produrre efficientemente invarianti filogenetiche. Le tecniche per individuare tali invarianti sono molteplici: la cosiddetta 4-point condition con metriche log-det [30, 103], lo studio di relazioni algebriche tra le frequenze attese [47, 48], l'uso dell'analisi armonica [43]. In generale, nei lavori sopracitati, queste tecniche sono ristrette a specifici alberi topologici e modelli (per esempio, in [30], gli autori producono invarianti per il modello di Jukes-Cantor a 2 stati e con 4 specie) con poche speranze di essere estese al caso generale. Il lettore potrà trovare maggiori dettagli al riguardo nell'introduzione di [2].

Il modello studiato in [30] è un modello simmetrico con $k = 2$ stati rappresentati da 0 e 1.

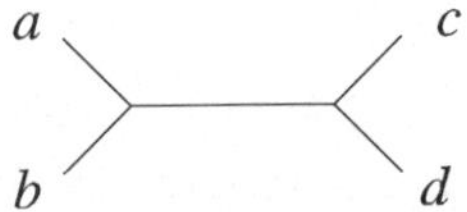


Oltre all'invariante stocastica, ci sono delle invarianti lineari dovute alla simmetria del modello: $p_{0000} - p_{1111}$, $p_{0011} - p_{1100}$, $p_{0001} - p_{1110}$, $p_{0110} - p_{1001}$, etc. Infine, c'è un'ulteriore invariante, maggiormente ricca di informazioni, detta invariante *informativa*:

$$f = (p_{0100} + p_{1011} - p_{0111} - p_{1000})(p_{0010} + p_{1101} - p_{0001} - p_{1110} -)$$
$$- (p_{0110} + p_{1001} - p_{0101} - p_{1010})(p_{0000} + p_{1111} - p_{0011} - p_{1100}) \, .$$

Questa invariante può essere ottenuta grazie alla 4-point condition. Questo polinomio si annulla solo nell'albero a 4 foglie in cui $a$ e $b$ costituiscono una ciliegia, e non si annulla nella generica distribuzione congiunta che si ottiene dalle altre due topologie per l'albero a 4 foglie (date dagli altri due modi di etichettare le foglie con $a$ nella stessa ciliegia di $c$ o $d$). Per questo motivo si dice che $f$ è topologicamente informativa.

## 6.3 Ideale filogenetico e varietà filogenetica

Come già accennato nell'introduzione, descriveremo adesso un filone di ricerca in cui i metodi della Geometria Algebrica vengono utilizzati per studiare e capire alcuni modelli probabilistici usati in Filogenetica. I recenti progressi nell'interpretazione dell'insieme delle distribuzioni di probabilità come fosse una varietà algebrica ha portato a nuovi fondamentali risultati teorici che fanno ben sperare in un miglioramento dell'appproccio all'inferenza filogenetica.

Consideriamo ancora un albero $T$ con $n$ foglie e $k$ stati. Innanzitutto, ricordandoci della Definizione 6.2, osserviamo che se due polinomi di $\mathbb{C}[z_{i_1\cdots i_n}]$ si annullano sotto la stessa sostituzione, ciò farà anche una qualsiasi loro combinazione lineare con coefficienti in $\mathbb{C}[z_{i_1\cdots i_n}]$. Possiamo quindi dare la seguente

Sia $I_T$ l'ideale[5] generato da tutte le invarianti filogenetiche del modello generale di Markov $(T, \mathcal{M})$. $I_T$ prende il nome di ideale filogenetico di $T$.

Una volta che i parametri sull'albero, a $n$ foglie, sono stati scelti, ci sono $k-1$ gradi di libertà sulla radice (poiché $\sum_{i=1}^{k} \pi(r)_i = 1$) e $k(k-1)$ gradi di libertà sulle entrate di ogni matrice, per ogni ramo $e$ (poiché $\sum_{j=1}^{k} m_{ij}^{(e)} = 1$, $\forall e \in E$). Considerato che un albero biforcato con $n$ foglie ha $2n-3$ rami, possiamo concludere che un modello $\mathcal{M}$, su un tale albero $T$, ha $N := (k-1)+(2n-3)k(k-1)$ parametri numerici liberi. Quindi, lo spazio dei parametri stocastici per l'albero $T$ è dato da un sottoinsieme $S$ di $[0,1]^N$, e ciascun $s \in S$ rappresenta un modello $\mathcal{M} = (\pi(r), \{M^{(e)}\})$. Grazie alla formula (6.1), possiamo definire una mappa di parametrizzazione

$$\varphi_T : S \to \qquad [0,1]^{k^n}$$
$$s \to P = [p_{11\cdots 1}, \ldots, p_{kk\cdots k}] \tag{6.3}$$

dove $[0,1]^{k^n}$ rappresenta lo spazio delle joint distribution. Un elemento $P \in [0,1]^{k^n}$ nell'immagine di $\varphi_T$ rappresenta una distribuzione congiunta di patterns di frequenze sulle foglie di $T$. Poiché, dalla formula (6.1), $\varphi_T$ è una mappa polinomiale nei parametri liberi del modello, possiamo estenderla alla mappa

$$\Phi_T : \mathbb{C}^N \to \mathbb{C}^{k^n} . \tag{6.4}$$

---

[5] Un ideale in un anello commutativo $R$ è un sottogruppo additivo $I$ tale che se $r \in R$ e $s \in I$, allora $rs \in I$. Un ideale $I$ si dice *generato da un sottoinsieme* $S \subset R$ se ogni elemento $t \subset I$ può essere scritto nella forma

$$t = \sum_i r_i s_i , \qquad r_i \in R \quad \text{e} \quad s_i \in S .$$

Indicheremo, di solito, con $(S)$ l'ideale generato dal sottoinsieme $S \subset R$; se $S$ è costituito da un numero finito di elementi $s_1, \ldots, s_n$ scriveremo $(s_1, \ldots, s_n)$ al posto di $(S)$. Per convenzione, l'ideale generato dall'insieme vuoto si indica con $(0)$.

Sia $V_T$ la chiusura[6] (di Zarisky) dell'imagine di $\Phi_T$, cioè $V_T := \overline{\Phi_T(\mathbb{C}^N)}$. $V_T$ prende il nome di *varietà*[7] *filogenetica* associata all'albero $T$.

In pratica, quindi, $V_T$ è una varietà che contiene le distribuzione congiunta (complesse) per tutte le possibili scelte dei parametri numerici (complessi) $\mathcal{M} = (\pi(r), \{M^{(e)}\})$ del modello generale di Markov sull'albero $T$.

Nelle applicazioni, la topologia dell'albero è generalmente il parametro di maggior interesse. Se una distribuzione osservata di frequenze è «vicina» a $V_T$, ciò può essere interpretato come un test positivo per la scelta di quella topologia per $T$. Quindi, le invarianti filogenetiche pemettono di fare inferenza sulla topologia di $T$ senza dover stimare anche tutti gli altri parametri come, invece, accade tramite il *maximum likelihood estimation*.

L'estensione della mappa di parametrizzazione $\Phi_T$ ai numeri complessi è motivata dal fatto che i campi algebricamente chiusi forniscono un contesto più semplice e naturale per studiare le mappe polinomiali. Indubbiamente, i parametri complessi non sono affatto naturali da un punto di vista biologico e quindi l'obiettivo finale sarà quello di comprendere, nel contesto stocastico, il modello ottenuto.

---

[6] Sia $k$ un fissato campo algebricamente chiuso. Definiamo l'$n$-spazio *affine* su $k$, denotato da $\mathbb{A}_k^n$, come l'insieme di tutte le $n$-uple di elemente di $k$. Un elemento $P \in \mathbb{A}_k^n$ è detto punto e se $P = (a_1, \ldots, a_n)$ con $a_i \in k$, allora gli $a_i$ sono dette le coordinate di $P$.
Sia $R = k[x_1, \ldots, x_n]$ l'anello dei polinomi in $n$ variabili su $k$. Interpretiamo gli elementi di $R$ come funzioni da $\mathbb{A}_k^n$ a $k$ definendo

$$f(P) = f(a_1, \ldots, a_n)$$

cioè facendo semplicemente la sostituzione $a_i \to x_i$, dove $f \in R$ e $P \in \mathbb{A}_k^n$, $P = (a_1, \ldots, a_n)$. Così, se $f \in R$ è un polinomio, possiamo parlare dell'insieme degli zeri di $f$:
$$Z(f) = \{P \in A^n : f(P) = 0\}.$$

Più in generale, se $X$ è un qualsiasi sottoinsieme di $R$, possiamo definire l'insieme degli zeri di $X$ come l'insieme degli zeri comuni a tutti gli elementi di$X$, cioè

$$Z(X) = \{P \in A^n : f(P) = 0 \quad \text{per ogni } f \in X\}.$$

Se $I$ è un ideale di $R$ generato da $X$, allora $Z(X) = Z(I)$.
Un sottoinsieme $Y$ of $\mathbb{A}^n$ è un insieme algebrico se esiste un sottoinsieme $X \subset R$ tale che $Y = Z(X)$.
Possiamo definire una topologia su $\mathbb{A}^n$ prendendo, come insiemi aperti, i complementari degli insiemi algebrici ([62] Proposizione 1.1). Questa topologia prende il nome di *topologia di Zarisky*
[7] Un sottoinsieme, non vuoto, $Y$ di uno spazio topologico $X$ è irriducibile se non può essere espresso come l'unione $Y = Y_1 \cup Y_2$ di due suoi sottoinsiemi propri, ciascuno dei quali sia chiuso in $Y$. Una varietà algebrica affine (o semplicemente varietà affine) è un sottoinsieme chiuso irriducibile di $\mathbb{A}^n$ (con la sua topologia indotta).

Possiamo schematizzare il seguente metodo, che è statisticamente consistente.

INPUT: la distribuzione congiunta delle frequenze osservate $\hat{P}$.
i)  fissiamo $\mathcal{M}$;
ii)  per ogni albero $T$
    a.  trovare alcune/tutte le invarianti $f$ per $V_T$;
    b.  verificare se $f(\hat{P}) \approx 0$.
OUTPUT: l'albero $T$ per il quale $\hat{P}$ sia **il più possibile vicino a** $V_T$.

Nella ricerca delle invarianti filogenetiche, l'obiettivo principale sarebbe quello di determinare completamente l'ideale $I_T$, cioè definire la varietà $V_T$ *ideal-theoretically*. Un obiettivo più debole è invece quello di determinare l'insieme dei polinomi il cui insieme degli zeri è $V_T$. In questo caso guardiamo solo alla varietà *set-theoretically*. Questo è principalmente il significato di «alcune/tutte» nel passo 2.a.

Sebbene abbiamo considerato qui soltanto quella parte delle invarianti filogenetiche che riguarda la Geometria Algebrica, è doveroso ricordare che la comprensione statistica del comportamento di questi polinomi è necessaria. Questo è dovuto, in particolare, al fatto che vogliamo applicare lo studio delle invarianti a dati reali e soggetti ad errore. Inoltre, i modelli evoluzionistici sono solo approssimazioni della realtà e quindi, da un punto di vista statistico, dobbiamo richiedere anche la robustezza del metodo qualora si violino le assunzioni del modello. Infine, la Statistica sarà necessaria per una buona definizione di «il più possibile vicino a».

Comprendere appieno $V_T$ significa comprendere il problema dell'inferenza filogenetica sia da un punto di vista pratico che teorico. La prima e fondamentale parte di questa comprensione di $V_T$ è indubbiamente descriverla, implicitamente, come zero di polinomi: trovare polinomi $f \in R$ tali che $f(q) = 0$ per ogni $q \in V_T$. Questo è equivalente a cercare il kernel della mappa

$$\tilde{\Phi}_T \colon \mathbb{C}[z_{i_1 \cdots i_n}] \to \mathbb{C}[s_1, \ldots, s_N]$$

dove $\mathbb{C}[s_1, \ldots, s_N]$ è l'anello dei polinomi associato allo spazio vettoriale $\mathbb{C}^N$ (come variabili $s_i$ possiamo prendere, per esempio, i parametri stocastici liberi del modello di Markov $\pi(r)_l$, $m_{ij}^{(e)}$). Il kernel di $\tilde{\Phi}_T$ è l'ideale $I$ dei polinomi nelle variabili $z_{i_1 \cdots i_n}$ che si annullano su ogni scelta dei parametri (stocastici o complessi) $s_i$'s, cioè corrisponde esattamente all'ideale filogenetico della Definizione 6.3[8].

Quindi l'idea principale è quella di trovare esplicitamente l'ideale del modello generale di Markov per ciascun albero topologicamente differente. Per il

---

[8] Per ogni sottoinsieme $Y \subset \mathbb{A}^n$, definiamo l'ideale di $Y$ in $R$ come

$$I(Y) = \{f \in R \colon f(P) = 0 \quad \text{per ogni } P \in Y\}.$$

In questo modo abbiamo la possibilità di ottenere ideali in $R$ partendo da insiemi algebrici in $\mathbb{A}^n$, e, viceversa, insieme algebrici di $\mathbb{A}^n$ partendo da ideali di $R$.

teorema della base di Hilbert ([39], Teorema 1.2, pagina 27), questi ideali sono finitamente generati e quindi il problema diventa quello di individuare tali liste di generatori. In questi termini, la ricerca delle invarianti filogenetiche sembra essere uno specifico argomento di Geometria Algebrica Computazionale. In questo settore, le tecniche principali per manipolare polinomi sono fornite dalle basi di Gröbner ([39], Capitolo 15). In teoria, le basi di Gröbner permettono di trovare tutte le invarianti filogenetiche di un albero topologico una volta scelta la tipologia di modello statistico. Sfortunatamente, nella pratica, l'uso delle basi di Gröbner è limitato al caso in cui sia il numero delle foglie che degli stati sia basso. Infatti, il metodo di base per determinare $I_T$ si basa sull'algoritmo di eliminazione sull'insieme di equazioni $z_{i_1 \cdots i_n} - p_{i_1 \cdots i_n} = 0$ rispetto alle variabili/parametri $\pi(r)_l$, $m_{ij}^{(e)}$. Questo processo riguarda $k^n$ polinomi di grado $2n - 3$ nelle variabili $\pi(r)_l$, $m_{ij}^{(e)}$. Quindi, se il numero delle foglie, o degli stati, cresce, il calcolo diventa rapidamente molto complesso e la tecnologia, al momento, non è in grado di produrre risultati.

Quindi, rimanendo nel campo della Geometria Algebrica Filogenetica. gli studiosi cercano tecniche e strumenti differenti per trovare le invarianti filogenetiche.

In [2], Allman e Rhodes introducono alcuni metodi per trovare invarianti filogenetiche, per ogni albero topologico fornito di modello generale di Markov per la sostituzione delle basi. In particolare, gli autori non pongono alcuna restrizione sul numero $n$ delle foglie e $k$ degli stati. Le costruzioni sono basate sulle relazioni di simmetria e commutatività delle espressioni matriciali e richiedono solamente Algebra Lineare. In particolare, per un albero $T$, con 3 foglie, viene trovato un *insieme forte* di invarianti. Queste invarianti hanno grado $k + 1$ (il più basso possibile) e sono costituite da molti termini. Per esempio se $k = 4$, questi polinomi di grado 5 formano uno spazio vettoriale di dimensione 1728 ed il numero di termini in ciascun polinomio è circa 180. Queste costruzioni sono successivamente generalizzate ad alberi con un numero $n$ arbitrario di foglie. Sfortunatamente, in questo caso, queste invarianti non generano l'ideale completo, anche se riescono comunque a dare un risultato soddisfacente.

Un caso particolarmente interessante riguarda i cosiddetti modelli *group-based* su alberi, per i quali Sturmfels and Sullivant hanno fornito una descrizione completa dell'ideale filogenetico. La loro dimostrazione si basa sulla coniugazione alla Hadamard che consiste in un cambio di variabili che rende la parametrizzazione $\Phi_T$ di tipo monomiale (anziché polinomiale). Le varietà parametrizzate da monomi vengono chiamate *varietà toriche* e sono una classe di varietà già note Geometria Algebrica. I principali risultati al riguardo sono raccolti in [105].

Un'analisi esplicita dell'ideale torico per un modello di Markov omogeneo e completamente osservabile (cioè senza nodi non-osservabili e con tutte le matrici uguali) su un albero con al più cinque foglie e $k = 2$ si trova in [40].

Recentemente, alcuni autori hanno fissato la loro attenzione sulle tecniche di *flattenings* di un tensore $n$-dimensionale. Queste tecniche permettono di ottenere invarianti dalla struttura «locale» dell'albero. Inoltre, i flattenings sono strettamente connessi con la teoria delle varietà secanti. Su quest'ultimo argomento, in Geometria Algebrica, c'è una vasta letteratura; alcuni articoli stanno diventando fondamentali nella ricerca delle invarianti filogenetiche. In molti casi i flattenings sui vertici o sui nodi permettono di determinare almeno set-theoretically la varietà filogenetica. Possiamo allora investigare se tipologie differenti di varietà possano fornire nuove invarianti filogenetiche ([4], pagina 12).

Concludiamo dicendo che molti risultati in questa direzione (per esempio Teorema 2, Teorema 7 e Congettura 2 in [4], Congettura 21 e Proposizione 22 in [58]) sembrano suggerire che la varietà filogenetica possa essere completamente determinata dalla struttura locale dell'albero.

# A

# Evoluzione, comportamento animale e teoria matematica dei giochi[1]

La teoria dei giochi si occupa in generale delle tecniche matematiche per analizzare situazioni in cui due o più individui prendono decisioni che influenzeranno il proprio e l'altrui benessere. Le situazioni che i teorici della teoria dei giochi studiano non sono meramente ricreative come potrebbe erroneamente far pensare il termine *gioco*. Nel linguaggio di questa giovane scienza (si può datare un inizio di questa moderna teoria con il lavoro di Von Neumann e Morgenstein, 1944; il termine *gioco* si riferisce ad ogni situazione sociale che coinvolge due o più individui: i *giocatori*. I giocatori sono supposti sempre decisori razionali, cioè prenderanno decisioni tali da massimizzare i payoff della propria utilità attesa. Un esempio di comportamento che tende a massimizzare il proprio payoff, può essere trovato nei *modelli di selezione evolutiva*. In un universo dove il disordine crescente è una legge fisica, gli organismi complessi (includendo gli uomini o più in generale le organizzazioni sociali) possono sopravvivere solo se si comportano in un modo che tende a far aumentare le loro probabilità di sopravvivenza e di riproduzione. Allora un argomento relativo alla selezione evoluzionistica suggerisce che gli individui tendano a massimizzare il valore atteso di una qualche misura di sopravvivenza naturale e idoneità riproduttiva, altrimenti vengono rimpiazzati (Maynard Smith 1982). In generale, massimizzare il payoff *dell'utilità attesa* non è lo stesso che massimizzare il payoff *monetario atteso*, perché i valori dell'utilità non sono necessariamente in dollari. Un individuo avverso al rischio aumenta di più la sua utilità attesa vincendo un dollaro quando è povero che vincendo lo stesso dollaro quando è ricco.

Questa osservazione ci suggerisce che per molti decisori razionali l'utilità può non essere una funzione lineare del valore monetario.

La teoria dei giochi può essere vista come una estensione della *Teoria delle Decisioni* (al caso di 2 o più decisori razionali), quindi per comprendere le idee fondamentali della TdG si dovrebbe incominciare a studiare la Teoria delle Decisioni (si veda ad es. Simon French, 1993).

---

[1] Contribuito specifico di Lucia Pusillo.

**Figura A.1.** J. Maynard Smith

Le decisioni rimepiono la nostra vita: è proprio la capacità di scegliere e di esprimere i nostri desideri che distingue la vita dell'essere intelligente da quello delle forme inferiori.

La teoria dei giochi studia le interazioni strategiche tra vari decisori (i giocatori) e si applica in vari campi della Scienza: la Matematica, l'Economia. le Scienze Sociali, l'Ingegneria, la Filosofia, l'Etica e la Scienza dell'Evoluzione; quest'ultimo è il campo principale di cui ci occuperemo in questa appendice.

La teoria matematica dei giochi evolutivi nasce come una applicazione della teoria matematica dei giochi alla Biologia e introduce agli aspetti strategici nella teoria dell'evoluzione. È stato John Maynard Smith, professore di biologia all'Università del Sussex, a introdurre la nozione di strategia evolutivamente stabile (brevemente ESS) applicando così con successo la teoria dei giochi all'evoluzione.

Come egli stesso dice, nell'introduzione al suo libro *Evolution and the Theory of Games*, paradossalmente la teoria dei giochi si applica meglio alla biologia che al comportamento economico, per studiare il quale era stata inventata.

Ci sono due motivi che giustificano questa asserzione: il primo è che la teoria richiede che i valori di differenti risultati possano essere misurati su una singola scala, e nelle applicazioni umane questa misura è ottenuta con un concetto artificiale che è la funzione di utilità. In biologia il benessere darwiniano fornisce una scala unidimensionale. Il secondo e forse più importante motivo è che nel cercare la soluzione di un gioco è il concetto della razionalità umana che viene sostituito dalla stabilità evolutiva. Il vantaggio, afferma Maynard Smith, è che qui ci sono varie ragioni per aspettarsi che la popolazione evolva verso stati stabili e invece ci sono molti dubbi sulla razionalià del comportamento umano.

In questo contributo daremo una breve introduzione alla TdG, successivamente parleremo del concetto di equilibrio evolutivamente stabile (ES per brevità), e infine descriveremo alcuni comportamenti paradossali del mondo animale che trovano una logica negli equilibri evolutivamente stabili.


## A.1 Cenni sulla teoria dei giochi

Con gioco non cooperativo intendiamo un modello matematico di interazione strategica dove i risultati delle azioni degli individui dipendono dalle azioni degli altri.

In quel che segue, per semplificare le notazioni, parleremo di giochi a due giocatori.

Un gioco si esprime come una quadrupla

$$G = (X, Y, u_1, u_2) \tag{A.1}$$

dove $X, Y$ sono gli spazi delle strategie rispettivamente dei giocatori I e II (indicheremo i giocatori con i numeri romani) $u_1, u_2$ sono le funzioni di utilità rispettivamente dei giocatori I e II, $u_i$, $i = 1, 2$ (misurano «quanto» i decisori ottengono giocando una data strategia, in qualche modo misurano la loro «soddisfazione»).

Per spiegare cosa è un gioco a due giocatori, vediamo il seguente esempio scrivendo la matrice:

|     | $L$     | $R$     |
|-----|---------|---------|
| $T$ | $1, 0$  | $0, 2$  |
| $B$ | $1, 1$  | $2, 3$  |

In base a quanto detto sopra $X = \{T, B\}$ (cioè il giocatore I può usare la strategia $T$ oppure la strategia $B$), $Y = \{L, R\}$ cioè il giocatore II può usare la strategia $L$ oppure $R$ e risulterà $u_1(T, L) = 1$, $u_1(T, R) = 0$, $u_1(B, L) = 1$, $u_1(B, R) = 2$, invece il giocatore II otterrà: $u_2(T, L) = 0$, $u_2(T, R) = 2$, $u_2(B, L) = 1$, $u_2(B, R) = 3$.


La nozione più accreditata di soluzione per giochi non cooperativi è la nozione di equilibrio di Nash, dal nome del matematico che lo ha proposto.

John Nash è tra i matematici più brillanti e originali del Novecento, ha rivoluzionato l'economia con i suoi studi di matematica applicata alla teoria dei giochi, vincendo il premio Nobel per l'Economia nel 1994 insieme a R. Selten e J. Harsanyi.

Per un'interessante biografia su J. Nash, anche se un po' romanzata, vedi *Il genio dei numeri*, di Sylvie Nasar, 1999.

Per quanto riguarda l'equilibrio che da Nash prende il nome (NE), se indichiamo con $X$ e $Y$ gli spazi delle strategie dei due giocatori, una coppia di strategie $(\overline{x}, \overline{y}) \in X \times Y$ è un equilibrio di Nash (brevemente NE) se

$$u_1(\overline{x}, \overline{y}) \geq u_1(x, \overline{y}) \quad \forall x \in X ,$$
$$u_2(\overline{x}, \overline{y}) \geq u_2(\overline{x}, y) \quad \forall y \in Y .$$

Intuitivamente $(\overline{x}, \overline{y}) \in X \times Y$ è un equilibrio di Nash se nessun giocatore ha incentivo a deviare unilateralmente da $(\overline{x}, \overline{y})$ perché la sua soddisfazione non aumenterebbe con questa nuova azione.

Nell'esempio precedente c'è solo un equilibrio di Nash: $(B, R)$.

Esistono giochi con un solo NE, giochi con più equilibri ma anche giochi che non hanno equilibri.

Si deve a John Nash un importante teorema di esistenza degli equilibri per i giochi non cooperativi. Tale teorema ha bisogno, per la dimostrazione, di sofisticate tecniche matematiche, del Teorema del punto fisso di Kakutani, della nozione di multiapplicazione e pertanto rimandiamo all'articolo originale di Nash, 1950 o a qualche interessante volume di teoria dei giochi per la dimostrazione. Possiamo solo dire brevemente che:

*Un gioco finito in strategie miste ha almeno un equilibrio (di Nash).*

Parliamo di strategie miste ogni qualvolta consideriamo una distribuzione di probabilità sulle strategie dei giocatori (per i dettagli vedi Binmore 1992, Myerson 1991).

Negli anni successivi molte sono state le varianti degli equilibri di Nash studiate, i cosidetti «raffinamenti degli equilibri di Nash».

Nel prossimo paragrafo descriveremo una variante dell'equilibrio di Nash: l'equilibrio evolutivo, interessante perché si applica ai processi dell'Evoluzione partendo dalla teoria di Darwin.

## A.2 Equilibri evolutivamente stabili

La nozione di equilibrio evolutivamente stabile (ES-equilibrio) è utile nei modelli in cui le azioni dei giocatori sono determinate dalle forze dell'evoluzione.

Qui ci limitiamo al caso in cui i membri di una singola popolazione (animali ma anche piante) interagiscono tra loro a coppie (questa è solo una nostra semplificazione per rappresentare in modo più semplice il modello matematico).

Ciascun organismo, animale o vegetale, sceglie un'azione da un insieme ammissibile $B$ che si chiama anche spazio delle strategie.

L'individuo sceglie una strategia (cioè un'azione) non coscientemente ma seguendo delle leggi di ereditarietà oppure leggi dovute alla mutazione. La funzione di utilità misurerà il successo riproduttivo futuro o una qualche abilità della specie per la sopravvivenza.

**Figura A.2.** La bellissima coda del pavone

Da notare che se un'azione, cioè un comportamento, risulta nocivo per il singolo organismo animale o vegetale, ma risulta utile per il processo riproduttivo, allora esso viene favorito dalle leggi dell'evoluzione e spiegato in termini di teoria dei giochi come una strategia evolutivamente stabile (ESS).

Un esempio può essere fornito dalla coda del pavone (Figura A.2).

Come è noto questa è nociva per il singolo animale perché ne fa facile vittima di un predatore, ma è utile per la sua specie perché serve per attirare il partner e quindi prelude ad un successo riproduttivo futuro, pertanto la coda sarà favorita dall'evoluzione e secondo la teoria matematica dei giochi è un equilibrio evolutivo.

Intuitivamente se un organismo animale o vegetale compie un'azione $a \in B$ in presenza di una distribuzione di probabilità $p$ sulle azioni dei suoi possibili avversari $(b)$ allora la probabilità della sua specie di sopravvivere sarà data dal valore $u(a, b)$ condizionato a $p$.

Tutto questo può essere espresso mediante un gioco simmetrico che scriveremo come una quadrupla

$$G = (B, B, u_1, u_2)$$

dove $B$ è lo spazio delle strategie del giocatore I e del giocatore II, $u_1, u_2$ sono le funzioni di utilità dei due giocatori. Supponiamo inoltre che il gioco sia simmetrico, cioè $u_1(a, b) = u_2(b, a)$. Come già detto questa è un'ipotesi di comodo: consideriamo solo lotte tra due animali della stessa specie e supponiamo che abbiano le stesse possibilità, ma tutto si può generalizzare.

Il seguente gioco, noto anche come *dilemma del prigioniero* (vedi Myerson 1991, Costa G. e Mori P. A. 1994) è simmetrico nel senso detto, ha un unico

NE che porta al payoff $(1,1)$, quindi non efficiente.

| 4 4 | 0 5 |
|-----|-----|
| 5 0 | 1 1 |

Invece il gioco seguente noto come gioco del *pari-dispari*, pur avendo una certa simmetria, non è simmetrico nel senso detto. Inoltre non ha equilibri di Nash.

| 1 $-$ 1 | $-1$  1 |
|---------|---------|
| $-1$  1 | 1 $-$ 1 |

Candidata per un equilibrio evolutivo è una coppia di azioni in $B \times B$ cioè una coppia $(\tilde{x}, \tilde{x})$. La nozione di equilibrio è data pertanto in modo tale che in quello stadio l'organismo compie un'azione e nessun mutante può invadere la popolazione. Più precisamente l'idea di equilibrio è che il processo evolutivo trasformi una piccola frazione della popolazione in mutanti che seguono una strategia $b$ scelta nell'insieme delle strategie $B$. Va osservato che tra una mutazione e l'altra possono passare anche migliaia di anni.

In un equilibrio un mutante deve ottenere un payoff atteso più piccolo di quello che ottiene un non mutante. Supponiamo che una percentuale di $\epsilon$ individui mutanti ($\epsilon > 0$) compiano l'azione $b$, mentre gli altri compiono l'azione $b^*$, allora deve risultare che il payoff atteso di un mutante deve essere più piccolo del payoff atteso di un non-mutante, quindi se $b^*$ è la strategia di equilibrio dovrà essere:

(A.1)   $(1 - \epsilon)u(b, b^*) + \epsilon u(b, b) < (1 - \epsilon)u(b^*, b^*) + \epsilon u(b^*, b)$

per ogni $\epsilon > 0$ e sufficientemente piccolo.

Da questa relazione, con delle semplici considerazioni di analisi matematica, si perviene all'equilibrio di strategie evolutivamente stabili.

Infatti la disugualianza scritta equivale a (A.2) e/o (A.3):

(A.2)   $u(b, b^*) < u(b^*, b^*)$ se $b \neq b^*$

(A.3)   se $u(b, b^*) = u(b^*, b^*)$ allora $u(b, b) < u(b^*, b)$.

Possiamo così dare finalmente la definizione di equilibrio evolutivamente stabile:

Dato un gioco $G = (B, B, u_1, u_2)$ simmetrico a due giocatori, $(b^*, b^*) \in B \times B$, esso è un equilibrio evolutivamente stabile se valgono (A.1) oppure (A.2).

Recentemente sono stati introdotti anche gli equilibri approssimati evolutivamente stabili che sono formati da quelle strategie che permettono a una piccola porzione di mutanti di invadere la popolazione, purché i payoff di questi non differiscano troppo dai payoff dei non mutanti. In questa appendice parleremo solo degli ES-equilibri esatti, rimandando a (Pusillo, 2009) il lettore interessato.

Ecco ora il classico esempio *falchi/colombe*.

Coppie di animali della stessa popolazione volano su una preda (a cui daremo il valore 1).

Ciascun animale può comportarsi come falco o come colomba. Osserviamo che gli animali sono delle stessa popolazione; il comportamento da falco (strategia $F$) o colomba (strategia $C$) sta ad indicare rispettivamente un comportamento aggressivo o pacifico. Il gioco è rappresentato dalla seguente matrice, dove $c$ indica il costo della lotta.

|     | $C$ | $F$ |
|-----|-----|-----|
| $C$ | $1/2, 1/2$ | $0, 1$ |
| $F$ | $1, 0$ | $(1-c)/2, (1-c)/2$ |

Se entrambi gli animali si comportano da colomba si dividono la preda e ottengono $1/2$ rispettivamente, se uno si comporta da colomba e l'altro da falco, il primo ottiene 0 e il secondo 1, se entrambi si comportano da falchi, ottengono entrambi valore $(1-c)/2$, perché al valore della preda va sottratto il costo della lotta. Se ci riferiamo alla notazione di gioco prima introdotta, possiamo dire che $X = Y = \{F, C\}$, $u_1(x, y) = u_2(y, x)$ e precisamente:

$$u_1(C, C) = u_2(C, C) = 1/2 \,; \quad u_1(C, F) = u_2(F, C) = 0 \,;$$
$$u_1(F, C) = u_2(C, F) = 1 \,; \quad u_1(F, F) = u_2(F, F) = (1-c)/2 \,.$$

Volendo ora studiare gli equilibri in strategie miste supporremmo che il giocatore I giochi $C$ con probabilità $p$ e quindi $F$ con probabilità $1-p$ e il giocatore II giochi $C$ con probabilità $q$ e quindi $F$ con probabilità $1 - q$.

In tal caso possiamo vedere che se:

$$0 < c < 1$$

(cioè il costo della lotta è piccolo rispetto al valore della preda), otteniamo:

L'equilibrio di Nash si ha per $(p, q) = (0, 0)$ quindi $(F, F)$ è il NE ed anche un ES-equilibrio.

Se invece $c > 1$ (intuitivamente il costo della lotta è grande rispetto al valore della preda), otteniamo:

Gli equilibri di Nash si hanno per questi valori di $(p, q)$: $(1, 0)$, $(0, 1)$, $(1 - 1/c, 1 - 1/c)$, l'unico ad essere anche un ES-equilibrio è $(1 - 1/c, 1 - 1/c)$ (infatti verifica la condizione (A.3) della definizione).

$c = 1$ è un caso limite, cioè il costo della lotta è uguale al valore della preda.

**Concludendo**

Se $c \leq 1$ esiste un solo NE: $(F, F)$ e questo è anche un equilibrio evolutivamente stabile, cioè $F$ è una strategia ESS. Questo ci dice che se il costo della lotta è piccolo, allora i giocatori si comporteranno entrambi da aggressori (strategia $F$) e gli altri comportamenti tenderanno ad estinguersi.

Se $c > 1$ (cioè il costo della lotta è elevato rispetto al valore della preda) abbiamo tre NE: $(1, 0)$, $(0, 1)$ $(1 - 1/c, 1 - 1/c)$ dove la prima coordinata indica la probabilità del primo giocatore che si comporta in modo pacifico (C) e la seconda la probabilità del secondo giocatore che si comporta in modo pacifico.

Di questi equilibri solo $(1 - 1/c, 1 - 1/c)$ è evolutivo quindi solo questo comportamento tenderà ad affermarsi nel corso dell'evoluzione e gli altri tenderanno a scomparire. Quindi quando il costo della lotta è alto conviene comportarsi in modo pacifico $1 - 1/c$ volte ma le rimanenti conviene combattere.

A riprova di quanto detto facciamo i due seguenti esempi:

*Esempio.* Consideriamo ancora il gioco *falchi/colombe*, ma supponiamo che nel corso dei millenni avvenga una catastrofe o un'inondazione cioè un cambiamento nell'ambiente in modo che diminuisca il numero delle prede, allora il costo relativo del combattimento diminuisce, ad esempio passiamo da $c = 5$ a $c = 2$. Chiamando allora rispettivamente $G_5$ e $G_2$ i giochi relativi a questi costi si ha:

$$G_5 : \quad \begin{array}{c|c|c|} & C & F \\\hline C & 1/2, 1/2 & 0, 1 \\\hline F & 1, 0 & -2, -2 \\\hline \end{array}$$

In questo caso l'ES-equilibrio è $(p, q) = (4/5, 4/5)$ che significa che 80 volte su 100 l'animale lascia perdere il combattimento (usa la strategia C).

Invece $G_2$ risulta:

$$G_2 : \quad \begin{array}{c|c|c|} & C & F \\\hline C & 1/2, 1/2 & 0, 1 \\\hline F & 1, 0 & -1/2, -1/2 \\\hline \end{array}$$

L'equilibrio evolutivamente stabile è: $(p, q) = (1/2, 1/2)$ cioè 50 volte su 100 l'animale lascia perdere il combattimento e usa la strategia $C$.

Quindi diminuendo $c$ (costo della lotta) è meglio combattere più volte (strategia $F$), e questo risultato corrisponde a quanto avviene nella realtà.


## A.3 Teoria dei giochi evolutivi e alcuni comportamenti paradossali del mondo animale

Alcuni comportamenti paradossali possono essere compresi nel contesto delle strategie evolutivamente stabili. Importante è capire a quale *gioco* gli animali stanno giocando.

**Figura A.3.** Due immagini di gazzella di Thomson

Quanto esporremo, è contenuto in parte in un interessante articolo di Michael Mesterton Gibbons e Eldridge S. Adamd, 1998, (il primo professore di matematica all'Università di Stato della Florida e il secondo ricercatore al Dipartimento di Ecologia e Biologia Evoluzionistica all'Università del Connecticut).

La scienza del comportamento animale deve a volte affrontare alcuni paradossi cioè alcuni comportamenti animali che sembrano contraddizioni.

Consideriamo ad esempio il famoso *principio dell'handicap*: l'etologo A. Zahavi di Tel Aviv afferma che animali in conflitto possono sviluppare dei comportamenti costosi per chi li attua, cioè comportamenti che possono abbassare la probabilità di sopravvivenza.

L'animale mostrando che può sopportare un *handicap* mette in mostra la sua forza, cioè lancia un messaggio che gli altri animali dovrebbero rispettare.

Quando una gazzella vede un leone, prima di scappare può spiccare in alto un salto, anche molte volte, dimostrando così di essere in buone condizioni fisiche e il leone sprecherebbe invano la sua energia tentando di inseguirla.

Questa ipotesi fu dapprima respinta dagli studiosi perché andrebbe contro il principio secondo il quale l'evoluzione dovrebbe favorire i segnali che costano meno fatica per gli animali.

## Gioco della guerra di logoramento

Alcuni anni fa Marden (professore del Dipartimento di Biologia della Penn State University) e Waage (professore di Ecologia e Biologia Evolutiva dell'Università del Michigan), studiarono alcune lotte territoriali tra farfalle maschi *Calopteryx maculata*.

Le farfalle avevano varie riserve di grasso, diverse una dall'altra, come indicatori di forza; nel senso che ogni animale paragona la sua forza a quella del suo avversario e si ritira quando pensa di perdere. Questo fatto è stato sperimentato e confermato su molte specie animali: la durata della lotta è più lunga quando i contendenti hanno la stessa forza. Infatti in queto caso è più difficile sapere chi vincerà. I duelli tra farfalle *Calopteryx* sembrano non seguire questa logica.

**Figura A.4.** *Calopteryx maculata*

Sebbene l'animale più debole alla fine ceda al suo avversario, in più del 90% dei casi, non si trovò alcuna correlazione tra la durata della lotta e la differenza di forza tra i due animali. Questo è un paradosso, tanto più sconcertante in quanto in altri animali si verifica diversamente. Allora cosa c'è di sbagliato nel nostro ragionamento?

Un'ipotesi sbagliata potrebbe essere che le farfalle riescano a valutare le forze reciproche. Di solito questa è una buona ipotesi per animali con la vista acuta (come ad esempio i cervi), ma negli insetti, il grasso è immagazzinato internamente quindi una farfalla non può vedere le riserve di grasso dell'avversario. Marden non ha trovato nessuna relazione tra le riserve di grasso e ad esempio l'apertura alare o la lunghezza del corpo. Può darsi che le farfalle non abbiano alcuna possibilità di valutare le risorse dell'avversario. Di seguito presenteremo il modello matematico del *gioco della guerra di logoramento* dove i giocatori conoscono solo la propria forza e una strategia è in proporzione alle riserve iniziali che l'animale è disposto a spendere in una lotta prolungata per conquistarsi un sito. Tante più riserve un animale risparmia, tante più energie avrà e quindi possibilità di successo nell'attirare una compagna, nel trovare cibo, nel difendere il suo territorio e quindi un maggior successo riproduttivo.

Possiamo così individuare lo spazio delle strategie e la funzione di utilità. Abbiamo bisogno anche di due parametri: $c$, $R$.

- $c \in [0, 1]$ è il coefficiente di variazione e intuitivamente misura la variazione delle riserve di energia intorno alla sua media (ad esempio se diciamo che $c = 0.6$, significa che la deviazione standard delle riserve di grasso è il 60% della media).

- L'altro coefficiente, $R \in [0, 1]$, ci fornisce il rapporto *costi-benefici*, cioè paragona il costo nello spendere una unità di riserve di grasso con l'eventuale beneficio del vincitore per una unità risparmiata.

In altre parole confronta il costo della lotta al beneficio di conquistare il sito, entrambi in termini di successo riproduttivo futuro.

Nella realtà $R$ varia da individuo a individuo, ma noi supponiamo sia uguale per tutti per semplificare il nostro modello.

Supponiamo inoltre che le riserve di energia siano distribuite uniformemente tra le farfalle. Vedremo che esistono ES-equilibri se $c$ è molto grande (cioè c'è una gran varietà di farfalle) e $R$ molto piccolo (cioè il valore del sito è elevato).

L'utilità $u(.,.)$ è calcolata come utilità attesa cioè come l'utilità media della farfalla I (giocatore I nel nostro modello), al variare della sua energia e di quella dell'avversario (farfalla II) in tutti i modi possibili nella popolazione.

Approfondiamo un po'.

Il gioco è $G = (B, B, u_1, u_2)$; chiamiamo I, II i due animali che lottano, $B = [0,1]$ è lo spazio delle strategie (uguale per i due giocatori). La strategia per una farfalla è la percentuale di energia che essa è disposta a spendere prima di abbandonare la lotta.

Sia $(x,y) \in B \times B$ e $u_1(x,y) = u_2(y,x)$, dove $u_i$ $(i = 1,2)$ sono le funzioni di utilità delle due farfalle. Indichiamo con $e_1$, $e_2$ le riserve di energia iniziale delle due farfalle. Supponiamo che le riserve di energia siano distribuite uniformemente tra esse, tra un minimo $1 - c$ e un massimo $1 + c$ (indichiamo cioè con 1 l'energia media e con $c$ la semiampiezza dell'intervallo di variazione). Risulta $c \in [0,1]$. L'utilità $u(x,y)$ è calcolata come utilità attesa cioè come utilità media della farfalla I al variare della sua energia $e_1$ e di quella dell'avversario $e_2$ in tutti i modi possibili nella popolazione. Se supponiamo allora di conoscere $e_1$, $e_2$, l'utilità di ciascuna farfalla dipende dal fatto che essa vinca o perda la lotta. Supponiamo che una farfalla abbia un'utilità proporzionale alle riserve di energia che le rimangono e che questa utilità venga ridotta di un fattore $R$ nel caso che la farfalla perda la lotta.

Indichiamo con $V(x, y, e_1, e_2)$ l'utilità di I conoscendo i valori di $e_1, e_2$. Poiché I è disposta a spendere un'energia $xe_1$ e II un'energia $ye_2$, allora

I vince se $xe_1 > ye_2$,
I perde se $xe_1 < ye_2$,
I vince con probabilità $1/2$ se $xe_1 = ye_2$.

Supponiamo che I, II consumino energia con la stessa velocità.

$$V(x, y, e_1, e_2) = \begin{cases} e_1 - ye_2 & \text{se I vince (cioè } xe_1 > ye_2) \\ Re_1(1 - x) & \text{se I perde (cioè } xe_1 < ye_2) \\ (R+1)e_1(1 - x)/2 & \text{se } xe_1 = ye_2. \end{cases}$$

Per calcolare $u(x,y)$ dobbiamo fare una media pesata di $V(x, y, e_1, e_2)$ al variare di $e_1$, $e_2$ in $[1 - c, 1 + c]$.

Se indichiamo con $de_1$ una piccola variazione di $e_1$ e analogamente con $de_2$ una piccola variazione di $e_2$, la probabilità che I abbia un'energia in $[e_1, e_1 + de_1]$ e II in $[e_2, e_2 + de_2]$ è data da $(de_1\, de_2)/4c^2$ (perché l'integrale totale vale 1 e $4c^2$ è l'area del quadrato $Q = [1 - c, 1 + c]^2$).

Allora $u(x, y)$ deve essere calcolata come integrale doppio esteso a $Q$

$$u(x, y) = \iint_Q V(x, y, e_1, e_2)\, ds = 1/(4c^2) \iint_Q V(x, y, e_1, e_2)\, de_1 de_2\,.$$

Data l'espressione di $V$ dobbiamo distinguere quattro casi:

1) $x/y \leq (1 - c)/(1 + c)$ cioè I perde sempre

$$u(x, y) = 1/(4c^2) \iint_Q Re_1(1 - x)\, de_1 de_2$$

$$= R(1 - x)/(4c^2) \int_{1-c}^{1+c} de_1 \int_{1-c}^{1+c} e_1\, de_2 = R(1 - x)\,.$$

2) $(1 - c)/(1 + c) \leq x/y \leq 1$

$$u(x, y) = 1/(4c^2) \iint_Q V(x, y, e_1, e_2)\, de_1 de_2$$

$$= 1/(4c^2) \iint_T (e_1 - ye_2)\, de_1 de_2 + 1/(4c^2) \iint_{Q \setminus T} Re_1(1 - x)\, de_1 de_2$$

$$= R(1 - x) + (1 - R + Rx)/(4c^2)a(x, y) - (y/4c^2)b(x, y)$$

dove

$$a(x, y) = \frac{y^2}{6x^2}(1 - c)^3 + \frac{x}{3y}(1 + c)^3 - \frac{(1 - c)(1 + c)^2}{2}$$

$$b(x, y) = \frac{x^2}{6y^2}(1 + c)^3 + \frac{y}{3x}(1 - c)^3 - \frac{(1 + c)(1 - c)^2}{2}$$

$$u(x, y) = (1/4c^2) \iint_Q (e_1 - ye_2)\, de_1\, de_2 = 1 - y\,.$$

3) $1 \leq x/y = (1 + c)/(1 - c)$

$$u(x, y) = (1/4c^2) \iint_{Q \setminus V} (e_1 - ye_2)\, de_1\, de_2 + (1/4c^2) \iint_V Re_1(1 - x)\, de_1\, de_2.$$

4) $x/y \geq (1 + c)/(1 - c)$ cioè I vince sempre.

$$u(x, y) = 1 - y + (R - Rx - 1)g(x, y)/(4c^2) + yd(x, y)/(4c^2)$$
$$g(x, y) = y^2(1 + c)^3/(6x^2) + x(1 - c)^3/(3y) - (1 + c)(1 - c)^2/2$$
$$d(x, y) = x^2(1 - c)^3/(6y^2) + y(1 + c)^3/(3x) - (1 - c)(1 + c)/2\,.$$

Vediamo di discutere alcuni casi limite: $u(x, 0)$, $u(0, 0)$, $u(0, y)$.

Se $y = 0$ e se $x > 0$, I vince e ottiene $e_1 - ye_2 = e_1$ (in media ottiene 1). Quindi $u(x, 0) = 1$ se $x > 0$.

Se $x = y = 0$, I vince nel 50% dei casi e ottiene $e_1$ (in media 1). I perde nel 50% dei casi e ottiene $Re_1$ (in media $R$); quindi $u(0,0) = (R+1)/2$ cioè $u$ non è continua in (0,0).

La funzione di utilità risulta:

$$u(x,y) = \begin{cases} R(1-x) & \text{se } \dfrac{x}{y} \leq \dfrac{1-c}{1+c} \\[2ex] R(1-x) + a(x,y)\dfrac{1-R+Rx}{4c^2} - \dfrac{y}{4c^2}b(x,y) & \text{se } \dfrac{1-c}{1+c} \leq \dfrac{x}{y} < 1 \\[2ex] 1-y & \text{se } \dfrac{x}{y} \geq \dfrac{1-c}{1+c} \\[2ex] 1-y + g(x,y)\dfrac{R-Rx-1}{4c^2} + \dfrac{y}{4c^2}d(x,y) & \text{se } 1 \leq \dfrac{x}{y} \leq \dfrac{1-c}{1+c} \end{cases}$$

dove:

$$c \in [0,1]$$
$$R \in [0,1]$$
$$a(x,y) = \frac{y^2}{6x^2}(1-c)^3 + \frac{x}{3y}(1+c)^3 - \frac{(1-c)(1+c)^2}{2}$$
$$b(x,y) = \frac{x^2}{6y^2}(1+c)^3 + \frac{y}{3x}(1-c)^3 - \frac{(1+c)(1-c)^2}{2}$$
$$g(x,y) = \frac{y^2}{6x^2}(1+c)^3 + \frac{x}{3y}(1-c)^3 - \frac{(1+c)(1-c)^2}{2}$$
$$d(x,y) = \frac{x^2}{6y^2}(1-c)^3 + \frac{y}{3x}(1+c)^3 - \frac{(1-c)(1+c)^2}{2} \, .$$

A questo punto il gioco è definito. Possiamo determinare tra gli equilibri di Nash quelli che sono evolutivi.

Si dimostra che esiste un equilibrio evolutivo se il rapporto costi-benefici $R$ non supera una certa soglia critica $f(c) = \frac{2c(c^2+3)}{c^2(c+6)+9(2-c)}$.

Una strategia ESS esiste quando le farfalle combattono fino all'esaurimento consumando almeno il 66% delle proprie energie, questo è un comportamento paradossale tanto più perché si può dimostrare che l'equilibrio evolutivo associato è sempre non efficiente.

Esistono altri esempi in cui il comportamento paradossale degli animali può essere interpretato come una strategia evolutivamente stabile. Citerò solo il *gioco della minaccia dei granchi*. Adams e Caldwell dell'Università della California osservarono una serie di lotte tra stomatopodi (vedi Figura A.5).

Questi crostacei abitano in alcune cavità della barriera corallina. Se uno invade la cavità di un altro, il residente reagisce minacciando con artigli. Queste minacce spaventano l'intruso senza che ci sia alcuna lotta o contatto fisico tra i due. L'osservazione sorprendente è che tanto più i granchi sono deboli e

**Figura A.5.** Mantis shrimp

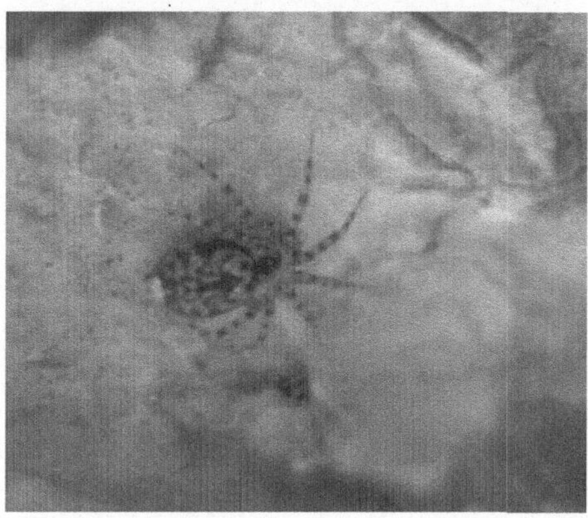

**Figura A.6.** Oecobius

incapaci di combattere, tanto più minacciano. Inoltre queste minacce spaventano intrusi molto più forti che vincerebbero se ci fosse un combattimento. In pratica i più deboli attuano un «bluff» e questo è una strategia ESS.

Un altro esempio interessante si osserva in una specie di ragno messicano l'*Oecobius civitas* (Figura A.6). Secondo uno studio di J. Wesley Burgess questi piccoli ragni vivono nell'oscurità. Se un ragno è disturbato nel suo sito se ne va ed entra nel sito di un altro, questi non reagisce all'intrusione, ma va a cercare un altro sito. Ne segue un *effetto domino*. Anche questo comportamento è paradossale e trova una spiegazione nello studio delle strategie evolutivamente stabili proposte dalla teoria dei giochi.

Da quanto detto possiamo dedurne che l'approccio della teoria dei giochi evolutivi si focalizza sull'interazione simmetrica tra coppie di individui scelti tra una vasta popolazione. Nell'interpretazione biologica il criterio di stabilità evolutiva può essere visto come la generalizzazione della nozione darwiniana di sopravvivenza del più forte, dove il benessere di un dato comportamento (strategia) dipende dal comportamento (strategia) degli altri. Come già per l'equilibrio di Nash, la stabilità evolutiva non spiega *come* una popolazione arriva ad una tale strategia, invece dice che una volta raggiunta, la strategia evolutiva è molto resistente alla pressione dell'evoluzione.

Una usuale interpretazione della teoria dei giochi non cooperativi è che il gioco studiato viene considerato una sola volta dai giocatori perfettamente razionali e che conoscono tutti i dettagli del gioco e le preferenze degli altri.

La teoria dei giochi evolutivi invece immagina che il gioco è giocato più e più volte da giocatori condizionati biologicamente o socialmente e sono scelti a caso in una grande popolazione. Questa teoria ha lo scopo di analizzare la selezione evolutiva nei comportamenti interattivi, quindi possiamo applicare la teoria dei giochi evolutivi ogni qualvolta desideriamo spiegare un comportamento animale o le mutazioni che si sono insediate nel corso dei millenni.

## A.4 Qualche considerazione

I modelli della teoria dei giochi hanno il merito di suggerire dei modi per verificare nuove idee e i «giochi» hanno valore proprio perché ci permettono di verificare con calcoli precisi la logica delle nostre argomentazioni.

Nel mondo reale spesso le decisioni importanti sono difficili da prendere, così noi decidiamo ricordando le esperienze passate e in base ai successi o insuccessi avuti. In un certo senso noi usiamo un processo mentale molto simile ad un fenomeno di selezione biologica.

Spesso gli ambienti sociali o economici agiscono come la selezione evolutiva; infatti, in una organizzazione o in un'impresa, solo i membri che hanno un comportamento soddisfacente possono continuare a farne parte. Quando una *buona mutazione* accade, questa farà parte dei processi futuri, e allora i modelli evolutivi della Biologia possono essere strumenti importanti anche per analizzare dei modelli economici.

Le foto sono state tratte da:

www.lifesci.sussex.ac.uk/CSE/members/jms/jms.htm
http://www.introni.it/immagini/gazzella.jpg
http://www2.ups.edu/biology/museum/Calopteryxmaculata.jpg
www.marietta.edu/.../images/deciduous/cmac1m.jpg
http://forum.richarddawkins.net
http://bugguide.net/node/view/15157/bgimage

# Riferimenti bibliografici

Adams, E. S., Caldwell R. L., Deceptive communication asymmetric flights of the Stomatopodcrustacean Gonatactilus Bredini, *Animal Behaviour* 39, 1999.

Binmore, K., *Fun and games. A text on game Theory*, Health, Toronto, 1992.

Costa, C., Mori, P. A., *Introduzione alla Teoria dei Giochi*, Il Mulino, Bologna, 1994.

French, S., *Decision theory: an introduction to the mathematics of rationality*, Ellis Horwood, New York, 1993.

Mesterton-Gibbons, M., Adams, E. S., Animal Contests as Evolutionary Games, *American Scientist* 86, 4, 1998.

Maynard Smith, J., *Evolution and the Theory of Games*, Cambridge University Press, Cambridge, 1982.

Myerson, R., *Game Theory: analysis of conflict*, Harvard University Press, Harvard, 1991.

Nasar, S., *Il genio dei numeri*, Rizzoli, Milano, 1999.

Nash, J. F., Equilibrium Points in $n$-Person Games, *Proc. Nat. Acad. Sci.*, 36, 48–49, 1950.

Pusillo, L., *Approximate Evolutionary Stable Strategies*, submitted, 2009.

Vega Redondo, F., *Evolution Games and Economic Behaviour*, Oxford University Press, Oxford, 1996.

Vincent, T. L., Brown J. S., *Evolutionary Game Theory, Natural Selection and Darwinian Dynamics*, Cambridge University Press, Cambridge, 2005.

von Neumann, J., Morgenstern, O., *Theory of Economic Behavior*, Princeton University Press, Princeton, 1944.

Weibul, J. W., *Evolutionary Game Theory*, the MIT Press, Cambridge, 1995.

# B

# Introduzione alla Teoria della Probabilità e ai processi stocastici[1]

## B.1 Teoria della Probabilità

La Teoria della Probabilità è stata sviluppata per scoprire le regolarità dei fenomeni aleatori, per i quali non si può prevedere con certezza l'esito di un singolo esperimento. L'applicazione della Teoria della Probabilità alla biologia risulta particolarmente importante sia per l'analisi statistica dei dati sperimentali che per la costruzione di modelli che tengano conto dell'intrinseca stocasticità dei fenomeni biologici. Queste brevi note poggiano sui due volumi [CB] e [CM], cui si fa riferimento per una più ampia trattazione.

Per una formulazione matematica, un esperimento aleatorio è caratterizzato dall'insieme $\Omega$ di tutti i suoi possibili esiti (risultati). Tale spazio è detto *spazio dei campioni*, mentre ogni suo elemento $\omega \in \Omega$ è detto *evento elementare*. La cardinalità di uno spazio dei campioni può essere finita, infinita numerabile, infinita non numerabile.

Dato uno spazio dei campioni $\Omega$, denoteremo con $\mathcal{P}(\Omega)$ l'insieme delle sue parti; è interesse del calcolo delle probabilità studiare misure di insieme

$$P \colon \mathcal{P}(\Omega) \to [0,1]$$

che associno a ciascuna parte $A \in P(\Omega)$, che per ora chiameremo genericamente *evento aleatorio*, un numero reale appartenente all'intervallo $[0,1]$ che diremo *probabilità di A*.

Discuteremo in seguito i modi in cui tale funzione d'insieme possa essere assegnata; va comunque detto sin d'ora che uno stesso osservatore farà riferimento ad una unica misura di probabilità.

Dalle molteplici applicazioni si evince in particolare che sicuramente eventi di interesse sono dati da unione, intersezione e complementari di famiglie (anche numerabili) di eventi.

---

[1] Contributo specifico di Vincenzo Capasso.

Più in generale, dall'esperienza emerge che una misura di probabilità dovrebbe soddisfare una serie di proprietà (assiomi) necessarie ad affrontare in modo significativo tutta una serie di problemi reali.

Sfortunatamente, la matematica non è in grado di offrire una teoria che consenta di costruire sempre una funzione $P$ definita su tutte le parti di $\Omega$ e soddisfacente al sistema assiomatico desiderato nel calcolo delle probabilità (questo problema è ancora oggetto di studio nella teoria della misura e della integrazione). I problemi nascono nel caso in cui lo spazio dei campioni sia infinito non numerabile.

Questo fatto ci obbliga a restringere la possibile funzione di insieme $P$ ad un opportuno sottoinsieme di $\mathcal{P}(\Omega)$.

Consideriamo dapprima la struttura matematica che consenta di descrivere gli eventi di interesse; successivamente offriremo il sistema assiomatico cui deve soddisfare una misura di probabilità. Allo scopo seguiremo il sistema assiomatico proposto da Kolmogorov [KL] (vedi [CM]).

Sia dato uno spazio dei campioni $\Omega$ relativo ad un esperimento $\mathcal{E}$. Diremo che un insieme $\mathcal{F}$ di parti di $\Omega$ è una famiglia di *eventi aleatori* associato all'esperimento $\mathcal{E}$, se esso soddisfa al seguente sistema di assiomi:

$A_1$.　　$\Omega \in \mathcal{F}$;
$A_2$.　　se $A, B \in \mathcal{F}$, allora $A \cup B \in \mathcal{F}$;
$A_3$.　　se $A, B \in \mathcal{F}$, allora $A \setminus B \in \mathcal{F}$.

Se $\Omega$ è un insieme infinito la teoria alla Kolmogorov aggiunge l'assioma

$A_2^{\sigma}$.　　se $A_1, \ldots, A_n, \ldots$ è una successione di elementi di $\mathcal{F}$, allora $\bigcup_{n \in \mathbb{N}} \in \mathcal{F}$.

**Definizione B.1.** Una famiglia $\mathcal{F}$ di sottoinsiemi di $\Omega$ soddisfacente le condizioni $A_1, A_2, A_3$ è detta *algebra* di parti di $\Omega$. Una famiglia $\mathcal{F}$ di sottoinsiemi di $\Omega$ soddisfacente le condizioni $A_1, A_3, A_2^{\sigma}$ è detta *$\sigma$-algebra* di parti di $\Omega$.

**Proposizione B.1.** *Un'algebra $\mathcal{F}$ è chiusa rispetto all'intersezione finita, cioè*

$$A_1, \ldots, A_n \in \mathcal{F} \Longrightarrow \bigcap_{i=1}^{n} A_i \in \mathcal{F}.$$

**Proposizione B.2.** *Sia $\mathcal{F}$ una $\sigma$-algebra su $\Omega$. Allora*

*i) $\varnothing \in \mathcal{F}$;*

*ii) $\{F_i\}_{i \in \mathbb{N}}$, $F_i \in \mathcal{F}$, $\Rightarrow \bigcap_{i=1}^{\infty} F_i \in \mathcal{F}$;*

*iii) $\mathcal{F}$ contiene l'unione e la intersezione di una famiglia finita di elementi di $\mathcal{F}$;*

*iv) se $F \in \mathcal{F}$, allora $F^c \in \mathcal{F}$.*

**Proposizione B.3.** *Sia $\mathcal{C}$, una famiglia di parti di $\Omega$. Consideriamo la famiglia $(\mathcal{F}_i)_{i \in I}$ di tutte le $\sigma$-algebre di parti di $\Omega$ che contengono $\mathcal{C}$. Allora*

$$\sigma(\mathcal{C}) := \bigcap_{i \in I} \mathcal{F}_i$$

*è una $\sigma$-algebra. La $\sigma$-algebra $\sigma(\mathcal{C})$ è la più piccola $\sigma$-algebra di parti di $\Omega$ che contiene $\mathcal{C}$.*

**Definizione B.2.** La $\sigma$-algebra $\sigma(\mathcal{C})$ è detta $\sigma$-algebra generata da $\mathcal{C}$.

Se $A$ è una parte di $\Omega$, $\mathcal{F}_A = \{\varnothing, A, A^c, \Omega\}$ è la $\sigma$-algebra generata da $\{A\}$ (diremo più semplicemente generata da $A$).

Ad ogni esperimento è dunque associata una coppia $(\Omega, \mathcal{F})$, dove $\Omega$ è uno spazio dei campioni e $\mathcal{F}$ è una $\sigma$-algebra di parti di $\Omega$, detta $\sigma$-algebra degli eventi relativi all'esperimento.

La coppia $(\Omega, \mathcal{F})$ costituisce la base matematica per poter definire correttamente una misura di probabilità.

Sia quindi $A \in \mathcal{F}$ un evento aleatorio.

Sulla base della propria esperienza, ogni osservatore sceglierà una opportuna funzione d'insieme

$$P \colon \mathcal{F} \to [0, 1];$$

seguendo l'impostazione assiomatica alla Kolmogorov [KL], diamo la seguente:

**Definizione B.3.** Dato uno spazio dei campioni $\Omega$ e la sigma-algebra $\mathcal{F}$ di eventi ad esso associata, si definisce *misura di probabilità* $P$ su $(\Omega, \mathcal{F})$, ogni funzione $P \colon \mathcal{F} \to [0, 1]$, tale che

$P_1.$  $P(\Omega) = 1;$

$P_2^\sigma.$  se $\{A_n\}_n$, $A_n \in \mathcal{F}$ è una successione di eventi *disgiunti*, cioè tali che $A_i \cap A_j = \varnothing$, per $i \neq j$, allora

$$P\left( \bigcup_{i=1}^{\infty} A_i \right) = \sum_{i=1}^{\infty} P(A_i) \quad (\sigma\text{-}additività) .$$

**Definizione B.4.** Una terna ordinata $(\Omega, \mathcal{F}, P)$ in cui $\Omega$ è un insieme, $\mathcal{F}$ è una $\sigma$-algebra di parti di $\Omega$, e $P$ una misura di probabilità definita su $\mathcal{F}$, si dice *spazio di probabilità*.

Risulta chiaro che se $\mathcal{F}$ è finita allora, invece dell'assioma $P_2^\sigma$, basterà imporre l'assioma di finita additività.

$P_2$.   se $\{A_1, \ldots, A_n\}$ è una famiglia finita di eventi disgiunti in $\mathcal{F}$, allora

$$P\left(\bigcup_{i=1}^{n} A_i\right) = \sum_{i=1}^{n} P(A_i) \quad (\textit{finita additività}) .$$

Le prime conseguenze elementari della definizione di probabilità vengono fornite dalla seguente:

**Proposizione B.4.** *Sia* $(\Omega, \mathcal{F}, P)$ *uno spazio di probabilità.*

1. $P(A^c) = 1 - P(A)$ , $\quad$ *per ogni* $A \in \mathcal{F}$,
2. $P(\varnothing) = 0$,
3. *Se* $A, B \in \mathcal{F}$, $A \subseteq B$, *allora* $P(B) = P(A) + P(B \setminus A)$,
4. *Se* $A, B \in \mathcal{F}$, $A \subseteq B$, *allora* $P(A) \leq P(B)$.

Va osservato che sulla stessa famiglia di eventi $\mathcal{F}$ si potranno assegnare diverse misure di probabilità; ciò corrisponde alla situazione sperimentale in cui diversi osservatori dello stesso fenomeno attribuiscono valori differenti di probabilità ad uno stesso evento.

Questa situazione è ben evidenziata a proposito della definizione di probabilità condizionata.

Dato lo spazio di probabilità $(\Omega, \mathcal{F}, P)$, consideriamo due eventi $A, B \in \mathcal{F}$. Se richiediamo che $B$ abbia probabilità non nulla di verificarsi, ossia che $P(B) > 0$, è evidente che

$$P(A \cap B) = P(B)\frac{P(A \cap B)}{P(B)} .$$

In generale non possiamo aspettarci che sia

$$P(A \cap B) = P(B)P(A) ;$$

se così fosse sarebbe allora

$$\frac{P(A \cap B)}{P(B)} = P(A) .$$

Ove questo accada, diremo che gli eventi $A$ e $B$ sono indipendenti.

In generale invece, la quantità

$$P(A|B) = \frac{P(A \cap B)}{P(B)} \tag{B.1}$$

dicesi probabilità di $A$ condizionata da $B$.

È facile osservare che se $B \in \mathcal{F}$ è tale che $P(B) > 0$, la funzione di insieme

$$P_B : \mathcal{F} \to [0,1]$$

così definita

$$\text{per ogni } F \in \mathcal{F}: \ P_B(F) = \frac{P(F \cap B)}{P(B)} =: P(F|B) \,,$$

è una misura di probabilità su $\mathcal{F}$.

Segue dalla costruzione, che

$$P_B(B) = 1$$

e, per ogni evento $C$ tale che $B \subset C$, si ha $P_B(C) = 1$, da cui, in particolare, $P_B(\Omega) = 1$. Se invece $C \cap B = \emptyset$ allora $P_B(C) = 0$.

La probabilità $P_B$ è detta *misura di probabilità su $\mathcal{F}$ condizionata da $B$*; se $A \in \mathcal{F}$ e $P_B(A) =: P(A|B)$ rappresenta la probabilità che si verifichi sapendo che $B$ si è verificato.

**Teorema B.1 (Teorema delle probabilità totali).** *Sia $(E_i)_{i \in I}$ una partizione di $\Omega$ (finita o numerabile). Allora*

$$P(A) = \sum_i P(A|E_i)P(E_i) \,. \tag{B.2}$$

La formula (B.2) ha un'interpretazione logica nella scomposizione dell'evento $A$ negli eventi $A \cap E_k$ associati a possibili cause $E_k$ dell'evento $A$ stesso e risulta molto utile nelle applicazioni.

Il seguente teorema fornisce la relazione tra le probabilità a priori e a posteriori di una partizione di uno spazio dei campioni.

**Teorema B.2 (Teorema di Bayes).** *Sia $(E_i)_{i \in I}$ una partizione di $\Omega$ (finita o numerabile) e sia $P(A) > 0$. Allora per un generico elemento $E_n$ della partizione*

$$P(E_n|A) = \frac{P(A|E_n)P(E_n)}{\sum_i P(A|E_i)P(E_i)} \,. \tag{B.3}$$

Il Teorema di Bayes tecnicamente è molto semplice, ma ha importanti conseguenze soprattutto in statistica. Come detto, gli eventi $E_i$ sono detti *ipotesi*, le probabilità $P(E_i)$ sono dette *probabilità a priori* mentre $P(E_i|A)$ sono dette *probabilità a posteriori*, avendo assunto il verificarsi di $A$.

## B.2 Variabili aleatorie

Nelle applicazioni della Teoria della Probabilità il concetto di evento è troppo generale ed occorre introdurre degli enti matematici che riproducano le proprietà di grandezze numeriche osservabili.

Considerando uno spazio di probabilità $(\Omega, \mathcal{F}, P)$, ad ogni evento elementare (anche non numerico) si può far corrispondere una quantità numerica, ossia un elemento di $\mathbb{R}$, o un elemento di $\mathbb{R}^k$, con $k \in \mathbb{N} - \{0\}$.

Consideriamo dapprima il caso in cui la funzione $X$ assuma valori in $\mathbb{R}$.

Dato uno spazio di probabilità $(\Omega, \mathcal{F}, P)$, ed una funzione $X \colon \Omega \longrightarrow \mathbb{R}$, ci si pone il problema di valutare la probabilità sull'insieme dei valori assunti dalla funzione $X$; ad esempio la probabilità $\mathrm{prob}(X \in [a,b])$ che $X$ assuma valori in un generico intervallo $[a,b] \subset \mathbb{R}$,

Da un punto di vista matematico, il modo coerente per definire tale probabilità è il seguente

$$\mathrm{prob}(X \in [a,b]) := P(X^{-1}([a,b])) \,,$$

dove $X^{-1}([a,b]) = \{\omega \colon X(\omega) \in [a,b]\}$.

Affinché tale definizione abbia senso, è necessario però che la funzione $X$ sia tale che insiemi del tipo

$$\{\omega \colon X(\omega) \in (a,b]\} \,, \quad \{\omega \colon X(\omega) \leq a\} \,,$$

appartengano a $\mathcal{F}$.

Va notato che la famiglia degli intervalli di $\mathbb{R}$ non costituisce una $\sigma$-algebra di parti di $\mathbb{R}$, per cui conviene considerare la $\sigma$-algebra da essa generata, in modo da poter definire su di essa una opportuna legge di probabilità.

Si può dimostrare la seguente proposizione.

**Proposizione B.5.** *Sia $\mathcal{B}_{\mathbb{R}}$ la più piccola $\sigma$-algebra su $\mathbb{R}$ che contiene l'insieme $\mathcal{I}$ di tutti gli intervalli di $\mathbb{R}$. Allora le seguenti affermazioni sono equivalenti:*

*a) per ogni $I \in \mathcal{I}$, $X^{-1}(I) \in \mathcal{F}$;*
*b) per ogni $B \in \mathcal{B}_{\mathbb{R}}$, $X^{-1}(B) \in \mathcal{F}$.*

La $\sigma$-algebra $\mathcal{B}_{\mathbb{R}}$ è nota come $\sigma$-algebra di Borel su $\mathbb{R}$.

Tenendo conto delle osservazioni precedenti, possiamo fornire le seguenti definizioni.

**Definizione B.5.** Sia $(\Omega, \mathcal{F})$ uno spazio probabilizzabile. Si definisce *variabile aleatoria reale* su $(\Omega, \mathcal{F})$ ogni funzione $X \colon \Omega \to \mathbb{R}$ tale che

$$X^{-1}(B) \in \mathcal{F} \,, \quad \text{per ogni } B \in \mathcal{B}_{\mathbb{R}} \,. \tag{B.4}$$

Si dice anche che $X$ è una *funzione $\mathcal{F}$-$\mathcal{B}_{\mathbb{R}}$ misurabile* e scriveremo

$$X \colon (\Omega, \mathcal{F}) \to (\mathbb{R}, \mathcal{B}_{\mathbb{R}}) \,.$$

La Proposizione B.5 e la Definizione B.4 implicano la seguente:

**Proposizione B.6.** *Data una funzione* $X \colon \Omega \to \mathbb{R}$, *le seguenti affermazioni sono equivalenti*

*i)* $X$ *è una variabile aleatoria, ossia* $X \colon (\Omega, \mathcal{F}) \to (\mathbb{R}, \mathcal{B}_{\mathbb{R}})$;
*ii)* $X^{-1}((a, b]) \in \mathcal{F}$, *per ogni* $a, b \in \mathbb{R}$;
*iii)* $X^{-1}((-\infty, a]) \in \mathcal{F}$, *per ogni* $a \in \mathbb{R}$.

Dalle Proposizioni B.6 consegue che affinché $X$ sia una variabile aleatoria è sufficiente verificare che le contro immagini di intervalli tramite $X$ appartengano alla $\sigma$-algebra $\mathcal{F}$.

Per una giustificazione teorica rigorosa di queste ultime osservazioni ci si può riferire a testi dedicati alla teoria della misura secondo Lebesgue.

Sia $X$ una variabile aleatoria reale su $(\Omega, \mathcal{F})$. Grazie ai risultati precedenti siamo ormai nella condizione di valutare le probabilità riguardanti la v.a. $X$ direttamente nello spazio $(\mathbb{R}, \mathcal{B}_{\mathbb{R}})$, essendo, per costruzione, $\mathcal{B}_{\mathbb{R}}$ una $\sigma$-algebra su $\mathbb{R}$.

Se $X \colon (\Omega, \mathcal{F}) \to (\mathbb{R}, \mathcal{B}_{\mathbb{R}})$ è una variabile aleatoria reale, e $P$ è una generica misura di probabilità su $\mathcal{F}$, $X$ trasferisce $P$ su $\mathcal{B}_{\mathbb{R}}$ al modo seguente.

**Proposizione B.7.** *La misura di insieme* $P_X$ *definita su* $\mathcal{B}_{\mathbb{R}}$ *secondo*

$$B \in \mathcal{B}_{\mathbb{R}} \mapsto P_X(B) := P(X^{-1}(B)) \in [0, 1]$$

*è una misura di probabilità su* $(\mathbb{R}, \mathcal{B}_{\mathbb{R}})$, *che diremo* misura di probabilità indotta da $X$, *o anche «legge di probabilità» di* $X$.

**Definizione B.6.** La famiglia $X^{-1}(\mathcal{B}_{\mathbb{R}}) = \{X^{-1}(B), B \in \mathcal{B}_{\mathbb{R}}\} \subset \mathcal{F}$, è una $\sigma$-algebra su $\Omega$, contenuta in $\mathcal{F}$. Si definisce *$\sigma$-algebra generata da* $X$, e si indica con $\sigma(X)$.

È facile osservare che, da un punto di vista probabilistico, la $\sigma$-algebra $\sigma(X)$, generata da $X$, caratterizza completamente la variabile aleatoria $X$.


## B.3 Valore Atteso

Sia $(\Omega, \mathcal{F}, P)$ uno spazio di probabilità su cui è definita una variabile aleatoria $X$, la cui legge di probabilità sia $P_X$.

Si definisce valore atteso, o valore medio, della variabile aleatoria $X$ la quantità

$$E(X) := \mu_X = \int_\Omega X(\omega) P(d\omega) = \int_{\mathbb{R}} x P_X(dx)$$

o, più in generale, per ogni funzione misurabile $g \colon \mathbb{R} \to \mathbb{R}$, definiremo il valore atteso di $g(X) := g \circ X$,

$$E(g(X)) := \int_\Omega g(X(\omega)) P(d\omega) = \int_{\mathbb{R}} g(x) P_X(dx) . \tag{B.5}$$

Occorre però precisare che la definizione (B.5) ha senso solo allorché

$$\int_{\mathbb{R}} |g(x)| \, P_X(dx) < +\infty \, , \tag{B.6}$$

o equivalentemente

$$\int_{\Omega} |g(X(\omega))| \, P(d\omega) < +\infty \, , \tag{B.7}$$

nel qual caso diremo che $g(X) \in \mathcal{L}^1$.

Più in generale diremo che $g(X) \in \mathcal{L}^m$ per $m \in \mathbb{N} - \{0\}$ ogniqualvolta

$$\int_{\mathbb{R}} |g(x)|^m \, P_X(dx) < +\infty \, . \tag{B.8}$$

Il valore atteso di una v. a. fornisce una indicazione della "collocazione baricentrica" della sua legge di probabilità $P_X$.


## B.4 La varianza

Consideriamo ora un parametro che fornisce informazioni sulla dispersione della distribuzione.

La funzione $h(x) := (x - E(X))^2$, a valori in $\mathbb{R}$, è una funzione continua; quindi ha senso considerare la variabile aleatoria $h(X)$

$$h(X) := h \circ X \colon (\Omega, \mathcal{F}) \to (\mathbb{R}, \mathcal{B}_{\mathbb{R}}) \, .$$

Da quanto detto sopra, se $X \in \mathcal{L}^2$ allora è anche $X \in \mathcal{L}^1$, e poi

$$\int_{\mathbb{R}} (x - E(X))^2 \, P_X(dx) < +\infty \, . \tag{B.9}$$

**Definizione B.7.** Se $X \in \mathcal{L}^2$, dicesi *varianza* di $X$ la quantità

$$\begin{aligned}
\operatorname{var}(X) = \sigma_X^2 &:= E\left[ (X - E(X))^2 \right] \\
&= \int_{\mathbb{R}} (x - E(X))^2 \, P_X(dx) \\
&= \int_{\Omega} X^2(\omega) P(d\omega) - (E(X))^2 = E(X^2) - (E(X))^2 \, . \tag{B.10}
\end{aligned}$$

Dicesi *deviazione standard* di $X$ la quantità

$$\sigma_X := \sqrt{\operatorname{var}(X)} \, . \tag{B.11}$$

# B.5 Vettori Aleatori

Consideriamo un esperimento aleatorio a cui sia associato uno spazio di probabilità $\Omega = (\Omega, \mathcal{F}, P)$.

Introduciamo la $\sigma$-algebra $\mathcal{B}_{\mathbb{R}^2}$ su $\mathbb{R}^2$ generata dai rettangoli del tipo $]a_1, b_1] \times ]a_2, b_2] \subset \mathbb{R}^2$.

**Definizione B.8.** Diremo che $\underline{X} = (X, Y)$ è un *vettore aleatorio bidimensionale*, se

$$\underline{X} \colon \Omega \to \mathbb{R}^2 \,,$$

è tale che

$$\underline{X}^{-1}(A) \in \mathcal{F}\,, \quad \text{per ogni } A \in \mathcal{B}_{\mathbb{R}^2}\,;$$

scriveremo

$$\underline{X} \colon (\Omega, \mathcal{F}) \to (\mathbb{R}^2, \mathcal{B}_{\mathbb{R}^2})\,.$$

Essendo $\mathcal{B}_{\mathbb{R}^2}$ la $\sigma$-algebra generata dai rettangoli del tipo $]a_1, b_1] \times ]a_2, b_2] \subset \mathbb{R}^2$, in virtù delle specifiche proprietà topologiche di $\mathbb{R}$, e quindi di $\mathbb{R}^2$, vale la seguente proposizione, per la cui dimostrazione si rinvia alla teoria della misura.

**Proposizione B.8.** *Le seguenti proposizioni sono equivalenti.*

a) $\underline{X} = (X, Y) \colon (\Omega, \mathcal{F}) \to (\mathbb{R}^2, \mathcal{B}_{\mathbb{R}^2})$ *è un vettore aleatorio;*
b) $X \colon (\Omega, \mathcal{F}) \to (\mathbb{R}, \mathcal{B}_{\mathbb{R}})$ *e* $Y \colon (\Omega, \mathcal{F}) \to (\mathbb{R}, \mathcal{B}_{\mathbb{R}})$ *sono due variabili aleatorie reali.*

Al vettore aleatorio $\underline{X} = (X, Y)$ sopra definito si può associare una *legge di probabilità su* $\mathcal{B}_{\mathbb{R}^2}$, nel modo seguente

$$P_{\underline{X}}(B) = P(\underline{X}^{-1}(B))\,, \quad \text{per ogni } B \in \mathcal{B}_{\mathbb{R}^2}\,.$$

Grazie a quanto detto sopra, in modo equivalente, vale la seguente uguaglianza: per ogni $B_1 \in \mathcal{B}_{\mathbb{R}}$, e $B_2 \in \mathcal{B}_{\mathbb{R}}$,

$$
\begin{aligned}
P_{\underline{X}}(B_1 \times B_2) = P_{(X,Y)}(B_1 \times B_2) &= P((X,Y)^{-1}(B_1 \times B_2)) \\
&= P(X^{-1}(B_1) \cap Y^{-1}(B_2)) \\
&=: \text{prob}(X \in B_1, Y \in B_2)\,.
\end{aligned}
\tag{B.12}
$$

Ha quindi senso la seguente:

**Definizione B.9.** La probabilità $P_{\underline{X}} = P_{(X,Y)}$ è detta *legge di probabilità congiunta* delle variabili aleatorie $X$ e $Y$. Le leggi $P_X$ e $P_Y$ si dicono *leggi marginali* delle due variabile aleatorie $X$ e $Y$, rispettivamente.

**Proposizione B.9.** *Data la probabilità congiunta* $P_{(X,Y)}$ *si possono determinare le* probabilità marginali $P_X$ e $P_Y$*, nel modo seguente*

$$
\begin{aligned}
P_X(B_1) &= P_{(X,Y)}(B_1 \times \mathbb{R})\,, \quad \text{per ogni } B_1 \in \mathcal{B}_{\mathbb{R}}\,; \\
P_Y(B_2) &= P_{(X,Y)}(\mathbb{R} \times B_2)\,, \quad \text{per ogni } B_2 \in \mathcal{B}_{\mathbb{R}}\,.
\end{aligned}
\tag{B.13}
$$

*Dimostrazione.* Basta osservare che

$$P_X(B_1) = P(X^{-1}(B_1)) = P(X^{-1}(B_1) \cap \Omega) = P(X^{-1}(B_1) \cap Y^{-1}(\mathbb{R}))$$
$$= P((X,Y)^{-1}(B_1 \times \mathbb{R})) = P_{(X,Y)}(B_1 \times \mathbb{R}). \quad \text{(B.14)}$$

Si procede in modo analogo per l'altra. □

La definizione (B.5) si estende in modo naturale al caso vettoriale $\underline{X} = (X_1,\ldots,X_k)\colon (\Omega,\mathcal{F}) \to (\mathbb{R}^k,\mathcal{B}_{\mathbb{R}^k})$, con $k \in \mathbb{N}-\{0\}$ e con $g\colon \mathbb{R}^k \to \mathbb{R}$, funzione misurabile, al modo seguente

$$E(g(\underline{X})) := \int_{\mathbb{R}^k} g(\underline{x}) P_{\underline{X}}(d\underline{x}) \,. \quad \text{(B.15)}$$

La condizione $g(\underline{X}) \in \mathcal{L}^1$, in questo caso diventa

$$\int_{\mathbb{R}^k} |g(\underline{x})| \, P_{\underline{X}}(d\underline{x}) < +\infty \,. \quad \text{(B.16)}$$

Quanto precede si estende in modo analogo al caso di vettori aleatori $\underline{x}\colon (\Omega,\mathcal{F}) \to (\mathbb{R}^k,\mathcal{B}_{\mathbb{R}^k})$ con $k \in \mathbb{N}^* = \mathbb{N} - \{0\}$.

*Indipendenza di variabili aleatorie*

In generale il viceversa della Proposizione B.9 non è valido, cioè non è possibile dedurre la probabilità congiunta $P_{(X,Y)}$, a partire dalle marginali. Un caso particolarmente interessante si ha quando gli eventi $X^{-1}(B_1)$ e $Y^{-1}(B_2)$ siano indipendenti, per ogni scelta di $B_1 \in \mathcal{B}_{\mathbb{R}}$ e di $B_2 \in \mathcal{B}_{\mathbb{R}}$. In tal caso nella definizione (B.12) il penultimo termine si può fattorizzare. Da qui deriva una nozione di indipendenza per le variabili aleatorie.

**Definizione B.10.** Sia $(X,Y)$ un vettore aleatorio bidimensionale sullo stesso spazio di probabilità $(\Omega,\mathcal{F},P)$. $X$ e $Y$ si dicono *variabili aleatorie indipendenti* se

$$P_{(X,Y)}(B_1 \times B_2) = P_X(B_1)P_Y(B_2) \,, \quad \text{(B.17)}$$

per ogni scelta di $B_1 \in \mathcal{B}_{\mathbb{R}}$ e di $B_2 \in \mathcal{B}_{\mathbb{R}}$, cioè se la probabilità congiunta $P_{(X,Y)}$ è fattorizzabile nel prodotto delle *probabilità marginali* $P_X, P_Y$.

Confermando l'identificazione delle variabili aleatorie con le loro $\sigma$-algebre generate, l'indipendenza delle variabile aleatoria $X$ e $Y$ si può esprimere attraverso la seguente caratterizzazione, che discende direttamente dalle definizioni.

**Proposizione B.10.** *Due variabili aleatorie $X$ e $Y$, definite sullo stesso spazio di probabilità $(\Omega,\mathcal{F},P)$ sono indipendenti se e soltanto se sono indipendenti (rispetto a $P$) le loro $\sigma$-algebre generate, ossia*

$$P(X^{-1}(B_1) \cap Y^{-1}(B_2)) = P(X^{-1}(B_1))P(Y^{-1}(B_2)) \,,$$

*per ogni scelta di $B_1 \in \mathcal{B}_{\mathbb{R}}$ e di $B_2 \in \mathcal{B}_{\mathbb{R}}$.*

# B.6 Vettori Casuali Continui

Una classe molto importante di vettori aleatori è quella che ammette una funzione densità di probabilità.

Diremo che una variabile aleatoria bidimensionale $\underline{X} = (X_1, X_2) \colon (\Omega, \mathcal{F}) \to (\mathbb{R}^2, \mathcal{B}_{\mathbb{R}^2})$ è (assolutamente) continua se esiste una *funzione di densità di probabilità congiunta* $f_{\underline{X}} \colon \mathbb{R}^2 \to \mathbb{R}^+$, tale che

$$\iint_{\mathbb{R}^2} f_{\underline{X}}(x_1, x_2)\, dx_1 dx_2 = 1$$

e, per ogni evento $B \in \mathcal{B}_{\mathbb{R}^2}$

$$P_X(B) = \text{prob}(X \in B) = \iint_B f_{\underline{X}}(x_1, x_2)\, dx_1 dx_2 \,.$$

Le componenti (scalari) $X_1$ e $X_2$ di conseguenza saranno esse stesse dotate di densità, dette *densità marginali*, date da

$$f_{X_1}(x_1) = \int_{\mathbb{R}} f_{\underline{X}}(x_1, x_2)\, dx_2 \,;$$

$$f_{X_2}(x_2) = \int_{\mathbb{R}} f_{\underline{X}}(x_1, x_2)\, dx_1 \,.$$

# B.7 Vettori Aleatori Gaussiani

In queste note, assumeremo la rappresentazione colonna per i vettori.

Nelle applicazioni statistiche hanno un ruolo fondamentale i vettori aleatori Gaussiani; nel caso scalare, una variabile aleatoria Gaussiana a parametri $m \in \mathbb{R}$, e $\sigma^2 \in \mathbb{R}_+ - \{0\}$, ha densità di probabilità della forma

$$\rho(x) = \frac{1}{\sqrt{2\pi\sigma^2}} \exp\left(-\frac{(x-m)^2}{2\sigma^2}\right) . \tag{B.18}$$

Il Teorema di Cramér-Wold [CM] suggerisce la seguente definizione di vettore aleatorio Gaussiano, detto anche vettore multivariato normale.

**Definizione B.11.** Un vettore aleatorio $\underline{X} = (X_1, \ldots, X_k)^{\mathrm{T}}$, a valori in $\mathbb{R}^k$, si dice *normale multivariato* o *vettore Gaussiano* se e solo se la variabile aleatoria scalare, a valori in $\mathbb{R}$, definita da

$$Y_{\underline{c}} := \underline{c} \cdot \underline{X} = \sum_{i=1}^{k} c_i X_i \,,$$

ha distribuzione normale, per ogni scelta del vettore $\underline{c} = (c_1, \ldots, c_k)^{\mathrm{T}} \in \mathbb{R}^k$.

Dato un vettore aleatorio $\underline{X} = (X_1, \ldots, X_k)^{\mathrm{T}}$, a valori in $\mathbb{R}^k$, tale che $X_i \in \mathcal{L}^2$, $i \in \{1, \ldots, k\}$, ha senso definire il vettore delle medie

$$\mu_{\underline{X}} = \mathbb{E}(\underline{X}) := (\mathbb{E}(X_1), \ldots, \mathbb{E}(X_k))^{\mathrm{T}}$$

e la matrice di varianza-covarianza

$$\Sigma_{\underline{X}} := cov(\underline{X}) := \mathbb{E}[(\underline{X} - \mu_{\underline{X}})(\underline{X} - \mu_{\underline{X}})^{\mathrm{T}}] \,.$$

Naturalmente $\Sigma_{\underline{X}}$ è una matrice quadrata, simmetrica, e semidefinita positiva.

La simmetria deriva dal fatto che

$$cov(X_i, X_j) = cov(X_j, X_i)\,, \qquad \text{per ogni coppia} \quad i, j \in \{1, \ldots, k\}\,.$$

Il fatto che sia semidefinita positiva, o meglio definita positiva nei casi non banali, si dimostra facilmente [CM].

Vale la pena di ricordare che una matrice $A = (a_{ij}) \in \mathbb{R}^{k \times k}$ si dice semidefinita positiva su $\mathbb{R}^k$ se, per ogni vettore $\underline{x} = (x_1, \ldots, x_k)^{\mathrm{T}} \in \mathbb{R}^k$, $\underline{x} \neq \underline{0}$, risulta

$$\underline{x} \cdot A\underline{x} = \sum_{i=1}^{k} \sum_{j=1}^{k} x_i a_{ij} x_j \geq 0 \,.$$

Essa si dice definita positiva se l'ultima disuguaglianza è stretta $(>)$.

Dalla teoria delle matrici si deduce che una matrice quadrata definita positiva è non singolare, quindi invertibile, ed il suo determinante è positivo; in tal caso anche la matrice inversa è definita positiva. Denoteremo con $A^{-1}$ la matrice inversa di una matrice $A$.

Se $\underline{X}$ è un vettore multivariato normale a valori in $\mathbb{R}^k$, con $k \in \mathbb{N}^*$, $\underline{X} \in \mathcal{L}^2$. Se $\mu_{\underline{X}} \in \mathbb{R}^k$, è il suo vettore delle medie e $\Sigma_{\underline{X}} \in \mathbb{R}^{k \times k}$ è la sua matrice di varianza-covarianza, scriveremo

$$\underline{X} \sim N(\mu_{\underline{X}}, \Sigma_{\underline{X}})\,.$$

**Teorema B.3.** *Sia $\underline{X}$ un vettore multivariato normale a valori in $\mathbb{R}^k$, per $k \in \mathbb{N}^*$, e sia $\underline{X} \in \mathcal{L}^2$. Se $\mu_{\underline{X}} \in \mathbb{R}^k$, e $\Sigma_{\underline{X}} \in \mathbb{R}^{k \times k}$ è una matrice definita positiva, allora $\underline{X}$ è dotato di densità di probabilità congiunta data da*

$$f_{\underline{X}}(\underline{x}) = \left( \frac{1}{(2\pi)^k \, det \, \Sigma_{\underline{X}}} \right)^{\frac{1}{2}} e^{-\frac{1}{2}(\underline{x} - \mu_{\underline{X}})^{\mathrm{T}} \Sigma_{\underline{X}}^{-1} (\underline{x} - \mu_{\underline{X}})} \,, \tag{B.19}$$

*per $\underline{x} \in \mathbb{R}^k$.*

*Dimostrazione.* Vedi [CM]. $\qquad\qquad\qquad\qquad\qquad\qquad\qquad\qquad\qquad\qquad\qquad\qquad$ $\square$

Da quanto precede conseguono in particolare le seguenti proposizioni.

**Proposizione B.11.** *Se $\underline{X}$ è un vettore aleatorio normale multivariato, le sue componenti $X_i$, per $i = 1,\ldots,k$, sono esse stesse Gaussiane (scalari).*

*Le componenti sono variabili aleatorie normali indipendenti se e solo se la matrice di varianza-covarianza del vettore $\underline{X}$ è diagonale.*

**Proposizione B.12.** *Sia $\underline{X}$ un vettore multivariato normale a valori in $\mathbb{R}^k$, per $k \in \mathbb{N}^*$, $\underline{X} \sim N(\mu_{\underline{X}}, \Sigma_{\underline{X}})$. Data una matrice $D \in \mathbb{R}^{p \times k}$, con $p \in \mathbb{N}^*$, ed un vettore $\underline{b} \in \mathbb{R}^p$, se si considera il vettore aleatorio $\underline{Y} = D\,\underline{X} + \underline{b}$, risulta che anche $\underline{Y}$ è un vettore aleatorio Gaussiano*

$$\underline{Y} \sim N(D\,\mu_{\underline{X}} + \underline{b}, D\,\Sigma_{\underline{X}} D^{\mathrm{T}})\,.$$

*Dimostrazione.* Per la dimostrazione si veda [CM]. Notiamo comunque che, per le note proprietà dei valori attesi e delle covarianze,

$$\mathbb{E}(\underline{Y}) = D\,\mu_{\underline{X}} + \underline{b}\,,$$

mentre

$$\Sigma_{\underline{Y}} = D\,\Sigma_{\underline{X}} D^{\mathrm{T}}\,.$$

Notiamo ora che, se $\Sigma$ è una matrice definita positiva, dalla teoria delle matrici è noto che esiste una matrice quadrata non singolare $Q \in \mathbb{R}^{k \times k}$ tale che

$$\Sigma = Q\,Q^{\mathrm{T}}\,.$$

Considerata allora la trasformazione lineare

$$\underline{Z} = Q^{-1}\,(\underline{X} - \mu_{\underline{X}})\,, \tag{B.20}$$

avremo

$$\mathbb{E}(\underline{Z}) = Q^{-1}\,\mathbb{E}(\underline{X} - \mu_{\underline{X}}) = \underline{0}\,,$$

mentre

$$\begin{aligned}
\Sigma_{\underline{Z}} &= Q^{-1}\,\Sigma_{\underline{X}}\,(Q^{-1})^{\mathrm{T}} \\
&= Q^{-1}QQ^{\mathrm{T}}(Q^{-1}) \\
&= (Q^{-1}Q)((Q^{-1}Q)^{T}) \\
&= I_k\,,
\end{aligned}$$

avendo indicato con $I_k$ la matrice quadrata identica di dimensione $k$.

Dal Teorema B.3 consegue allora che $\underline{Z} \sim N(\underline{0}, I_k)$, e che la sua funzione densità congiunta è data da

$$f_{\underline{Z}}(\underline{z}) = \left(\frac{1}{2\pi}\right)^{\frac{k}{2}} e^{-\frac{1}{2}\underline{z}\cdot\underline{z}}\,, \tag{B.21}$$

per $\underline{z} \in \mathbb{R}^k$.

Resta così dimostrato che il vettore aleatorio $\underline{Z}$ ha tutte le componenti i.i.d. a distribuzione $N(0,1)$. $\qquad\square$

**Proposizione B.13.** *Se $\underline{X} = (X_1, \ldots, X_n)^{\mathrm{T}}$, con $n \in \mathbb{N}^*$, è un vettore aleatorio normale multivariato, e le sue componenti sono variabili aleatorie normali i.i.d., $X_j \sim N(\mu, \sigma^2)$, per ogni $j \in \{1, \ldots, n\}$, ogni vettore aleatorio che si ottenga da esso tramite una trasformazione lineare è ancora un vettore aleatorio normale multivariato, ma le sue componenti non sono necessariamente indipendenti.*

## B.8 Valore Atteso condizionato da una $\sigma$-algebra

Grazie al Teorema di Radon–Nykodim, si può dimostrare la seguente proposizione.

**Proposizione B.14.** *Sia $(\Omega, \mathcal{F}, P)$ uno spazio di probabilità e sia $\mathcal{F}'$ una sotto $\sigma$-algebra di $\mathcal{F}$. Se $Y \in \mathcal{L}^1(\Omega, \mathcal{F}, P)$, è una variabile aleatoria reale, esiste un unico elemento $g \in L^1(\Omega, \mathcal{F}', P)$ tale che per ogni $B' \in \mathcal{F}'$ risulti*

$$\int_{B'} Y \, dP = \int_{B'} g \, dP \, .$$

Tale elemento $g$ viene detto valore atteso di $Y$ condizionato dalla $\sigma$-algebra $\mathcal{F}'$ e si denota con $E[Y|\mathcal{F}']$.

È evidente dalle definizioni che $E(Y|\mathcal{G})$, il valore atteso di $Y$ condizionato dalla $\sigma$-algebra di eventi $\mathcal{G}$ è una variabile aleatoria.

Si può definire il valore atteso di $Y$ condizionato da una variabile aleatoria $X$ tramite la $\sigma$-algebra $\mathcal{F}_X$ generata da $X$

$$E[Y|X] = E[Y|\mathcal{F}_X] \, .$$

Si può infine definire il valore atteso di $Y$ condizionato da un singolo evento $E \in \mathcal{F}$ tramite la $\sigma$-algebra $\mathcal{F}_E = \{E, E^c, \Omega, \emptyset\}$ generata da $E$.

Si può osservare che, se $\mathcal{F}_E$ è la $\sigma$-algebra generata da $E$, si ha

$$E[Y|\mathcal{F}_E](\omega) = \begin{cases} E[Y|E] & \text{se } \omega \in E \\ E[Y|E^c] & \text{se } \omega \notin E \end{cases} ,$$

dove

$$E[Y|E] := \frac{1}{P(E)} \int_E Y(\omega) P(d\omega) \, .$$

Notiamo che la definizione risulta non banale in quanto la variabile $E(Y|\mathcal{G})$ risulta definita solo sulla $\sigma$-algebra di eventi $\mathcal{G}$ che è solo una parte dello spazio degli eventi possibili rappresentato da $\mathcal{F}$. In altre parole la variabile aletoria $E(Y|\mathcal{G})$ fornisce solo una versione approssimata della variabile iniziale $Y$, basata sulla conoscenza di eventi accaduti in $\mathcal{G}$. Più precisamente vale il seguente:

**Teorema B.4.** *Sia* $(\Omega, \mathcal{F}, P)$ *uno spazio di probabilità,* $\mathcal{G}$ *una sotto* $\sigma$*-algebra di* $\mathcal{F}$*, e sia* $Y$ *una variabile aleatoria reale su* $(\Omega, \mathcal{F}, P)$*. Se* $Y \in L^2(P)$*, allora* $E[Y|\mathcal{G}]$ *è la proiezione ortogonale di* $Y$ *su* $L^2(\Omega, \mathcal{G}, P)$*, un sottospazio dello spazio di Hilbert* $L^2(\Omega, \mathcal{F}, P)$*.*

Possiamo facilmente interpretare il precedente teorema dicendo che $E[Y|\mathcal{G}]$ è la migliore approssimazione (in media quadratica) in $L^2(\Omega, \mathcal{G}, P)$ della variabile aleatoria $Y \in L^2(\Omega, \mathcal{F}, P)$.

In questo caso si dimostra facilmente che

$$\mathrm{var}(E[Y|\mathcal{G}]) \leq \mathrm{var}(Y) \, .$$

Una trattazione matematica del concetto valore atteso condizionato si può trovare in letteratura [CB]; qui ci limiteremo a richiamarne le proprietà quando ce ne sia bisogno.

**Proposizione B.15.** *Sia* $\mathcal{G}$ *una sotto* $\sigma$*-algebra di* $\mathcal{F}$*. Se* $Y$ *è una variabile aleatoria reale misurabile rispetto a* $\mathcal{G}$ *e sia* $Z$ *che* $YZ$ *sono due variabili aleatorie reali in* $\mathcal{L}^1(\Omega, \mathcal{F}, P)$*, allora*

$$E[YZ|\mathcal{G}] = Y E[Z|\mathcal{G}] \, .$$

*In particolare,*

$$E[Y|\mathcal{G}] = Y \, .$$

**Definizione B.12.** Sia $(\Omega, \mathcal{F}, P)$ uno spazio di probabilità, e sia $\mathcal{G}$ una sotto $\sigma$-algebra di $\mathcal{F}$. Diciamo che una variabile aleatoria $Y$ su $(\Omega, \mathcal{F}, P)$ è indipendente da $\mathcal{G}$ rispetto alla misura di probabilità $P$ se per ogni $B \in \mathcal{B}_\mathbb{R}$, e per ogni $G \in \mathcal{G}$:

$$P(G \cap Y^{-1}(B)) = P(G)P(Y^{-1}(B)) \, .$$

**Proposizione B.16.** *Sia* $\mathcal{G}$ *una sotto* $\sigma$*-algebra di* $\mathcal{F}$*; se* $Y \in L^1(\Omega, \mathcal{F}, P)$ *è indipendente da* $\mathcal{G}$*, allora*

$$E[Y|\mathcal{G}] = E[Y] \, , \quad q.c.$$

## B.9 Processi stocastici

Continuando nella linea dovuta a Kolmogorov possiamo vedere un processo stocastico come una famiglia di variabili aleatorie definite su uno stesso spazio di probabilità. I processi stocastici dunque generalizzano la nozione di vettore aleatorio (finito dimensionale) al caso di una generica famiglia di variabili aleatorie indicizzate in un generico insieme $T$. Tipicamente, questo insieme rappresenta il «tempo» ed è quindi costituito da un intervallo di $\mathbb{R}$ (nel caso di processi a tempo continuo) o di $\mathbb{N}$ (nel caso discreto).

**Definizione B.13.** Siano $(\Omega, \mathcal{F}, P)$ uno spazio di probabilità, $T$ un insieme di indici, ed $(E, \mathcal{B})$ uno spazio misurabile, che assumiamo essere costituito da uno spazio Polacco (spazio metrico completo e separabile) $E$, (tipicamente $\mathbb{R}$ o $\mathbb{R}^k$, per qualche $k \in \mathbb{N}^* := \mathbb{N} \setminus \{0\}$), dotato della sua $\sigma$-algebra di Borel (ossia la $\sigma$-algebra generata dagli aperti). Un *processo stocastico* su $(\Omega, \mathcal{F}, P)$ a valori in $(E, \mathcal{B})$ è una famiglia $(X_t)_{t \in T}$ di variabili aleatorie $X_t \colon (\Omega, \mathcal{F}) \to (E, \mathcal{B})$ per ogni $t \in T$.

$(\Omega, \mathcal{F}, P)$ è detto *spazio di probabilità sottostante* al processo $(X_t)_{t \in T}$, mentre $(E, \mathcal{B})$ è lo *spazio degli stati* o *spazio delle fasi*. Fissato $t \in T$, la variabile aleatoria $X_t$ è lo *stato del processo al «tempo» t*. Inoltre, per ogni $\omega \in \Omega$, la funzione $X(\cdot, \omega) \colon t \in T \to X_t(\omega) \in E$ è detta *traiettoria* corrispondente ad $\omega$. Ogni traiettoria $X(\cdot, \omega)$ del processo appartiene allo spazio $E^T$ delle funzioni definite su $T$ a valori in $E$. Su $E^T$ si costruisce una opportuna $\sigma$-algebra $\mathcal{B}^T$ che rende la famiglia delle traiettorie del nostro processo stocastico una funzione aleatoria $X \colon (\Omega, \mathcal{F}) \to (E^T, \mathcal{B}^T)$.

Definiamo $E^T = \prod_{t \in T} E_t$, dove assumiamo che tutti gli $E_t$ coincidano con $E$. Se $S \in \mathcal{S} = \{S \subset T \mid S \text{ finito}\}$, la $\sigma$-algebra $\mathcal{B}^S = \bigotimes_{t \in S} \mathcal{B}_t$ è ben definita come la $\sigma$-algebra generata dalla famiglia di tutti i rettangoli aventi i lati in $\mathcal{B}$, un lato per ogni elemento di $S$.

**Definizione B.14.** Detta $\pi_{ST}$ la proiezione canonica da $E^T$ su $E^S$, $\mathcal{B}^T$ è la più piccola $\sigma$-algebra di parti di $E^T$ che renda le proiezioni canoniche $\pi_{ST} \colon (E^T, \mathcal{B}^T) \to (E^S, \mathcal{B}^S)$ misurabili. Lo spazio misurabile $(E^T, \mathcal{B}^T)$ così ottenuto è detto *spazio prodotto degli spazi misurabili* $(E_t, \mathcal{B}_t)_{t \in T}$, dove, per ogni $t \in T$, $E_t = E$ e $\mathcal{B}_t = \mathcal{B}$.

Dalla definizione di $\mathcal{B}^T$ conseguono i seguenti risultati.

**Lemma B.1.** *Le proiezioni canoniche $\pi_{ST}$ sono misurabili se e solo se tutte le proiezioni canoniche $\pi_{\{t\}T}$, sono misurabili, per ogni $t \in T$.*

**Proposizione B.17.** *Una funzione $f \colon \Omega \to E^T$ è $\mathcal{F} - \mathcal{B}^T$ misurabile se e solo se per ogni $t \in T$, la funzione composta $\pi_{\{t\}} \circ f$ è $\mathcal{F} \to \mathcal{B}$ misurabile.*

Per le dimostrazioni del Lemma B.1 e della Proposizione B.17 si veda ad esempio [MT].

Da quanto detto consegue in particolare la seguente.

**Osservazione B.1.** Sia $(\Omega, \mathcal{F}, P, (X_t)_{t \in T})$ un processo stocastico con spazio degli stati $(E, \mathcal{B})$. La funzione $X \colon \Omega \to E^T$, che associa ad ogni $\omega \in \Omega$ la traiettoria corrispondente del processo è $(\mathcal{F} - \mathcal{B}^T)$-misurabile, poiché

$$\text{per ogni } t \in T \colon \quad X_t = \pi_{\{t\}} \circ X \, ,$$

avendo assunto che per ogni $t \in T$, $X_t$ sia una variabile aleatoria e quindi misurabile.

Possiamo ora osservare che, da un punto di vista *fisico*, è naturale assumere che, almeno in principio, dagli esperimenti si possano individuare tutte le possibili distribuzioni congiunte *finito-dimensionali*, ossia, per ogni scelta di $S = \{t_1, \ldots, t_n\} \subset \mathcal{S}$, si conosca

$$P^S(B_1 \times \cdots \times B_n) = P(X_{t_1} \in B_1, \ldots, X_{t_n} \in B_n).$$

Come possiamo ora definire una legge di probabilità congiunta $P^T$ su $(E^T, \mathcal{B}^T)$ di tutto il processo stocastico $(X_t)_{t \in T}$ definito sullo spazio di probabilità $(\Omega, \mathcal{F}, P)$, in maniera coerente alle distribuzioni finito-dimensionali?

Dobbiamo certamente richiedere che per ogni $S = \{t_1, \ldots, t_n\} \subset \mathcal{S}$, si abbia

$$P^T(\pi_{ST}^{-1}(B_1 \times \cdots \times B_n)) = P^S(B_1 \times \cdots \times B_n) = P(X_{t_1} \in B_1, \ldots, X_{t_n} \in B_n).$$

Una risposta generale viene offerta dal teorema che segue.

Per ogni $S \in \mathcal{S}$, sia assegnata una misura di probabilità $P_S$ su $(E^S, \mathcal{B}^S)$.

Se $S \in \mathcal{S}$, $S' \in \mathcal{S}$, con $S \subset S'$, denotiamo con $\pi_{SS'}$ la proiezione canonica di $E^{S'}$ su $E^S$ che è certamente $(\mathcal{B}^{S'}\text{-}\mathcal{B}^S)$-misurabile.

**Definizione B.15.** Se, per ogni $(S, S') \in \mathcal{S} \times \mathcal{S}'$, with $S \subset S'$, risulta

$$\pi_{SS'}(\mu_{S'}) = \mu_S,$$

diremo che

$$(E^S, \mathcal{B}^S, \mu_S, \pi_{SS'})_{S,S' \in \mathcal{S}; S \subset S'}$$

è un *sistema proiettivo* di spazi misurabili e $(\mu_S)_{S \in \mathcal{S}}$ è detto un *sistema compatibile* di misure sui prodotti finiti $(E^S, \mathcal{B}^S)_{S \in \mathcal{S}}$.

**Teorema B.5 (Kolmogorov-Bochner).** *Sia $(E, \mathcal{B})$ uno spazio Polacco (ossia uno spazio metrico completo e separabile) dotato della sua $\sigma$-algebra di Borel. Sia $\mathcal{S}$ la famiglia di tutti i sottoinsiemi finiti di $T$ e, per ogni $S \in \mathcal{S}$, sia $P_S$ una misura di probabilità su $(E^S, \mathcal{B}^S)$. Sotto queste ipotesi le seguenti due proposizioni sono equivalenti:*

1. *esiste una misura di probabilità $P_T$ su $(E^T, \mathcal{B}^T)$ tale che per ogni $S \in \mathcal{S}$: $P_S = \pi_{ST}(P_T)$;*
2. *il sistema $(E^S, \mathcal{B}^S, P_S, \pi_{SS'})_{S,S' \in \mathcal{S}; S \subset S'}$ è proiettivo.*

*In entrambi i casi $P_T$ è unica.*

*Dimostrazione.* Si veda ad esempio [MT]. $\qquad\qquad\qquad\qquad\qquad\qquad\qquad\qquad$ $\square$

**Definizione B.16.** L'unica misura di probabilità $P_T$ di cui al Teorema B.5 è detta *limite proiettivo* del sistema proiettivo $(E^S, \mathcal{B}^S, P_S, \pi_{SS'})_{S,S' \in \mathcal{S}; S \subset S'}$.

Se allora il sistema di leggi di probabilità finito dimensionali $P_S$ di un processo stocastico $(X_t)_{t \in \mathbb{R}^+}$, è proiettivo, il suo limite proiettivo sarà la richiesta *legge di probabilità del processo*.

Dal Teorema di Kolmogorov-Bochner consegue il seguente:

**Teorema B.6.** *Due processi stocastici a valori in uno stesso spazio Polacco,* $(X_t)_{t\in\mathbb{R}^+}$ *e* $(Y_t)_{t\in\mathbb{R}^+}$ *che abbiano uno stesso sistema proiettivo di distribuzioni finito dimensionali hanno la stessa legge di probabilità congiunta.*

**Definizione B.17.** Due processi stocastici a valori in uno stesso spazio Polacco si dicono *equivalenti* se e solo se hanno lo stesso sistema proiettivo di distribuzioni finito dimensionali.

Si danno anche le seguenti definizioni.

**Definizione B.18.** Due processi stocastici $(X_t)_{t\in\mathbb{R}^+}$ e $(Y_t)_{t\in\mathbb{R}^+}$ definiti sullo stesso spazio di probabilità $(\Omega,\mathcal{F},P)$ e a valori in uno stesso spazio Polacco si dicono *modificazioni* o *versioni* l'uno dell'altro se

$$\text{per ogni } t \in T: \quad P(X_t = Y_t) = 1\,.$$

**Osservazione B.2.** È ovvio che due processi che siano modificazione l'uno dell'altro sono anche equivalenti.

**Definizione B.19.** Due processi stocastici $(X_t)_{t\in\mathbb{R}^+}$ e $(Y_t)_{t\in\mathbb{R}^+}$ definiti sullo stesso spazio di probabilità $(\Omega,\mathcal{F},P)$ e a valori in uno stesso spazio Polacco si dicono *indistinguibili* se

$$P(X_t = Y_t,\ \text{ per ogni } t \in \mathbb{R}^+) = 1\,.$$

**Osservazione B.3.** È ovvio che due processi indistinguibili sono anche modificazione l'uno dell'altro.

## B.10 Rappresentazione canonica di un processo stocastico

Sia $(\Omega,\mathcal{F},P,(X_t)_{t\in T})$ un processo stocastico a valori in $(E,\mathcal{B})$ e, per ogni $S \in \mathcal{S}$, sia $P_S$ la legge di probabilità congiunta delle variabili aleatorie $(X_t)_{t\in S}$ ossia la probabilità su $(E^S,\mathcal{B}^S)$ indotta dalla $P$ tramite la funzione

$$X^S\colon \omega \in \Omega \to (X_t(\omega))_{t\in S} \in E^S = \prod_{t\in S} E\,.$$

Evidentemente, se

$$S \subset S'(S,S' \in \mathcal{S})\,, \qquad X^S = \pi_{SS'} \circ X^{S'}\,,$$

allora

$$P_S = X^S(P) = (\pi_{SS'} \circ X^{S'})(P) = \pi_{SS'}(P_{S'})\,,$$

e quindi $(E^S,\mathcal{B}^S,P_S,\pi_{SS'})_{S,S'\in\mathcal{S},S\subset S'}$ è un sistema proiettivo di probabilità.

D'altro canto, la funzione aleatoria $f \colon \Omega \to E^T$ che associa ad ogni $\omega \in \Omega$ una traiettoria del processo è misurabile rispetto alla variabile $\omega$ (grazie alla Proposizione B.17). Possiamo quindi considerare la probabilità indotta $P_T$ su $\mathcal{B}^T$, $P_T = f(P)$; $P_T$ è il limite proiettivo di $(P_S)_{S \in \mathcal{S}}$. Da ciò segue che $(E^T, \mathcal{B}^T, P_T, (\pi_t)_{t \in T})$ è un processo stocastico avente la proprietà che, per ogni $S \in \mathcal{S}$, i vettori aleatori $(\pi_t)_{t \in S}$ e $(X_t)_{t \in S}$ hanno la stessa distribuzione congiunta.

**Definizione B.20.** Il processo stocastico $(E^T, \mathcal{B}^T, P_T, (\pi_t)_{t \in T})$ è detto *forma canonica* del processo $(\Omega, \mathcal{F}, P, (X_t)_{t \in T})$.

**Osservazione B.4.** Da quanto precede consegue che due processi stocastici sono equivalenti se ammettono una stessa forma canonica.

*Esempio B.1.* Sia $(X_t)_{t \in T}$ una famiglia di variabili aleatorie indipendenti definite su $(\Omega, \mathcal{F}, P)$ e a valori nello spazio Polacco $(E, \mathcal{B})$, (di fatto, in questo caso è sufficiente assumere che tutte le sotto famiglie finite di $(X_t)_{t \in T}$ siano indipendenti). Sappiamo che per ogni $t \in T$ la legge di probabilità $P_t = X_t(P)$ è definita su $(E, \mathcal{B})$. Allora

$$\text{per ogni } S = \{t_1, \ldots, t_r\} \in \mathcal{S}: \quad P_S = \bigotimes_{k=1}^{r} P_{t_k} \,, \quad \text{per qualche } r \in \mathbb{N}^*,$$

e il sistema $(P_S)_{S \in \mathcal{S}}$, con i prodotti finiti $(E^S, \mathcal{B}^S)_{S \in \mathcal{S}}$, è compatibile. Infatti, se $B$ è un rettangolo in $\mathcal{B}^S$, ossia $B = B_{t_1} \times \cdots \times B_{t_r}$, e se $S \subset S'$, dove anche $S' = \{t_1, \ldots, t'_r\} \in \mathcal{S}$, allora

$$\begin{aligned}
P_S(B) = P_S(B_{t_1} \times \cdots \times B_{t_r}) &= P_{t_1}(B_{t_1}) \cdot \cdots \cdot P_{t_r}(B_{t_r}) \\
&= P_{t_1}(B_{t_1}) \cdot \cdots \cdot P_{t_r}(B_{t_r}) P_{t_{r+1}}(E) \cdot \cdots \cdot P_{t_{r'}}(E) \\
&= P_{S'}(\pi_{SS'}^{-1}(B)) \,.
\end{aligned}$$

In questo caso porremo $P_T = \bigotimes_{t \in T} P_t$.

**Osservazione B.5.** La condizione di compatibiltà $P_S = \pi_{SS'}(P_{S'})$, per ogni $S, S' \in \mathcal{S}$ e $S \subset S'$, può essere espressa in maniera equivalente sia tramite le distribuzioni cumulative $F_S$ della probabilità $P_S$ che tramite la sua eventuale densità $f_S$. Se $S' = \{t_1, \ldots, t_r, t_{r+1}, \ldots, t_{r'}\}$ con $t_1 < t_2 < \cdots < t_r < t_{r+1} < \cdots < t_{r'}$, rispettivamente si ottiene:

1. per ogni $S = \{t_1, \ldots, t_r\}$, $S' \in \mathcal{S}$, $S \subset S'$ e per ogni $(x_{t_1}, \ldots, x_{t_r}) \in E^S$:
$$F_S(x_{t_1}, \ldots, x_{t_r}) = F_{S'}(x_{t_1}, \ldots, x_{t_r}, +\infty, \ldots, +\infty);$$
2. per ogni $S, S' \in \mathcal{S}$, $S \subset S'$ e per ogni $(x_{t_1}, \ldots, x_{t_r}) \in \mathbb{R}^S$:
$$f_S(x_{t_1}, \ldots, x_{t_r}) = \int \cdots \int dx_{t_{r+1}} \cdots dx_{t_{r'}} f_{S'}(x_{t_1}, \ldots, x_{t_r}, x_{t_{r+1}}, \ldots, x_{t_{r'}}).$$

## B.11 Processi Gaussiani

**Definizione B.21.** Un processo stocastico a valori reali $(\Omega, \mathcal{F}, P, (X_t)_{t \in \mathbb{R}^+})$ è detto *processo Gaussiano* se, per ogni $n \in \mathbb{N}^*$ e per ogni $(t_1, \ldots, t_n) \in \mathbb{R}^{+n}$, il vettore aleatorio $n$-dimensionale $\mathbf{X} = (X_{t_1}, \ldots, X_{t_n})^T$ ha distribuzione normale multivariata, con densità (con la notazione a vettori colonna)

$$f_{t_1,\ldots,t_n}(\mathbf{x}) = \frac{1}{(2\pi)^{n/2}\sqrt{\det K}} \exp\left\{-\frac{1}{2}(\mathbf{x}-\mathbf{m})'K^{-1}(\mathbf{x}-\mathbf{m})\right\}, \qquad \text{(B.22)}$$

per $\mathbf{x} \in \mathbb{R}^n$, dove

$$\begin{cases} m_i = E[X_{t_i}], & i = 1, \ldots, n, \\ K = (\sigma_{ij}) = \mathrm{Cov}[X_{t_i}, X_{t_j}], & i,j = 1, \ldots, n. \end{cases}$$

**Osservazione B.6.** Viceversa, assegnando $n$ numeri $m_i, i = 1, \ldots, n$, ed una matrice $n \times n$ $K = (\sigma_{ij})$ definita positiva (cioè tale che per ogni $\mathbf{a} \in \mathbb{R}^n$: $\sum_{i,j=1}^{n} a_i \sigma_{ij} a_j > 0$), che in particolare è quindi non singolare, possiamo definire in modo unico una distribuzione Gaussiana con densità data da (B.22). Ora $P_{t_1,\ldots,t_n}$ reppresenta la legge marginale di $P_{t_1,\ldots,t_n,t_{n+1},\ldots,t_m}$, $m > n$, se e solo se le loro densità soddisfano la condizione

$$f_{t_1,\ldots,t_n}(x_{t_1}, \ldots, x_{t_n})$$
$$= \int \cdots \int dx_{t_{n+1}} \cdots dx_{t_m} f_{t_1,\ldots,t_n,t_{n+1},\ldots,t_m}(x_{t_1}, \ldots, x_{t_n}, x_{t_{n+1}}, \ldots, x_{t_m}).$$

Quindi, assegnare un sistema proiettivo di leggi Gaussiane $(P_S)_{S \in \mathcal{S}}$ (dove $\mathcal{S}$ è l'insieme delle parti finite di $\mathbb{R}^+$) è equivalente ad assegnare due funzioni

$$\begin{cases} m : \mathbb{R}^+ \to \mathbb{R}, \\ K : \mathbb{R}^+ \times \mathbb{R}^+ \to \mathbb{R}, \end{cases}$$

dove, per ogni $n \in \mathbb{N}^*$, per ogni $(t_1, \ldots, t_n) \in \mathbb{R}^{+n}$, per ogni $\mathbf{a} \in \mathbb{R}^n$:

$$\sum_{i,j=1}^{n} K(t_i, t_j) a_i a_j > 0.$$

Allora il sistema proiettivo $(P_S)_{S \in \mathcal{S}}$ è dato dalle densità (B.22). Poiché $\mathbb{R}$ è uno spazio Polacco, in virtù del Teorema di Kolmogorov-Bochner B.5, possiamo affermare che esiste un processo Gaussiano $(X_t)_{t \in \mathbb{R}^+}$, tale che

$$\begin{cases} \text{per ogni } t \in \mathbb{R}^+ : m(t) = E[X_t] \\ \text{per ogni } (t,r) \in \mathbb{R}^+ \times \mathbb{R}^+ : K(t,r) = \mathrm{Cov}[X_t, X_r]. \end{cases}$$

# B.12 Processi ad incrementi indipendenti

**Definizione B.22.** Il processo stocastico $(\Omega, \mathcal{F}, P, (X_t)_{t\in\mathbb{R}^+})$, con spazio degli stati $(E, \mathcal{B})$, è detto *processo ad incrementi indipendenti* se, per ogni $n \in \mathbb{N}^*$ e per ogni $(t_1, \ldots, t_n) \in \mathbb{R}^{+n}$, con $t_1 < \cdots < t_n$, le variabili aleatorie $X_{t_1}, X_{t_2} - X_{t_1}, \ldots, X_{t_n} - X_{t_{n-1}}$ sono indipendenti.

**Teorema B.7.** *Se $(\Omega, \mathcal{F}, P, (X_t)_{t\in\mathbb{R}^+})$ è un processo ad incrementi indipendenti, allora è possibile costruire un sistema compatibile di leggi di probabilità $(P_S)_{S\in\mathcal{S}}$, dove $\mathcal{S}$ è anche qui la famiglia di tutti i sottoinsiemi finiti dell'insieme degli indici.*

*Dimostrazione.* Basta osservare che, detta $\mu_{s,t}$ la distribuzione di $X_t - X_s$, per ogni coppia $(s, t) \in \mathbb{R}^+ \times \mathbb{R}^+$, con $s < t$, dalla indipendenza di $(X_{t_{j+1}} - X_s)$ e $(X_s - X_{t_j})$, ove $t_j, s, t_{j+1} \in \mathbb{R}^+$, con $t_j < s < t_{j+1}$, e dalla relazione

$$X_{t_{j+1}} - X_{t_j} = (X_{t_{j+1}} - X_s) + (X_s - X_{t_j})$$

consegue che

$$\mu_{t_j,s} * \mu_{s,t_{j+1}} = \mu_{t_j,t_{j+1}} \,, \tag{B.23}$$

dove $*$ denota il prodotto di convoluzione, grazie alla proprietà della distribuzione della somma di variabili aleatorie indipendenti.

La relazione (B.23) è la richiesta condizione di compatibilità. $\qquad\square$

**Definizione B.23.** Un processo ad incrementi indipendenti è detto *omogeneo nel tempo* se

$$\mu_{s,t} = \mu_{s+h,t+h} \qquad \forall s, t, h \in \mathbb{R}^+, s < t \,.$$

Se $(\Omega, \mathcal{F}, P, (X_t)_{t\in\mathbb{R}^+})$ è un processo omogeneo ad incrementi indipendenti, avremo in particolare

$$\mu_{s,t} = \mu_{0,t-s} \qquad \forall s, t \in \mathbb{R}^+, s < t \,.$$

**Definizione B.24.** Una famiglia di misure di probabilità $(\mu_t)_{t\in\mathbb{R}^+}$ che soddisfi la condizione

$$\mu_{t_1+t_2} = \mu_{t_1} * \mu_{t_2}$$

per ogni $t_1, t_2 \in \mathbb{R}^+$ è detta *semigruppo di convoluzione di misure di probabilità*.

**Proposizione B.18.** *Un processo omogeneo ad incrementi indipendenti è completamente caratterizzato da una misura di probabilità iniziale $\mu_0$ e da un semigruppo di convoluzione $(\mu_t)_{t\in\mathbb{R}^+}$ di misure di probabilità.*

## B.13 Processi di Markov

Sia $(X_t)_{t\in\mathbb{R}^+}$ un processo stocastico su un opportuno spazio di probabilità $(\Omega, \mathcal{F}, P)$, a valori in $(E, \mathcal{B})$, adattato ad una famiglia crescente $(\mathcal{F}_t)_{t\in\mathbb{R}^+}$ di sotto $\sigma$-algebre di $\mathcal{F}$. Si dice che $(X_t)_{t\in\mathbb{R}^+}$ è un *processo di Markov* rispetto a $(\mathcal{F}_t)_{t\in\mathbb{R}^+}$ se, per ogni $B \in \mathcal{B}$, e per ogni $(s,t) \in \mathbb{R}^+ \times \mathbb{R}^+, s < t$, è soddisfatta la seguente condizione:

$$P(X_t \in B | \mathcal{F}_s) = P(X_t \in B | X_s) \quad \text{q.c.} \tag{B.24}$$

Se, per ogni $t \in \mathbb{R}^+$, $\mathcal{F}_t$ è la $\sigma$-algebra generata da $\sigma(X_r, 0 \le r \le t)$, la condizione (B.24) diviene

$$P(X_t \in B | X_r, 0 \le r \le s) = P(X_t \in B | X_s) \quad \text{q.c.}$$

per ogni $B \in \mathcal{B}$, for all $(s,t) \in \mathbb{R}^+ \times \mathbb{R}^+$, and $s < t$.

La condizione (B.24) stabilisce che per un processo di Markov il futuro dipende solo dal presente e non dalla storia passata del processo.

**Teorema B.8.** *Ogni processo stocastico reale* $(X_t)_{t\in\mathbb{R}^+}$ *ad incrementi indipendenti è un processo di Markov.*

La condizione (8.25) permette di identificare una distribuzione di transizione definita da:

$$p(s,x,t,B) = P(X_t \in B : X_s = x)$$

per ogni $s, t \in \mathbb{R}^+$, $s < t$, $x \in E$, $B \in \mathcal{B}$; esso soddisfa le condizioni 1 e 2 appresso riportate.

In virtù del Teorema di Kolmogorov-Bochner, un processo di Markov $(X_t)_{t\in[t_0,T]}$ su $\mathbb{R}^d$ è ben definito da una *distribuzione iniziale* $P_0$, la distribuzione di $X(t_0)$, e da una *distribuzione di transizione di Markov*, cioè una funzione non negativa $p(s,x,t,A)$ definita per $0 \le s < t < \infty, x \in \mathbb{R}, A \in \mathcal{B}_\mathbb{R}$ tale da soddisfare alle seguenti condizioni:

1. per ogni $0 \le s < t < \infty$, per ogni $A \in \mathcal{B}_{\mathbb{R}^d}$, $p(s,\cdot,t,A)$ è $\mathcal{B}_{\mathbb{R}^d}$-misurabile;
2. per ogni $0 \le s < t < \infty$, per ogni $x \in \mathbb{R}^d$, $p(s,x,t,\cdot)$ è una misura di probabilità che soddisfa alla equazione di Chapman–Kolmogorov (condizione di compatibilità):

$$p(s,x,t,A) = \int_\mathbb{R} p(s,x,r,dy)p(r,y,t,A) \tag{B.25}$$

per ogni $x \in \mathbb{R}, s < r < t$.

## Processi di Markov di Diffusione

Una classe molto importante di processi di Markov è quella dei *processi di diffusione* su $\mathbb{R}$; essi hanno funzione di probabilità di transizione $p(s, x, t, A)$ soddisfacente alle seguenti condizioni

1. per ogni $\epsilon > 0$, per ogni $t \geq 0$, e per ogni $x \in \mathbb{R}$

$$\lim_{h \downarrow 0} \frac{1}{h} \int_{|x-y|>\epsilon} p(t, x, t + h, dy) = 0 \; ;$$

2. esistono due funzioni $a(t, x)$ e $b(t, x)$ tali che, per ogni $\epsilon > 0$, per ogni $t \geq 0$, e per ogni $x \in \mathbb{R}$,

$$\lim_{h \downarrow 0} \frac{1}{h} \int_{|x-y|<\epsilon} (y - x)p(t, x, t + h, dy) = a(t, x) \, ,$$

$$\lim_{h \downarrow 0} \frac{1}{h} \int_{|x-y|<\epsilon} (y - x)^2 p(t, x, t + h, dy) = b(t, x) \, .$$

$a(t, x)$ è detto *coefficiente di deriva* e $b(t, x)$ *coefficiente di diffusione* del processo.

**Definizione B.25.** Un processo di Markov $(X_t)_{t \in [t_0, T]}$ dicesi *omogeneo (nel tempo)* se le sue funzioni di probabilità di transizione $p(s, x, t, A)$ dipendono da $t$ ed $s$ solo attraverso la loro differenza $t - s$. Pertanto, per ogni $(s, t) \in [t_0, T]^2$, $s < t$, per ogni $u \in [0, T - t]$, per ogni $A \in \mathcal{B}_{\mathbb{R}}$, e per ogni $x \in \mathbb{R}$:

$$p(s, x, t, A) = p(s + u, x, t + u, A) \quad \text{q.c.}$$

**Osservazione B.7.** Se $(X_t)_{t \in \mathbb{R}^+}$ è un processo di Markov omogeneo con funzione di transizione di probabilità $p$, allora, per ogni $(s, t) \in \mathbb{R}^{+2}, s < t$, per ogni $A \in \mathcal{B}_{\mathbb{R}}$, e per ogni $x \in \mathbb{R}$, abbiamo

$$p(s, x, t, A) = p(0, x, t - s, A) \quad \text{q.c.}$$

Possiamo allora definire una funzione di transizione di probabilità ad un solo parametro

$$p(\bar{t}, x, A) := p(0, x, t - s, A)$$

avendo posto $\bar{t} = (t - s), x \in \mathbb{R}, A \in \mathcal{B}_{\mathbb{R}}$.

### B.13.1 Semigruppi associati a funzioni di transizione di probabilità di Markov

Sia $BC(\mathbb{R})$ lo spazio di tutte le funzioni continue e limitate definite su $\mathbb{R}$, dotato della norma $\|f\| = \sup_{x \in \mathbb{R}} |f(x)| (< \infty)$, e sia $p(s, x, t, A)$ una funzione di transizione di probabilità $(0 \leq s < t \leq T, x \in \mathbb{R}, A \in \mathcal{B}_{\mathbb{R}})$. Possiamo considerare l'operatore

$$T_{s,t}\colon BC(\mathbb{R}) \to BC(\mathbb{R})\,, \qquad 0 \le s < t \le T\,,$$

definito assegnando, ad ogni $f \in BC(\mathbb{R})$,

$$(T_{s,t}f)(x) = \int_{\mathbb{R}} f(y)p(s,x,t,dy)\,.$$

Se $s = t$, allora

$$p(s,x,s,A) = \begin{cases} 1 & \text{se } x \in A\,, \\ 0 & \text{se } x \notin A\,. \end{cases}$$

Pertanto,

$$T_{t,t} = I \ \text{(identità)}\,.$$

Abbiamo inoltre che

$$T_{s,t}T_{t,u} = T_{s,u}\,, \qquad 0 \le s < t < u\,.$$

Infatti, se $f \in BC(\mathbb{R})$ e $x \in \mathbb{R}$,

$$
\begin{aligned}
(T_{s,t}&(T_{t,u}f))(x) \\
&= \int_{\mathbb{R}} (T_{t,u}f)(y)p(s,x,t,dy) \\
&= \iint_{\mathbb{R}^2} f(z)p(t,y,u,dz)p(s,x,t,dy) \\
&= \int_{\mathbb{R}} f(z) \int_{\mathbb{R}} p(t,y,u,dz)p(s,x,t,dy) \qquad \text{(per il Teorema di Fubini)} \\
&= \int_{\mathbb{R}} f(z)p(s,x,u,dz) \qquad \text{(per l'equazione di Chapman–Kolmogorov)} \\
&= (T_{s,u}f)(x).
\end{aligned}
$$

**Definizione B.26.** La famiglia $\{T_{s,t}\}_{0 \le s \le t \le T}$ è il *semigruppo associato alla funzione di transizione di probabilità* $p(s,x,t,A)$ (o al corrispondente processo di Markov).

**Definizione B.27.** Se $(X_t)_{t \in \mathbb{R}^+}$ è un processo di Markov con funzione di transizione di probabilità $p$ e semigruppo associato $\{T_{s,t}\}$, allora l'operatore

$$\mathcal{A}_s f = \lim_{h \downarrow 0} \frac{T_{s,s+h}f - f}{h}\,, \qquad s \ge 0, f \in BC(\mathbb{R})$$

è detto *generatore infinitesimale del processo di Markov* $(X_t)_{t \ge 0}$. Il suo dominio $\mathcal{D}_{\mathcal{A}_s}$ consiste di tutte le $f \in BC(\mathbb{R})$ per cui esista il limite in modo uniforme (e quindi nella norma di $BC(\mathbb{R})$) (si veda, ad esempio, [FE]).

**Osservazione B.8.** Dalla definizione precedente possiamo osservare che

$$(\mathcal{A}_s f)(x) = \lim_{h\downarrow 0} \frac{1}{h} \int_{\mathbb{R}} [f(y) - f(x)] p(s, x, s+h, dy) \,.$$

Se consideriamo il caso a tempo omogeneo, un processo di Markov $(X_t)_{t\in\mathbb{R}^+}$ su $(\mathbb{R}, \mathcal{B}_{\mathbb{R}})$, sarà definito in termini di un nucleo di transizione $p(t, x, B)$ per $t \in \mathbb{R}^+$, $x \in \mathbb{R}$, $B \in \mathcal{B}_{\mathbb{R}}$, tale che

$$p(h, X_t, B) = P(X_{t+h} \in B | \mathcal{F}_t) \quad \text{per ogni } t, h \in \mathbb{R}^+, B \in \mathcal{B}_{\mathbb{R}} \,,$$

dove $(\mathcal{F}_t)_{t\in\mathbb{R}^+}$ è la storia (filtrazione) naturale del processo.

Equivalentemente,

$$E[g(X_{t+h})|\mathcal{F}_t] = \int_E g(y) p(h, X_t, dy) \quad \text{per ogni } t, h \in \mathbb{R}^+, g \in BC(\mathbb{R}) \,.$$

In questo caso il semigruppo di transizione del processo è un semigruppo di contrazione ad un parametro $(T(t), t \in \mathbb{R}^+)$ su $BC(\mathbb{R})$ definito da

$$T(t)g(x) := \int_E g(y) p(t, x, dy) = E[g(X_t)|X_0 = x] \,, \qquad x \in \mathbb{R} \,,$$

per ogni $g \in BC(\mathbb{R})$. Il generatore infinitesimale sarà in questo caso indipendente dal tempo. Esso è definito da

$$\mathcal{A}g = \lim_{t\to 0+} \frac{1}{t}(T(t)g - g)$$

per $g \in \mathcal{D}(\mathcal{A})$, il sottoinsieme di $BC(\mathbb{R})$ per cui esista il limite, rispetto alla norma del sup. Consegue naturalmente dalle definizioni che, per ogni $g \in \mathcal{D}(\mathcal{A})$,

$$\mathcal{A}g(x) = \lim_{t\to 0+} \frac{1}{t} E[g(X_t)|X_0 = x] \,, \quad x \in \mathbb{R} \,.$$

Se $(T(t), t \in \mathbb{R}^+)$ è il semigruppo di contrazione associato ad un processo di Markov omogeneo nel tempo, non è difficile dimostrare che la funzione $t \to T(t)g$ è continua da destra in $t \in \mathbb{R}^+$ purché $g \in BC(\mathbb{R})$ è tale che la funzione $t \to T(t)g$ sia continua da destra in $t = 0$. Allora, per ogni $g \in \mathcal{D}(\mathcal{A})$ e $t \in \mathbb{R}^+$,

$$\int_0^t T(s)g\,ds \in \mathcal{D}(\mathcal{A})$$

e

$$T(t)g - g = \mathcal{A} \int_0^t T(s)g\,ds = \int_0^t \mathcal{A}T(s)g\,ds = \int_0^t T(s)\mathcal{A}g\,ds$$

considerando integrali alla Riemann.

**Proposizione B.19.** *Se $(X_t)_{t\in\mathbb{R}^+}$ è un processo di diffusione con funzione di transizione di probabilità $p$ e deriva e coefficiente di diffusione $a(x,t)$ e $b(x,t)$, rispettivamente, e se $\mathcal{A}_s$ è il generatore infinitesimale associato a $p$, allora abbiamo che*

$$(\mathcal{A}_s f)(x) = a(s,x)\frac{\partial f}{\partial x} + \frac{1}{2}b(s,x)\frac{\partial^2 f}{\partial x^2}\,, \tag{B.26}$$

*purché $f$ sia limitata e continua con le sue derivate seconde.*

## B.14 Martingale

**Definizione B.28.** Sia $(X_t)_{t\in\mathbb{R}^+}$ un processo stocastico a valori reali definito sullo spazio di probabilità $(\Omega,\mathcal{F},P)$ e sia $(\mathcal{F}_t)_{t\in\mathbb{R}^+}$ una filtrazione di $\sigma$-algebre su $\Omega$, ossia una famiglia crescente di sotto-$\sigma$-algebre di $\mathcal{F}$, $\mathcal{F}_0 \subseteq \mathcal{F}_1 \subseteq \cdots \subseteq \mathcal{F}$. Il processo stocastico $(X_t)_{t\in\mathbb{R}^+}$ dicesi *adattato* alla famiglia $(\mathcal{F}_t)_{t\in\mathbb{R}^+}$ se, per ogni $t \in \mathbb{R}^+$, $X_t$ è $\mathcal{F}_t$-misurabile.

**Definizione B.29.** Il processo stocastico $(X_t)_{t\in\mathbb{R}^+}$, adattato alla filtrazione $(\mathcal{F}_t)_{t\in\mathbb{R}^+}$, si dice una *martingala* rispetto a questa filtrazione se vale la seguente condizione:

1. $X_t$ è $P$-integrabile, per ogni $t \in \mathbb{R}^+$;
2. per ogni $(s,t) \in \mathbb{R}^+ \times \mathbb{R}^+, s < t$: $E[X_t|\mathcal{F}_s] = X_s$ quasi certamente.

$(X_t)_{t\in\mathbb{R}^+}$ si dice *submartingala (supermartingala)* rispetto a $(\mathcal{F}_t)_{t\in\mathbb{R}^+}$ se, oltre alla Condizione 1, al posto della Condizione 2 soddisfa:

2'. per ogni $(s,t) \in \mathbb{R}^+ \times \mathbb{R}^+, s < t$: $E[X_t|\mathcal{F}_s] \geq X_s$ $(E[X_t|\mathcal{F}_s] \leq X_s)$ quasi certamente.

**Osservazione B.9.** Allorchè la filtrazione $(\mathcal{F}_t)_{t\in\mathbb{R}^+}$ non sia specificata, si intende che essa è data dalla filtrazione naturale associata al processo stesso, ossia la famiglia crescente di $\sigma$-algebre generate dalle variabili aleatorie del processo $(\mathcal{F}_t)_{t\in\mathbb{R}^+} = (\sigma(X_s, 0 \leq s \leq t))_{t\in\mathbb{R}^+}$. In tal caso potremo scrivere $E[X_t|X_r, 0 \leq r \leq s]$, invece di $E[X_t|\mathcal{F}_s]$.

**Proposizione B.20.** *Sia $(X_t)_{t\in\mathbb{R}^+}$ (per ogni $t \in \mathbb{R}^+$) un processo stocastico su $(\Omega,\mathcal{F},P)$, $P$-integrabile e ad incrementi indipendenti. Allora $(X_t - E[X_t])_{t\in\mathbb{R}^+}$ è una martingala.*

*Dimostrazione.* Per semplicità, ma senza perdita di generalità, assumeremo che $E[X_t] = 0$, per ogni $t$. Nel caso in cui $E[X_t] \neq 0$, possiamo sempre definire una nuova variabile $Y_t = X_t - E[X_t]$, per ogni $t$, in modo tale che $E[Y_t] = 0$. In tal caso $(Y_t)_{t\in\mathbb{R}^+}$ sarà di nuovo un processo ad incrementi indipendenti.

Avremo

$$E[X_t|\mathcal{F}_s] = E[X_t - X_s|\mathcal{F}_s] + E[X_s|\mathcal{F}_s]\,, \qquad s < t,$$

e, ricordando che $X_s$ è $\mathcal{F}_s$-misurabile e $(X_t - X_s)$ è indipendente da $\mathcal{F}_s$, sarà

$$E[X_t|\mathcal{F}_s] = E[X_t - X_s] + X_s = X_s\,, \qquad s < t\,. \qquad \square$$

**Proposizione B.21.** *Sia $(X_t)_{t\in\mathbb{R}^+}$ una martingala a valori reali. Se la funzione $\phi\colon \mathbb{R} \to \mathbb{R}$ è convessa e misurabile e tale che*

$$per\ ogni\ t \in \mathbb{R}^+: \quad E[\phi(X_t)] < +\infty\,,$$

*allora $(\phi(X_t))_{t\in\mathbb{R}^+}$ è una submartingala.*

**Proposizione B.22.** *Sia $(X_t)_{t\in\mathbb{R}^+}$ un processo stocastico su $(\Omega, \mathcal{F}, P)$ a valori in $\mathbb{R}$.*

1. *Se $(X_t)_{t\in\mathbb{R}^+}$ è una submartingala, allora*

$$P\left(\sup_{0\le s\le t} X_s > \lambda\right) \le \frac{1}{\lambda}E[X_t^+]\,, \qquad \lambda > 0, t \ge 0\,.$$

2. *Se $(X_t)_{t\in\mathbb{R}^+}$ è una martingala tale che, per ogni $t \ge 0$, $X_t \in L^p(P)$, $p > 1$, allora*

$$E\left[\sup_{0\le s\le t} |X_s|^p\right] \le \left(\frac{p}{p-1}\right)^p E[|X_t|^p]\,.$$

*Dimostrazione.* Si veda, per esempio, [DO]. $\qquad\qquad\square$

La seguente, nota come *formula di Dynkin*, stabilisce un legame fondamentale tra i processi di Markov e le martingale ([RO], p. 253).

**Teorema B.9.** *Sia $(X_t)_{t\in\mathbb{R}^+}$ un processo di Markov a valori in $(\mathbb{R}, \mathcal{B}_\mathbb{R})$, con nucleo di transizione $p(t, x, B)$, $t \in \mathbb{R}^+$, $x \in E$, $B \in \mathcal{B}_E$. Sia $(T(t))_{t\in\mathbb{R}^+}$ il suo semigruppo di transizione e $\mathcal{A}$ il suo generatore infinitesimale. Allora, per ogni $g \in \mathcal{D}(\mathcal{A})$, il processo stocastico*

$$M(t) := g(X_t) - g(X_0) - \int_0^t \mathcal{A}g(X_s)ds$$

*è una $\mathcal{F}_t$-martingala.*

*Dimostrazione.* La tesi discende dalle seguenti uguaglianze

$$E[M(t+h)|\mathcal{F}_t] + g(X_0)$$

$$= E\left[g(X_{t+h}) - \int_t^{t+h} \mathcal{A}g(X_s)ds \,\bigg|\, \mathcal{F}_t\right] - \int_0^t \mathcal{A}g(X_s)ds$$

$$= \int_E g(y)p(h, X_t, dy) - \int_t^{t+h}\int_E \mathcal{A}g(y)p(s-t, X_t, dy) - \int_0^t \mathcal{A}g(X_s)ds$$

$$= T(h)g(X_t) - \int_0^h T(s)\mathcal{A}g(X_t)ds - \int_0^t \mathcal{A}g(X_s)ds$$

$$= g(X_t) - \int_0^t \mathcal{A}g(X_s)ds = M(t) + g(X_0)\,.$$

$$\square$$

La proposizione che segue mostra che un processo di Markov è caratterizzato dal suo generatore infinitesimale tramite un problema di martingale ([RO], p. 253).

**Teorema B.10 (Problema di martingala per processi di Markov).** *Se un processo di Markov $(X_t)_{t\in\mathbb{R}^+}$, continuo da destra e dotato di limiti da sinistra (càdlàg), è tale che*

$$g(X_t) - g(X_0) - \int_0^t \mathcal{A}g(X_s)ds$$

*è una $\mathcal{F}_t$-martingala, per ogni funzione $g \in \mathcal{D}(\mathcal{A})$, dove $\mathcal{A}$ è il generatore infinitesimale di un semigruppo di contrazione su $\mathcal{R}$, allora $(X_t)_{t\in\mathbb{R}^+}$ è equivalente ad un processo di Markov avente $\mathcal{A}$ come suo generatore infinitesimale.*

## B.15 Moto Browniano e processo di Wiener

Il modello matematico del moto Browniano, dal nome del botanico Robert Brown che per primo l'aveva descritto, è dovuto a Norbert Wiener.

**Definizione B.30.** Un processo stocastico reale $(W_t)_{t\in\mathbb{R}^+}$ è un *processo di Wiener* se esso soddisfa alle seguenti condizioni:

1. $W_0 = 0$ quasi certamente;
2. $(W_t)_{t\in\mathbb{R}^+}$ è un processo ad incrementi indipendenti;
3. $W_t - W_s$ ha distribuzione normale $N(0, t - s)$, $(0 \leq s < t)$.

**Osservazione B.10.** Dal punto 3. della definizione precedente consegue che gli incrementi $W_t - W_s$ con $0 \leq s < t$ hanno una distribuzione stazionaria, ovvero dipendente da $s$ e $t$ solo tramite $t - s$.

**Proposizione B.23.** *Se $(W_t)_{t\in\mathbb{R}^+}$ è un processo di Wiener, allora*

*1. $E[W_t] = 0$, per ogni $t \in \mathbb{R}^+$,*
*2. $K(s,t) = \mathrm{Cov}[W_t, W_s] = \min\{s, t\}$, $s, t \in \mathbb{R}^+$.*

**Osservazione B.11.** Per la 3. della Definizione B.30, segue che, per ogni $t \in \mathbb{R}^+$, $W_t$ ha distribuzione $N(0, t)$. Pertanto

$$P(a \leq W_t \leq b) = \frac{1}{\sqrt{2\pi t}} \int_a^b e^{-\frac{x^2}{2t}} dx\,, \qquad a \leq b\,.$$

**Osservazione B.12.** Il processo di Wiener è un processo Gaussiano. Infatti, se $n \in \mathbb{N}^*, \mathbf{t} = (t_1, \ldots, t_n) \in \mathbb{R}^{+n}$ con $0 = t_0 < t_1 < \cdots < t_n$ e $(a_1, \ldots, a_n) \in \mathbb{R}^n, (b_1, \ldots, b_n) \in \mathbb{R}^n$, sono tali che $a_i \leq b_i, i = 1, 2, \ldots, n$, si prova che

$$P(a_1 \leq W_{t_1} \leq b_1, \ldots, a_n \leq W_{t_n} \leq b_n) = \int_{a_1}^{b_1} \cdots \int_{a_n}^{b_n} g_{\mathbf{t}}(\mathbf{x}) \qquad (B.27)$$

dove

$$g_{\mathbf{t}}(\mathbf{x}) = \frac{1}{\sqrt{(2\pi)^n \det K}} \, e^{-\frac{1}{2}\mathbf{x}' K^{-1}\mathbf{x}}$$

con

$$K_{ij} = \mathrm{Cov}[W_{t_i}, W_{t_j}] = \min\{t_i, t_j\} \, ; \quad i, j = 1, \ldots, n \, .$$

Le seguenti proposizioni discendono direttamente dalla proprietà degli incrementi indipendenti.

**Proposizione B.24.** *Se* $(W_t)_{t \in \mathbb{R}^+}$ *è un processo di Wiener, allora esso è una martingala; ossia in particolare*

$$E[W_t | \mathcal{F}_s] = E[W_t | W_s] \, , \quad q.c.$$

*per ogni* $s < t$, *se* $\mathcal{F}_s$ *è la* $\sigma$-*algebra generata dal processo fino al tempo* $s$.

**Teorema B.11.** *Ogni processo di Wiener* $(W_t)_{t \in \mathbb{R}^+}$ *è un processo di Markov.*

**Teorema B.12.** *Ogni processo di Wiener reale* $(W_t)_{t \in \mathbb{R}^+}$, *ha traiettorie quasi certamente continue.*

Dalle proprietà dei processi di Wiener consegue che anche se $W_t$ è continuo (e più precisamente soddisfa ad una condizione di Hölder con esponente strettamente minore di $1/2$), esse non sono derivabili, ossia:

**Teorema B.13.** *Ogni processo di Wiener reale* $(W_t)_{t \in \mathbb{R}^+}$, *ha traiettorie che, quasi certamente, non sono mai derivabili.*

Questa proprietà deriva sia dal fatto che la varianza degli incrementi $W_{t+\Delta t}$ è $\Delta t$, per cui si può dire in modo intuitivo che gli incrementi sono dell'ordine di $\sqrt{\Delta t}$ che dalla condizione di auto-similarità stocastica

$$W_t = \lambda^{-1/2} W_{\lambda t} \, .$$

**Teorema B.14.** *Se* $(W_t)_{t \in \mathbb{R}^+}$ *è un processo di Wiener reale, allora*

*1.* $P(\sup_{t \in \mathbb{R}^+} W_t = +\infty) = 1$,
*2.* $P(\inf_{t \in \mathbb{R}^+} W_t = -\infty) = 1$.

**Teorema B.15.** *Se* $(W_t)_{t \in \mathbb{R}^+}$ *è un processo di Wiener reale, allora*

$$\text{per ogni } h > 0: \quad P\left(\max_{0 \le s \le h} W_s > 0\right) = P\left(\min_{0 \le s \le h} W_s < 0\right) = 1 \, .$$

*Inoltre, per quasi ogni* $\omega \in \Omega$, *il processo* $(W_t)_{t \in \mathbb{R}^+}$ *attraversa q.c. l'asse spaziale in* $]0, h]$, *per ogni* $h > 0$.

**Proposizione B.25 (proprietà di riscalamento).** *Se* $(W_t)_{t \in \mathbb{R}^+}$ *è un processo di Wiener reale, allora il processo riscalato* $(\tilde{W}_t)_{t \in \mathbb{R}^+}$ *definito da*

$$\tilde{W}_t = t W_{1/t}, \, t > 0 \, , \qquad \tilde{W}_0 = 0$$

*è ancora un processo di Wiener.*

**Proposizione B.26 (legge forte dei grandi numeri).** *Se $(W_t)_{t \in \mathbb{R}^+}$ è un processo di Wiener reale, allora*

$$\frac{W_t}{t} \to 0 \,, \quad per \quad t \to +\infty \,, \quad q.c.$$

**Proposizione B.27 (legge del logaritmo iterato).** *Se $(W_t)_{t \in \mathbb{R}^+}$ è un processo di Wiener reale, allora*

$$\limsup_{t \to +\infty} \frac{W_t}{\sqrt{2t \ln \ln t}} = 1 \,, \quad q.c.,$$

$$\liminf_{t \to +\infty} \frac{W_t}{\sqrt{2t \ln \ln t}} = -1 \,, \quad q.c.$$

*Ne consegue che, per ogni $\epsilon > 0$, esiste un $t_0 > 0$, tale che per ogni $t > t_0$ risulta*

$$-(1 + \epsilon)\sqrt{2t \ln \ln t} \leq W_t \leq (1 + \epsilon)\sqrt{2t \ln \ln t} \,, \quad q.c.$$

L'esistenza del processo di Wiener è garantita dal seguente teorema fondamentale (si veda ad esempio, [BR]).

**Teorema B.16 (Donsker).** *Sia $\xi_1, \xi_2, \ldots, \xi_n, \ldots$ una successione di variabili aleatorie indipendenti ed identicamente distribuite, definite su un comune spazio di probabilità $(\Omega, \mathcal{F}, P)$, aventi media 0 e varianza finita e positiva $\sigma^2$, ossia*

$$E[\xi_n] = 0 \,, \qquad E[\xi_n^2] = \sigma^2 > 0 \,.$$

*Posto $S_0 = 0$ e, per ogni $n \in \mathbb{N} \setminus \{0\}$, $S_n = \xi_1 + \xi_2 + \cdots + \xi_n$, la successione di processi stocastici definiti da*

$$X_n(t, \omega) = \frac{1}{\sigma \sqrt{n}} S_{[nt]}(\omega) + (nt - [nt]) \frac{1}{\sigma \sqrt{n}} \xi_{[nt]+1}(\omega)$$

*per ogni $t \in \mathbb{R}^+$, $\omega \in \Omega$, $n \in \mathbb{N}$, converge debolmente ad un processo di Wiener reale, ossia detta $P_n$ la distribuzione congiunta del processo $(X_n(t))_{t \in \mathbb{R}^+}$ e $P_W$ la legge del processo di Wiener, per ogni $f \in BC(\mathbb{R}^+ \times \mathbb{R})$ risulta*

$$\iint f(t, x) dP_n(t, x) \to \iint f(t, x) dP_W(t, x) = \iint f(t, x) dP_{W_t}(x)$$

*ove $P_{W_t}$ è la legge marginale di $W_t$, $t \in \mathbb{R}^+$.*

## B.16 Integrazione stocastica alla Itô

Il processo di Wiener gioca un ruolo fondamentale nella teoria dei processi stocastici per la possibilità di rappresentare una vasta classe di processi stocastici detti di diffusione, che occupano ruoli importanti per le applicazioni, mediante il concetto di integrale stocastico e di equazione differenziale stocastica.

Il fatto che le traiettorie di un processo di Wiener non siano mai derivabili (con probabilità 1) impedisce che rispetto alla generica funzione traiettoria $W_t(\omega), t \in \mathbb{R}^+$ si possa definire l'integrale di una funzione $f(\omega, t), t \in [0, T]$ seppur continua,

$$\int_0^T f(\omega, t) dW_t(\omega)$$

nel senso di Riemann-Stieltjes.

Poiché questi integrali appaiono in modo naturale, come si vedrà nelle applicazioni, quando si voglia studiare una vasta classe di modelli matematici di interesse biologico, si adotta la definizione dovuta a Itô, che peraltro dà luogo ad una serie di proprietà probabilistiche di grande interesse per le applicazioni.

**Definizione B.31.** Sia $(W_t)_{t\geq 0}$ un processo di Wiener definito sullo spazio di probabilità $(\Omega, \mathcal{F}, P)$ e sia $\mathbf{H}^2$ l'insieme delle funzioni $f(t, \omega)\colon [a, b] \times \Omega \to \mathbb{R}$ che soddisfano alle seguenti condizioni:

1. $f$ è $\mathcal{B}_{[a,b]} \otimes \mathcal{F}$-misurabile;
2. per ogni $t \in [a, b], f(t, \cdot)\colon \Omega \to \mathbb{R}$ è $\mathcal{F}_t$-misurabile, dove $\mathcal{F}_t = \sigma(W_s, 0 \leq s \leq t)$;
3. per ogni $t \in [a, b], f(t, \cdot) \in L^2(\Omega, \mathcal{F}, P)$ e $\int_a^b E[|f(t)|^2] dt < \infty$.

**Osservazione B.13.** La Condizione 2 della Definizione B.31 sottolinea la natura non anticipativa di $f$ tramite il fatto che essa dipende solo dal presente e dalla storia passata del processo di Wiener, ma non dal futuro.

**Definizione B.32.** Sia $f \in \mathbf{H}^2$. Se esistono una partizione $\pi$ di $[a, b]$, $\pi\colon a = t_0 < t_1 < \cdots < t_n = b$ e una famiglia di variabili aleatorie reali $f_0, \ldots, f_{n-1}$ definite su $(\Omega, \mathcal{F}, P)$, tali che

$$f(t, \omega) = \sum_{i=0}^{n-1} f_i(\omega) I_{[t_i, t_{i+1}[}(t)$$

(con la convenzione che $[t_{n-1}, t_n[ = [t_{n-1}, b])$, allora $f$ è detta *funzione costante a tratti*.

**Osservazione B.14.** Dalla Condizione 2 della Definizione B.31 segue che, per ogni $i \in \{0, \ldots, n\}$, $f_i$ è $\mathcal{F}_{t_i}$-misurabile.

**Definizione B.33.** Se $f \in \mathbf{H}^2$ è una funzione costante a tratti, con $f(t, \omega) = \sum_{i=0}^{n-1} f_i(\omega) I_{[t_i, t_{i+1}[}(t)$, allora la variabile aleatoria reale $\Phi(f)$ definita da

$$\Phi(f)(\omega) = \sum_{i=0}^{n-1} f_i(\omega)(W_{t_{i+1}}(\omega) - W_{t_i}(\omega)), \qquad \omega \in \Omega$$

è detta *integrale (stocastico) di Itô del processo* $f$. Per $\Phi(f)$ si adotta il simbolo $\int_a^b f(t) dW_t$, qualora si sopprima l'esplicita dipendenza dalla specifica traiettoria $\omega$.

Se denotiamo con $\mathcal{S}$ lo spazio delle funzioni costanti a tratti che appartengono alla classe $\mathbf{H}^2$, allora $\mathcal{S} \subset L^2([a,b] \times \Omega)$.

Sia $f \in \mathbf{H}^2$, allora, poiché la chiusura di $\mathcal{S}$ in $\mathbf{H}^2$ coincide con $\mathbf{H}^2$, esisterà una successione $(f_n)_{n\in\mathbb{N}} \in \mathcal{S}^\mathbb{N}$ tale che $\lim_{n\to\infty} \int_a^b E[(f(t) - f_n(t))^2]dt = 0$, e quindi $\lim_{n\to\infty} f_n = f$ in $L^2([a,b] \times \Omega)$.

**Proposizione B.28.** *Se $f \in \mathbf{H}^2$ e $(f_n)_{n\in\mathbb{N}} \in \mathcal{S}^\mathbb{N}$ sono tali che $f_n \xrightarrow{n} f$ in $L^2([a,b] \times \Omega)$, allora*

1. *$\Phi(f_n) \xrightarrow{n} \Phi(f)$ in $L^2(\Omega)$,*
2. *$\Phi(f_n) \xrightarrow{n} \Phi(f)$ in probabilità.*

Infatti, come noto, la convergenza in $L^2(\Omega)$ implica quella in $L^1(\Omega)$ e inoltre, la convergenza in $L^1(\Omega)$ implica la convergenza in probabilità.

**Proposizione B.29.** *Se $f, g \in \mathbf{H}^2$, allora*

1. *$E[\int_a^b f(t)dW_t] = 0$,*
2. *$E[\int_a^b f(t)dW_t \int_a^b g(t)dW_t] = \int_a^b E[f(t)g(t)]dt$,*
3. *$E[(\int_a^b f(t)dW_t)^2] = \int_a^b E[(f(t))^2]dt$   (isometria di Itô).*

**Teorema B.17.** *Se $f \in \mathbf{H}^2$ è continua per quasi ogni $\omega$, allora, per ogni successione $(\pi_n)_{n\in\mathbb{N}}$ di partizioni $\pi_n$: $a = t_0^{(n)} < t_1^{(n)} < \cdots < t_n^{(n)} = b$ dell'intervallo $[a,b]$ tale che*

$$|\pi_n| = \sup_{k\in\{0,\dots,n\}} \left| t_{k+1}^{(n)} - t_k^{(n)} \right| \xrightarrow{n} 0 \, ,$$

*abbiamo*

$$P - \lim_{n\to\infty} \sum_{k=0}^{n-1} f\left(t_k^{(n)}\right) \left( W_{t_{k+1}^{(n)}} - W_{t_k^{(n)}} \right) = \int_a^b f(t)dW_t \, .$$

**Teorema B.18.** *Se $f \in \mathbf{H}^2$ e, per ogni $t \in [a,b]$: $X(t) = \int_a^t f(s)dW_s$, allora $(X_t)_{t\in[a,b]}$ è una martingala rispetto a $\mathcal{F}_t = \sigma(W_s, 0 \le s \le t)$.*

**Teorema B.19.** *Se $f \in \mathbf{H}^2$, allora $(X_t)_{t\in[a,b]}$ ammette una versione con quasi tutte le traiettorie continue.*

Ciò implica che d'ora in avanti possiamo considerare versioni continue di $(X_t)_{t\in[a,b]}$. Se $f \in \mathbf{H}^2$ and $X(t) = \int_a^t f(u)dW_u$, $t \in [a,b]$, allora $(X_t)_{t\in[a,b]}$ è una martingala, e quindi soddisfa la disuguaglianza di Doob da cui consegue la seguente

**Proposizione B.30.** *Se $f \in \mathbf{H}^2$, allora*

1. *$E[\max_{a\le s\le b} | \int_a^s f(u)dW_u|^2] \le 4E[| \int_a^b f(u)dW_u|^2] = 4E[\int_a^b |f(u)|^2 du]$;*
2. *$P(\max_{a\le s\le b} | \int_a^s f(u)dW_u| > \lambda) \le \frac{1}{\lambda^2} E[\int_a^b |f(u)|^2 du]$, $\lambda > 0$.*

Associato alla definizione di integrale stocastico vi è il concetto di differenziale stocastico che generalizza quello di differenziale ordinario.

**Definizione B.34.** Siano $a(t)$ e $b(t)$ due processi tali che $a^{\frac{1}{2}}$ e $b$ appartengano a $\mathbf{H}^2_{0,T}$; diciamo che un processo $\{u(t), t \in [0,T]\}$ ammette *differenziale stocastico*

$$du(t) = a(t)dt + b(t)dW_t \qquad (B.28)$$

su $[0,T]$ se, per ogni $(t_1, t_2) \in [0,T] \times [0,T], t_1 < t_2$:

$$u(t_2) - u(t_1) = \int_{t_1}^{t_2} a(t)dt + \int_{t_1}^{t_2} b(t)dW_t \,. \qquad (B.29)$$

**Osservazione B.15.** Se $u(t)$ ha differenziale stocastico della forma (B.28), allora per ogni $t > 0$, si ha

$$u(t) = u(0) + \int_0^t a(s)ds + \int_0^t b(s)dW_s \,.$$

Ne consegue che

1. le traiettorie di $(u(t))_{0 \le t \le T}$ sono continue quasi certamente;
2. per $t \in [0,T]$, $u(t)$ è $\mathcal{F}_t = \sigma(W_s, 0 \le s \le t)$-misurabile.

Per i differenziali stocastici vale la formula di Itô che consente di calcolare il differenziale di funzioni composte di un processo dotato di differenziale stocastico.

**Teorema B.20 (Formula di Itô).** *Se* $du(t) = a(t)dt + b(t)dW_t$ *e se* $f(t,x)$: $[0,T] \times \mathbb{R} \to \mathbb{R}$ *è continua con le sue derivate* $f_x, f_{xx},$ *and* $f_t$, *allora il differenziale stocastico del processo* $f(t, u(t))$ *è dato da*

$$df(t, u(t)) = \left( f_t(t, u(t)) + \frac{1}{2} f_{xx}(t, u(t))b^2(t) + f_x(t, u(t))a(t) \right) dt$$
$$+ f_x(t, u(t))b(t)dW_t. \qquad (B.30)$$

## B.17 Equazioni differenziali stocastiche

**Definizione B.35.** Sia $(W_t)_{t \in \mathbb{R}^+}$ un processo di Wiener sullo spazio di probabilità $(\Omega, \mathcal{F}, P)$, e sia $\mathcal{F}_t = \sigma(W_s, 0 \le s \le t)$. Siano $a(t,x)$, $b(t,x)$ due funzioni deterministiche misurabili in $[0,T] \times \mathbb{R}$ ed $(u(t))_{t \in [0,T]}$ un processo stocastico. Diciamo che $u(t)$ è *soluzione dell'equazione differenziale stocastica*

$$du(t) = a(t, u(t))dt + b(t, u(t))dW_t \,, \qquad (B.31)$$

soggetta alla condizione iniziale

$$u(0) = u^0 \text{ q.c. } (u^0 \text{ variabile aleatoria}) \,, \qquad (B.32)$$

se

1. $u(0)$ è $\mathcal{F}_0$-misurabile;
2. $|a(t, u(t))|^{\frac{1}{2}}, b(t, u(t)) \in \mathbf{H}^2_{0,T}$;
3. $u(t)$ è differenziabile e $du(t) = a(t, u(t))dt + b(t, u(t))dW_t$,
   ossia $u(t) = u(0) + \int_0^t a(s, u(s))ds + \int_0^t b(s, u(s))dW_s$, $t \in ]0, T]$.

**Teorema B.21 (esistenza e unicità).** *Con le notazioni introdotte nella definizione precedente, se sono soddisfatte le seguenti condizioni:*

1. *per ogni $t \in [0, T]$ ed ogni $(x, y) \in \mathbb{R} \times \mathbb{R}$: $|a(t, x) - a(t, y)| + |b(t, x) - b(t, y)| \leq K^*|x - y|$;*
2. *per ogni $t \in [0, T]$ ed ogni $x \in \mathbb{R}$: $|a(t, x)| \leq K(1+|x|), |b(t, x)| \leq K(1+|x|)$ ($K^*, K$ costanti);*
3. *$E[|u^0|^2] < \infty$;*
4. *$u^0$ è indipendente da $\mathcal{F}_T = \sigma(W_s, 0 < s \leq t)$ (che equivale a richiedere che $u^0$ sia $\mathcal{F}_0$-misurabile).*

*Allora esiste una unica soluzione $(u(t))_{t \in [0,T]}$, di (B.31), (B.32), tale che*

- *$(u(t))_{t \in [0,T]}$ è continua quasi certamente (ossia quasi certamente ogni traiettoria è continua);*
- *$(u(t))_{t \in [0,T]} \in \mathcal{C}([0, T])$.*

**Osservazione B.16.** Se $(u_1(t))_{t \in [0,T]}$ e $(u_2(t))_{t \in [0,T]}$ sono due soluzioni di (B.31), (B.32), appartenenti a $\mathbf{H}^2_{0,T}$, allora l'unicità della soluzione è intesa nel senso che

$$P\left(\sup_{0 \leq t \leq T} |u_1(t) - u_2(t)| = 0\right) = 1 \,.$$

### B.17.1 Proprietà delle soluzioni di equazioni differenziali stocastiche

Sia ora $t_0 \geq 0$ e sia $c$ una variabile aleatoria indipendente da $\mathcal{F}_{t_0,T} = \sigma(W_t - W_{t_0}, t_0 < t \leq T)$, tale che $E[c^2] < +\infty$. Se $u(t_0) = c$ quasi certamente, sotto le Condizioni 1 e 2 del Teorema B.21 l'unica soluzione $(u(t))_{t \in [t_0,T]}$ di (B.31)-(B.32) soddisfa alle seguenti condizioni:

1. *Proprietà di Markov:* La soluzione $(u(t))_{t \in [t_0,T]}$ è un processo di Markov. Inoltre la sua probabilità di transizione $p$ è tale che, per ogni $B \in \mathcal{B}_{\mathbb{R}}$, per ogni $t_0 \leq s < t \leq T$ ed ogni $x \in \mathbb{R}$

$$p(s, x, t, B) = P(u(t) \in B | u(s) = x) = P(u(t, s, x) \in B) \,,$$

   dove $\{u(t, s, x), t \geq s\}$ è l'unica soluzione di (B.31) soggetta alla condizione iniziale $u(s) = x$.
2. *Proprietà di diffusione:* Se $a(t, x)$ e $b(t, x)$ sono funzioni continue in $(t, x) \in [0, \infty] \times \mathbb{R}$, allora la soluzione $u(t)$ è un processo di diffusione con coefficiente di deriva $a(t, x)$ e coefficiente di diffusione $b^2(t, x)$.

# B.18 Equazioni differenziali stocastiche e processi diffusivi

### B.18.1 Equazioni di Kolmogorov e di Fokker-Planck

Sia $u(s,t,x), t < s$ la soluzione della seguente equazione differenziale stocastica

$$du(t) = a(t, u(t))dt + b(t, u(t))dW_t \tag{B.33}$$

$$u(s, s, x) = x \quad \text{q.c.} \quad (x \in \mathbb{R}) \tag{B.34}$$

e supponiamo che i coefficienti $a$ and $b$ soddisfino alle ipotesi del Teorema B.21 di esistenza ed unicità. Se $f : \mathbb{R} \to \mathbb{R}$ è una funzione con derivata seconda continua e se esistono $C > 0$ ed $m > 0$ tali che

$$|f(x)| + |f'(x)| + |f''(x)| \le C(1 + |x|^m) , \qquad x \in \mathbb{R} ,$$

allora la funzione

$$q(t, x) \equiv E[f(u(s, t, x))] , \qquad 0 < t < s , \quad x \in \mathbb{R}, s \in (0, T) , \tag{B.35}$$

soddisfa l'equazione

$$\frac{\partial}{\partial t} q(t, x) + a(t, x) \frac{\partial}{\partial x} q(t, x) + \frac{1}{2} b^2(t, x) \frac{\partial^2}{\partial x^2} q(t, x) = 0 , \tag{B.36}$$

soggetta alla condizione

$$\lim_{t \uparrow s} q(t, x) = f(x) . \tag{B.37}$$

L'equazione (B.36) è nota come *equazione differenziale di Kolmogorov backward*.

Da quanto precede consegue il seguente risultato fondamentale.

**Proposizione B.31.** *Consideriamo il seguente problema di Cauchy:*

$$\begin{cases} L_0[q] + \frac{\partial q}{\partial t} = 0 & \text{in } [0, T) \times \mathbb{R} , \\ \lim_{t \uparrow T} q(t, x) = \phi(x) & \text{in } \mathbb{R} , \end{cases} \tag{B.38}$$

*dove $L_0[\cdot] = \frac{1}{2} b^2(t, x) \frac{\partial^2}{\partial x^2} + a(t, x) \frac{\partial}{\partial x}$, e supponiamo che:*

- $(A_1)$ $a(t, x)$ *sia strettamente positiva per ogni* $(t, x) \in [0, T] \times \mathbb{R}$;
- $(B_1)$ $\phi(x)$ *è continua in* $\mathbb{R}$, *ed esistono* $A > 0, a > 0$ *tali che* $|\phi(x)| \le A(1 + |x|^a)$;
- $(B_2)$ $a$ *e* $b$ *sono limitate in* $[0, T] \times \mathbb{R}$ *e uniformemente Lipschitziane in* $(t, x)$ *sui sottoinsiemi compatti di* $[0, T] \times \mathbb{R}$;
- $(B_3)$ $b$ *è Hölder continua in* $x$, *uniformemente rispetto a* $(t, x)$ *su* $[0, T] \times \mathbb{R}$;

*allora il problema di Cauchy* (B.38) *ammette una unica soluzione* $q(t,x)$ *in* $[0,T] \times \mathbb{R}$ *tale che*

$$q(t,x) = E[\phi(u(T,t,x))] \,, \qquad\qquad (B.39)$$

*dove* $u(T,t,x)$ *è una soluzione di* (B.33) *al tempo* $T$*, con posizione iniziale in* $x$ *al tempo* $t$*.*

È interessante osservare che, come immediata conseguenza della Proposizione B.31, si ha che, sotto le ipotesi $(A_1)$ e $(B_1)$, la probabilità di transizione $p(s,x,t,A) = P(u(t,s,x) \in A)$ del processo di Markov $u(t,s,x)$ (soluzione dell'equazione differenziale stocastica (B.33)) è dotata di densità $f(x,s;y,t)$, ossia

$$p(s,x,t,A) = \int_A f(x,s;y,t)dy \qquad (s < t)\,, \quad \text{per ogni } A \in \mathcal{B}_{\mathbb{R}}\,. \qquad (B.40)$$

Tale densità, detta *densità di transizione* della soluzione $u(t)$, è la soluzione dell'equazione di Kolmogorov backward

$$\begin{cases} L_0[f] + \frac{\partial}{\partial t} f = 0 \,, \\ \lim\limits_{t \to T} f(x,s;y,T) = \delta(x-y) \,. \end{cases} \qquad (B.41)$$

Sotto condizioni di maggiore regolarità della densità di transizione, cioè che esistano continue le derivate

$$\frac{\partial f}{\partial t}(s,x,t,y) \,, \qquad \frac{\partial}{\partial y}(a(t,y)f(s,x,t,y)) \,, \qquad \frac{\partial^2}{\partial y^2}(b^2(t,y)f(s,x,t,y)) \,,$$

allora $f(s,x,t,y)$, come funzione di $t$ and $y$, soddisfa altresì l'equazione

$$\frac{\partial f}{\partial t}(s,x,t,y) + \frac{\partial}{\partial y}(a(t,y)f(s,x,t,y)) - \frac{1}{2}\frac{\partial^2}{\partial y^2}(b^2(t,y)f(s,x,t,y)) = 0 \quad (B.42)$$

nella regione $t \in (s,T]$, $y \in \mathbb{R}$ soggetta alla condizione iniziale

$$\lim\limits_{t \downarrow s} f(s,x,t,y) = \delta(y-x) \,.$$

L'equazione (B.42) è nota come *equazione di Kolmogorov forward* o anche *equazione di Fokker–Planck*. È bene osservare che, mentre l'equazione forward ammette un'interpretazione più intuitiva, le condizioni di regolarità sulle funzioni $a$ and $b$ sono più stringenti di quelle richieste per il caso backward. Il problema dell'esistenza ed unicità della soluzione dell'equazione di Fokker–Planck non è di natura elementare, specialmente in presenza di condizioni al contorno. Ciò indica che da un punto di vista analitico è più conveniente trattare l'equazione backward.

## B.18.2 Caso multidimensionale

Se abbiamo $n$ processi di Wiener indipendenti $(W_j)_{1 \le j \le n}$, possiamo definire l'integrale di Itô per una $f: [a,b] \times \Omega \to \mathbb{R}^{m \times n}$, purché ogni componente

$f_{ij} \in \mathcal{C}_{W_j}$, al modo seguente

$$\int_a^b f(t)dW_t = \left[ \sum_{j=1}^n \int_a^b f_{ij}(t)dW_j(t) \right]_{1 \le i \le m} .$$

In questo caso l'equazione differenziale stocastica per un processo $m$-dimensionale $(\mathbf{u}_t)_{0 \le t \le T}$ è del tipo

$$du_i(t) = a_i(t)dt + \sum_{j=1}^n (b_{ij}(t)dW_j(t)) , \quad i = 1, \dots, m ,$$

o, in forma vettoriale,

$$d\mathbf{u}(t) = \mathbf{a}(t)dt + b(t)d\mathbf{W}(t) , \tag{B.43}$$

con

$$\mathbf{a} \colon [0,T] \times \Omega \to \mathbb{R}^m, \mathbf{a}^{\frac{1}{2}} \in \mathbf{H}_{\mathbf{W}}^2([0,T]) ,$$
$$b \colon [0,T] \times \Omega \to \mathbb{R}^{mn}, b \in \mathbf{H}_{\mathbf{W}}^2([0,T]) .$$

Se $f(t,\mathbf{x}) \colon \mathbb{R}^+ \times \mathbb{R}^m \to \mathbb{R}$ è una funzione continua con le sue derivate parziali $f_{x_i}, f_{x_i x_j}$, e $\mathbf{u}(t)$ è un processo $m$-dimensionale, dotato di differenziale stocastico (B.43), allora $f(t, \mathbf{u}(t))$ ha differenziale stocastico

$$df(t,\mathbf{u}(t)) = Lf(t,\mathbf{u}(t))dt + \nabla_{\mathbf{x}}f(t,\mathbf{u}(t)) \cdot b(t)d\mathbf{W}(t) , \tag{B.44}$$

dove $\nabla_{\mathbf{x}}f(t,\mathbf{u}(t)) \cdot b(t)d\mathbf{W}(t)$ è il prodotto scalare di due vettori $m$-dimensionali, $a_{ij} = (bb')_{ij}$, $i,j = 1, \dots, m$,

$$L = \frac{1}{2} \sum_{i,j=1}^m a_{ij} \frac{\partial^2}{\partial x_i \partial x_j} + \sum_{i=1}^m a_i \frac{\partial}{\partial x_i} + \frac{\partial}{\partial t}$$

e $\nabla_{\mathbf{x}}$ è l'operatore gradiente. Siano inoltre

$$\mathbf{a}(t,\mathbf{x}) = (a_1(t,\mathbf{x}), \dots, a_m(t,\mathbf{x}))'$$

e $b(t,\mathbf{x}) = (b_{ij}(t,\mathbf{x}))_{i=1,\dots,m,j=1,\dots,n}$ funzioni misurabili rispetto a $(t,\mathbf{x}) \in [0,T] \times \mathbb{R}^n$. Una *equazione differenziale stocastica $m$-dimensionale* è della forma

$$d\mathbf{u}(t) = \mathbf{a}(t,\mathbf{u}(t))dt + b(t,\mathbf{u}(t))d\mathbf{W}(t) , \tag{B.45}$$

soggetta alla condizione iniziale

$$\mathbf{u}(0) = \mathbf{u}^0 \text{ q.c.} , \tag{B.46}$$

dove $\mathbf{u}^0$ è un fissato vettore aleatorio $m$-dimensionale. Con queste modifiche l'intera teoria del caso unidimensionale si estende al caso multidimensionale.

# Riferimenti bibliografici

[BR]   Breiman, L., *Probability*, SIAM, Philadelphia, 1992.
[CB]   Capasso, V., Bakstein, D., *An Introduction to Continuous-Time Stocha-stic Processes – Theory, Models and Applications to Finance, Biology and Medicine*, Birkhäuser, Boston, 2005.
[CM]   Capasso, V., Morale, D., *Una Guida allo Studio della Probabilità e della Statistica Matematica*, Progetto Leonardo, Esculapio, Bologna, 2009.
[DF]   De Finetti, B., *Teoria delle Probabilità*, Giuffrè Editore, Milano, 2005.
[DO]   Doob, J. L., *Stochastic Processes*, Wiley, New York, 1953.
[FE]   Feller, W., *An Introduction to Probability Theory and Its Applications*, Vol. I, Wiley, New York, 1968.
[KL]   Kolmogorov, A. N., *Foundations of the Theory of Probability*, Chelsea Publishing Company, New York, 1956.
[MT]   Metivier, M., *Notions Fondamentales de la Théorie des Probabilités*, Dunod, Paris, 1968.
[RO]   Rogers, L. C. G., Williams, D., *Diffusions, Markov Processes and Martingales*, Vol. 1, Wiley, New York, 1994.

# Bibliografia


1. Ao, P., Laws in Darwinian evolutionary theory, *Physics of life reviews* 2–2, 117–156, 2005
2. Allman, E. S., Rhodes, J. A., Phylogenetic invariants for the general Markov model of sequence mutation, *Math. Biosci.* 186, 113–144, 2003
3. Allman, E. S., Rhodes, J. A., Phylogenetic invariants for stationary base composition, *J. Symbolic Comp.* 2005, in pubblicazione
4. Allman, E. S., Rhodes, J. A., Phylogenetic ideals and varieties for the general Markov Model, *math. AG*/0410604
5. Allman, E. S., Rhodes, J. A., *Phylogenetics*, Lecture notes for AMS Short Course 'Modeling and Simulation of Biological Networks', *Proceedings of Symposia in Applied Mathematics*, in pubblicazione
6. Amadori, A.L., Boccabella, A., Nalatini, R., A one dimensional hyperbolic model for evolutionary game theory: numerical approximations and simulations, 1–21, *CAI01* (1)
7. Arjan, J. et al., Exploring the effect of sex on an empirical fitness landscape, *The American Naturalist* 174–1, pp. 15–30, 2009
8. Atlan, H., *Tra il cristallo e il fumo*, (ed. ital. 1986), Hopeful Monsters, Firenze, 1979
9. Bateson, G., *Mind and Nature*, Dutton, New York, 1979
10. Bazzani, A., Freguglia, P., An Evolution Model of Phenotypic Characters, *WSEAS Trans. on Biology and Biomedicine, Mathematical Biology and Ecology* 1, 369–372, 2004
11. Bazzani, A., Freguglia, P., Axiomatic Theory of Evolution and Proposal of a Dynamical Model, *Mathematical Modelling & Computing in Biology and Medicine* (V. Capasso ed.), Esculapio, Bologna, 339–348, 2002
12. Bellomo, N., Carbonaro, B., Toward a Mathematical Theory of Living Systems focusing on developmental Biology and Evolution: a Review and Perspectives, *Physics of Life Reviews*, in pubblicazione
13. Benci, V., Freguglia, P., About emergent properties and complexity in biological theories, *Biology Forum* 97, 255–268, 2004
14. Billingsley, P., Convergence of Probability Measures, *Wiley series in probability and mathematical statistics. Tracts on probability and statistics*, Wiley, New York, 1968

15. Bocci, C., Algebraic and Geometric tools in Phylogenetics, *Biology Forum* 99, 3, 445–466, 2006

16. Bocci, C., Topics on Phylogenetic Algebraic Geometry, *Expositiones Mathematicae* 25, 3, 235–259, 2007

17. Bocci, C., Freguglia, P., The geometric Side for an Axiomatic Theory of Evolution, *Biology Forum* 99, 307–325, 2006

18. Bocci, C., Freguglia, P., Rogora, E., A Computer Model for a Theory of Evolution, *Biology Forum* 103, 75–96, 2010

19. Boi, S., Capasso V., Il comportamento aggregativo della specie Polyergus rufescens latr.: dalle osservazioni al modello matematico, *Internal Report, Dipartimento di Matematica, Università di Milano*, 1997

20. Boi, S., Capasso V., Morale, D., Modeling the aggregative behavior of ants of the species, Polyergus rufescens, *Nonlinear Analysis: Real World Applications* I, 163–176, 2000

21. Boncinelli, E., *Le forme della vita, l'evoluzione e l'origine dell'uomo*, Einaudi, Torino, 2000

22. Brooks, D. R., Wiley, E. O., *Evolution as entropy*, Chicago University Press, Chicago, 1989

23. Buiatti, M., L'analogia informatica del 'dogma centrale' e le conoscenze attuali della biologia, in AA. VV. *L'informazione nelle scienze della vita*, Franco Angeli ed., 100–118, 1998

24. Buiatti, M., Buiatti, M., The Living State of Matter, *Biology Forum* 94, 59–82, 2001

25. Buiatti, M., Buiatti, M., Towards a Statistical Characterization of the Living State of Matter, *Chaos, Solitons and Fractals* 20–120, 55–61, 2004

26. Buiatti, M., *Il benevolo disordine della vita*, UTET, Torino, 2004

27. Buiatti, M., Buiatti, M., Chance vs. Necessity in Living Systems: a false antinomy, *Biology Forum* 101, 29–66, 2008

28. Bulmer, M., *Theoretical Evolutionary Ecology*, Sinauer Associates, Sunderland, MA, 1994

29. Capasso V., Bakstein D., An introduction to continuous time stochastic processes. Theory, models and applications to finance, biology, and medicine, in *Modeling and Simulation in Science, Engineering and Technology*, Birkhäuser Boston, Inc., Boston, MA, 2005

30. Cavender, J. A., Felsenstein, J., Invariants of phylogenies in a simple case with discrete states, *J. of Class* 4, 57–71, 1987

31. Champagnat, N., Ferriére, R., Méléard, S., Unifying evolutionary dynamics: from individual stochastic processes to macroscopic models, *Theor. Popul. Biol.* 69, 297–321, 2006

32. Cherruault, Y., *Modèles et méthodes mathématiques pour les sciences du vivant*, PUF, Paris, 1998

33. Cox, D., Little, J., O'Shea, D., *Ideals, Varieties, and Algorithms*, Springer-Verlag, New York, 1997

34. Darwin Ch., *Sull'origine delle specie* (trad. it. a cura di G. Canestrini e L. Salimbeni), Zanichelli, Modena, 1864

35. Cox, D., Little, J., O'Shea, D., *Using Algebraic Geometry*, Springer-Verlag, New York, 1998

36. Derrida, B., Peliti, L., Evolution in a flat fitness landscape, *J. Bull. of Math. Biology*, 53–3, 355–382, 1991

37. Durrett, R., Levin, S. A., The importance of being discrete (and spatial), *Theor. Pop. Biol.* 46, 363–394, 1994

38. Earl, D. J., Deem M. W., Evolvability is a selectable trait, *PNAS* 101–32, 11531–11536, 2004

39. Eisenbud, D., *Commutative Algebra with a View Toward Algebraic Geometry*, Springer-Verlag, New York, 1994

40. Eriksson, N., Toric ideal of homogeneous phylogenetic models, *ISSAC 2004*, 149–154, ACM, New York, 2004

41. Eriksson, N., Ranestad, K., Sturmfels, B., Sullivant, S., Phylogenetic Algebraic Geometry, in C. Ciliberto, A. V. Geramita, B. Harbourne, R. M. Miro-Roig, K. Ranestad (Ed.), *Projective Varieties with Unexpected Properties: a volume in Memory of Giuseppe Veronese; Proceedings of the international conference 'Varieties with Unexpected Properties'*, Siena, Italy, June 8–13, 2004, Walter de Gruyter, 177–197, 2005

42. Ethier S. M., Kurtz, T. G., Markov processes: charatcterization and convergence, *Wiley Series in Probability and Statistics*, 1986

43. Evans, N., Speed, T. P., Invariants of some probability models used in phylogenetic inference, *Ann. Statist.* 21, 1, 355–377, 1993

44. Ewens, W. J., *Mathematical Population Genetics*, Springer-Verlag, New York, 1979

45. Felsentein, J., *Inferring Phylogenies*, Sinauer Associates, Inc., Sunderland, 2003

46. Ferenci, T., Maintaing a Healthy SAPNC balance through regulatory and mutational adaptation, *Molecular Microbiology* 57–1, 1–8, 2005

47. Ferretti, V., Sankoff, D., The empirical discovery of phylogenetic invariants, *Adv. in Appl. Probab.* 25, 2, 290–302, 1993

48. Ferretti, V., Sankoff, D., Phylogenetic invariants for more general evolutionary models, *J. Theor. Biol.* 173, 147–162, 1995

49. Fisher, R. A., *The Genetical Theory of Natural Selection*, 2nd edn., Dover Press, New York, 1958

50. Forti, M., Freguglia, P., Galleni, L., An Axiomatic Approach to Some Biological Themes, *The Applications of Mathematics to the Science of Nature, Critical Moments and Aspects* (P. Cerrai, P. Freguglia, C. Pellegrini eds.), Kluver Academic/Plenum Publishers, New York, 139–154, 2002

51. Frank, T. D., *Non-linear Fokker-Planck equations*, Springer-Verlag, Heidelberg, 2005

52. Freguglia, P., Considerazioni sul modello di Giovanni V. Schiaparelli per una interpretazione geometrica delle concezioni darwiniane, in AA. VV., *Modelli matematici nelle scienze biologiche*, Ed. QuattroVenti, Urbino, 85–112, 1998

53. Freguglia, P., Emergent properties and complexity for biological theories, *Determinism, Holism and Complexity* (Vieri Benci et al. eds.), Kluwer Academic/Plenum Publishers, New York, 199–210, 2003

54. Freguglia, P., Evolution: An Axiomatic Perspective, *Biology Forum* 95, 413–428, 2002

55. Freguglia P., Bazzani A., Evolution: geometrical and dynamical aspects, *Biology Forum* 96, 123–136, 2003

56. Friedman, A., *Stochastic Differential Equations and Application*, Vols. I and II, Academic Press, London, 1975

57. Gagliasso, E., Metafore e realtà: il caso del concetto di informazione, in AA. VV., *L'informazione nelle scienze della vita*, Franco Angeli ed., 173–189, 1998

58. Garcia, L. D., Stillman, M., Sturmfels, B., Algebraic Geometry of Bayesian network, *J. Simbolic. Comp.* 39, 331–355, 2005

59. Genieys, S., Bessonov, N., Volpert, V., Mathematical model of evolutionary branching, *Mathematical and Computer Modelling, 2008*, 1–7, 2008

60. Haldane, J. B. S., *The Causes of Evolution*, Harper & Brother, London, 1932.

61. Harris, J., *Algebraic Geometry: a first course*, Graduate Texts in Math. 133, Springer-Verlag, New York, 1992

62. Harthshorne, R., *Algebraic Geometry*, Springer-Verlag, New York, 1977

63. Hänggi, P., Talkner, P., Borkovec, M., Reaction-rate theory: fifty years after Kramers, *Rev. Mod. Phys.* 62, 251–341, 1990

64. Hofbauer, J., Sigmund, K., *The Theory of Evolution and Dynamical System. Mathematical Aspects of Selection*, Cambridge University Press, Cambridge, 1988

65. Hubbell, S. P., Condit, R., Foster, R. B., Barro Colorado Forest Census Plot Data, URL https://ctfs.arnarb.harvard.edu/webatlas/datasets/bci, 2005

66. Huxley J. S., *Evolution: the modern synthesis*, Allen and Unwin, London, 1942

67. Israel, G., *La mathématisation du réel*, Éd. du Seuil, Paris, 1996

68. Jablonka, E., From Replicators to Heritably Varying Phenotypic Traits: The Extended Phenotype Revisited, *Biology and Philosophy* 19, 353–75, 2004

69. Jablonka, E., Lamb, M. J., *L'evoluzione in quattro dimensioni* (trad. it. N. Colombi), UTET, Torino, 2007

70. Kauffmann, S. A., *At home in the universe*, Oxford Unversity Press, Oxford, 1995

71. Kauffmann, S. A., *Investigations*, Oxford University Press, Oxford, 2000

72. Klimontovich, Yu. L., Entropy, Information, and Criteria of Order in Open Systems, *Nonlinear Phenomena in Complex Systems* 2:4, 1–25, 1999

73. Lake, J. A., A rate independent technique for analysis of nucleic acid sequence: Evolutionary parsimony, *Mol. Bio. Evol.* 4, 167–191, 1987

74. Lewontin, R. C., Kojima, K., The evolutionary dynamics of complex polymorphisms, *Evolution* 14, 458–472, 1960

75. Lewontin, R., *The genetic basis of evolutionary change*, Columbia University Press, New York, 1974

76. Lerner, M. I., *Genetic Homeostasis*, Oliver and Boyd Eds., London, 1954

77. Loewe, L., A framework for evolutionary systems biology, *BMC Systems Biology* 3, 3–27, 2009

78. Lotka, A. J., *Elements of Physical Biology* (1924), *Elements of Mathematical Biology* Rist., Dover, 1956

79. Lovelock, J., *La nuova età di Gaia*, Bollati Boringhieri, Torino, 1991.

80. Lovelock, J., The Gaia hipothesis, *Gaia in action* (P. Bunyard ed.), Floris Books, 15–33, 1996

81. Maynard Smith, J., Price, G. R., The logic of animal conflict, *Nature* 246, 15–18, 1973

82. Meyers L. A., Ancel, F. D., Lachmann, M., Evolution of genetic potential, *PLoS Comput. Biol.* 1–3, 236–43, 2005

83. Morale, D., Capasso, V., Oelschläger, K., A rigorous derivation of a nonlinear integro-differential equation from a SDE for an aggregation model, *Preprint 98–38* (SFB 359) – *Reaktive Strömungen, Diffusion und Transport, IWR*, Universität Heidelberg, Juni 1998

84. Morale D., Capasso V., Oelschläger, K., An intercating particle system modelling aggregation behavior: from individual to populations, *J. Math. Biol.* 50–1, 46–66, 2005

85. Morgante, M., Brunner, S., Pea, G., Fengler, K., Zuccolo, A., Gene duplication and exon shuffling by helitron-like transposons generate intraspecies diversity in maize, *Nature genetics* 737, 997–1003, 2005

86. Murray, J., *Mathematical Biology*, Springer-Verlag, Heidelberg, 1989

87. Nussey D. H., Postma, E., Gienapp, P., Visser, M. E., Selection on Heritable Phenotypic Plasticity in a Wild Bird Population, *Science* 310–5746, 304–306, 2005

88. Oelschläger, K., A martingale approach to the law of large numbers for weakly interacting stochastic processes, *The Annals of Probability* bf 12–2, 458–479, 1984

89. Oelschläger, K., On the derivation of reaction-diffusion equations as limit dynamics of systems of moderately interacting stochastic processes, *Prob. Th. Rel. Fields* 82, 565–586, 1989

90. Pachter, L., Sturmfels, B., The Mathematics of phylogenomics, preprint, 2005

91. Pachter, L., Sturmfels, B., *Algebraic Statistics for Computational Biology*, Cambridge University Press, Cambridge, 2005

92. Pancaldi, G., *Darwin in Italia*, Il Mulino, Bologna, 1983

93. Peliti, L., Introduction to the statistical theory of Darwinian evolution, *Lectures at the Summer College on Frustrated System*, Trieste, agosto 1997

94. Price, G. R., Selection and covariance, *Nature* 227, 520–521, 1970

95. Prigogine, I., Nicolis, G., Thermodynamics of evolution, *Physics Today* 25, 38–57, 1972

96. Rice, S. H., *Evolutionary Theory. Mathematical and Conceptual Foundations*, Sinauer Ass. Inc. Publish., Sunderland, 2004

97. Rice, S. H., A geometric model for the evolution of development, *J. of Theor. Biology* 143, 237–245, 1990

98. Risken, H., *The Fokker Planck Equation: methods, solutions and applications*, Springer-Verlag, New York, 1989

99. Schiaparelli G. V., *Studio comparativo tra le forme organiche naturali e le forme geometriche pure*, Hoepli, Milano, 1898

100. Schroedinger, E., *What is life? The Phisical Aspects of the Living Cell*, Cambridge University Press, Cambridge, 1944

101. Semple, C., Steel, M., *Phylogenetics*, vol. 24 of Oxford Lecture Series in Mathematics and its Applications, Oxford University Press, Oxford, 2003

102. Slatkin, M., A diffusion model of species selectio, *Paleobiology* 7, 421–425, 1981

103. Steel, M., Recovering a tree from the leaf colourations it generates under a Markov model, *Appl. Math. Letters* 7, 2, 19–24, 1994

104. Rizzotti, M., Zanardo, A., Assiomatizzazioni della genetica. Aspetti non estensionali in alcune leggi elementari della genetica classica, *Atti dell'Accademia Nazionale dei Lincei, Memorie Lincee, Scienze Fisiche e Naturali*, serie IX, vol. II, fasc. 4, Roma, 1993

105. Sturmfels, B., Sullivant, S., Toric ideals of phylogenetic invariants, *J. Comp. Biology* 12, 2, 204–228, 2005

106. Stadler P. F., Fitness landscapes arising from the sequence-structure maps of biopolymers, *J. of Molecular Structure: THEOCHEM* 463 1–2, 7–19, 1999

107. Stearns, S. C., Hoekstra, R. F., *Evolution: An Introduction*, Oxford University Press, Oxford, 2000

108. Suppe, F., The search for philosphic understanding of scientific theories, in F. Suppe, *The structure of scientific theories*, University of Illinois Press, Urbana, 3–244, 1979
109. Thom, R., *Modelli matematici per la morfogenesi*, Einaudi, Torino, 1991.
110. Trifonov, E. N., 3-, 10.5-, 200- and 400-base periodicities in genome sequences, *Physica A* 249, 511–516, 1998
111. Turing, A., The chemical theory of morphogenesis, *Phil. Trans. Roy. Soc* 237, 37–72, 1952
112. Vernadsky, V. I., *La Biosphère*, Alcan, Paris, 1929
113. Volterra, V., Sui tentativi di applicazione delle matematiche alle scienze biologiche e sociali, *Giornale degli Economisti* 2, 23, 436–458, 1901
114. Waddington, C. H., Genetic assimilation of an acquired character, *Evolution* 7, 118–126, 1953
115. Waddington, C. H., *The Strategy of the Genes*, Allen & Unwin, London, 1957.
116. Wicken, J. S., *Evolution, thermodynamics and information*, Oxford University Press, Oxford, 1987
117. Woodger, J. H., *The Axiomatic Method in Biology*, C.U.P., Cambridge, 1937
118. Wright, S., Evolution in Mendelian population, *Genetics* 16, 97–179, 1931
119. Wright, S., The distribution of gene frequency in population, *Proc. Natl. Acad. Sci. USA* 23, 307–320, 1937

# Indice analitico

**UNITEXT – Collana di Fisica e Astronomia**

**Atomi, Molecole e Solidi**
Esercizi risolti
Adalberto Balzarotti, Michele Cini, Massimo Fanfoni
2004, VIII, 304 pp., euro 26,00
ISBN 978-88-470-0270-8


**Elaborazione dei dati sperimentali**
Maurizio Dapor, Monica Ropele
2005, X, 170 pp., euro 22,95
ISBN 978-88-470-0271-5


**An Introduction to Relativistic Processes and the Standard
Model of Electroweak Interactions**
Carlo M. Becchi, Giovanni Ridolfi
2006, VIII, 139 pp., euro 29,00
ISBN 978-88-470-0420-7


**Elementi di Fisica Teorica**
Michele Cini
1a ed. 2005. Ristampa corretta, 2006
XIV, 260 pp., euro 28,95
ISBN 978-88-470-0424-5


**Esercizi di Fisica: Meccanica e Termodinamica**
Giuseppe Dalba, Paolo Fornasini
2006, ristampa 2011, X, 361 pp., euro 26,95
ISBN 978-88-470-0404-7


**Structure of Matter**
An Introductory Course with Problems and Solutions
Attilio Rigamonti, Pietro Carretta
2nda ed., 2009, XVII, 490 pp., euro 41,55
ISBN 978-88-470-1128-1


**Introduction to the Basic Concepts of Modern Physics**
Special Relativity, Quantum and Statistical Physics
Carlo M. Becchi, Massimo D'Elia
2007, 2nd ed. 2010, X, 190 pp., euro 41,55
ISBN 978-88-470-1615-6

**Introduzione alla Teoria della elasticità**
Meccanica dei solidi continui in regime lineare elastico
Luciano Colombo, Stefano Giordano
2007, XII, 292 pp., euro 25,95
ISBN 978-88-470-0697-3


**Fisica Solare**
Egidio Landi Degl'Innocenti
2008, X, 294 pp., inserto a colori, euro 24,95
ISBN 978-88-470-0677-5


**Meccanica quantistica: problemi scelti**
100 problemi risolti di meccanica quantistica
Leonardo Angelini
2008, X, 134 pp., euro 18,95
ISBN 978-88-470-0744-4


**Fenomeni radioattivi**
Dai nuclei alle stelle
Giorgio Bendiscioli
2008, XVI, 464 pp., euro 29,95
ISBN 978-88-470-0803-8


**Problemi di Fisica**
Michelangelo Fazio
2008, XII, 212 pp., con CD Rom, euro 35,00
ISBN 978-88-470-0795-6


**Metodi matematici della Fisica**
Giampaolo Cicogna
2008, ristampa 2009, X, 242 pp., euro 24,00
ISBN 978-88-470-0833-5


**Spettroscopia atomica e processi radiativi**
Egidio Landi Degl'Innocenti
2009, XII, 496 pp., euro 30,00
ISBN 978-88-470-1158-8


**Particelle e interazioni fondamentali**
Il mondo delle particelle
Sylvie Braibant, Giorgio Giacomelli, Maurizio Spurio
2009, ristampa 2010, XIV, 504 pp. 150 figg., euro 32,00
ISBN 978-88-470-1160-1